湖北省近五百年气候历史资料

武汉区域气候中心 编

荆楚文库

荆楚文库编纂出版委员会

华中科技大学出版社

湖北省近五百年气候历史资料
HUBEISHENG JIN WUBAINIAN QIHOU LISHI ZILIAO

图书在版编目（CIP）数据

湖北省近五百年气候历史资料／武汉区域气候中心　编.
—武汉：华中科技大学出版社，2018.1
ISBN 978-7-5680-3526-2

Ⅰ.①湖…

Ⅱ.①武…

Ⅲ.①历史气候－气候资料－湖北

Ⅳ.① P468.263

中国版本图书馆 CIP 数据核字（2017）第 308414 号

策划编辑：章　红
责任编辑：章　红
整体设计：范汉成　　曾显惠　　思　蒙
责任校对：张　琳
责任印制：周治超
出版发行：华中科技大学出版社（中国•武汉）
　　　　　地址：武汉市东湖新技术开发区华工科技园
　　　　　电话：(027)81321913　邮政编码：430223
录排：华中科技大学惠友文印中心
印刷：湖北新华印务有限公司
开本：720mm×1000mm　1/16
印张：26.25　插页：2
字数：376 千字
版次：2018 年 1 月第 1 版第 1 次印刷
定价：198.00 元

ISBN 978-7-5680-3526-2

9 787568 035262 >

出版说明

　　湖北乃九省通衢，北学南学交会融通之地，文明昌盛，历代文献丰厚。守望传统，编纂荆楚文献，湖北渊源有自。清同治年间设立官书局，以整理乡邦文献为旨趣。光绪年间张之洞督鄂后，以崇文书局推进典籍集成，湖北乡贤身体力行之，编纂《湖北文征》，集元明清三代湖北先哲遗作，收两千七百余作者文八千余篇，洋洋八百万言。卢氏兄弟辑录湖北先贤之作而成《湖北先正遗书》。至当代，武汉多所大学、图书馆在乡邦典籍整理方面亦多所用力。为传承和弘扬优秀传统文化，湖北省委、省政府决定编纂大型历史文献丛书《荆楚文库》。

　　《荆楚文库》以"抢救、保护、整理、出版"湖北文献为宗旨，分三编集藏。

　　甲、文献编。收录历代鄂籍人士著述，长期寓居湖北人士著述，省外人士探究湖北著述。包括传世文献、出土文献和民间文献。

　　乙、方志编。收录历代省志、府县志等。

　　丙、研究编。收录今人研究评述荆楚人物、史地、风物的学术著作和工具书及图册。

　　文献编、方志编录籍以1949年为下限。

　　研究编简体横排，文献编繁体横排，方志编影印或点校出版。

《荆楚文库》编纂出版委员会

2015年11月

前　言

研究历史时期的气候变化,开展旱涝、冷暖的长期及超长期预报,可以提高人们抗御自然灾害的能力。在制定较长时期的经济发展发展规划时,也要考虑气候变化的影响。要研究历史时期的气候变化、开展长期及超长期的天气预报,需要数十年甚至百年、千年的长序列气候资料。而近代气象记录的年代,一般都较短,目前还不能满足上述研究的需要。然而,在我国的史书中,对气象、气候现象有着大量的历史记载,尤其是明、清以来的地方志书中,相关记载极为详细、系统,为研究气候变化提供了十分宝贵的历史资料。

本着"古为今用"的原则,20 世纪 70 年代由国家气象局主持、南京大学气象系主办,全国多个单位以会战的方式整理了十九个省(市、自治区)1470 年至 1966 年的历史气候资料,武汉区域气候中心参加了这项工作。在编撰本书时,又补充了 1470 年以前的历史资料作为附录。

因客观条件限制,原书在 1978 年以内部资料的形式发行。2017 年,武汉区域气候中心与华中科技大学出版社合作,对原书内容进行修订,收入"荆楚文库",正式公开出版。

在原编写组的工作过程中,得到南京大学图书馆、南京市图书馆、江苏省地理研究所图书馆的大力支持、热情帮助,使史料查阅工作得以顺利进行。北京图书馆、中国科学院图书馆、中央民族学院图书馆、北京师范大学图书馆、上海图书馆、湖北省图书馆、湖北省档案馆、湖北省文史研究馆等单位亦曾给予支持。再版修订时引用的文献资料,则来自于湖北省图书馆、湖北省档案馆和湖北方志馆。在此谨对以上单位致以诚挚的谢意。

鉴于资料庞杂,水平有限,错误及不当之处请予批评指正。

目　　录

目　录

凡　例

一、资　料　来　源

选用资料主要有以下四类：1. 地方志：县志、府志、省通志等；2. 明实录、清实录（乾隆年间）、清史稿等；3. 湖北省自然灾害历史资料；4. 中华人民共和国成立以来的历年民政资料。其中以地方志为主要来源，每县以较近版本为主，选择一种至数种不等，再用府志、通志进行校正、补充。资料来源详见于后。

二、整　理　原　则

（一）凡史料中有关水、旱、冷、暖、风、雹等气象记载尽行摘录，能间接反映气候状况的农业丰歉，物候记录乃至于赈济、虫灾、饥疫等记载亦予收入。

原文中非气象记载、封建迷信的内容以及记载有疑问者均予删节，以"……"表示。

（二）考虑到使用的方便，整编资料基本上是以现行的地区为单元，列出分县记载。属于全省性的记载列入每年的前面，省会所在地排列次之，全府性的记载，放在每个地区的前面。

（三）根据历史记载，以地区为单位划分每年的旱涝等级，亦专栏列出。

三、旱涝划级的说明

（一）为了与 1975 年国家气象局研究所、华北东北十省（市、区）气象局与北京大学地球物理系所整理出版的《华北东北近五百年旱涝史料》的分级一致，我们对近五百年来水旱情况也采用五级划分法表示：即一级（涝）、二级（偏涝）、三级（正常）、四级（偏旱）、五级（旱）。级别所表达的应是自然降水的距常情况。

（二）根据史料中有关雨情、旱情的描述，按灾情出现的时间、范围、严重程度，以及能间接反映水旱情况的农业丰歉、物候与赈济等记载，评定历年的等级。

具体评定时，主要考虑春、夏、秋三季的情况，尤以夏季为主，当某一地水、旱灾情并存时，则以灾情严重者为主，灾情严重程度基本相同，则以记载相同的多数点为主。

评级的标准及典型描述如下：

一级：在一个地区的范围内有数县乃至各县，出现持续时间较长的连续降水；或连续大雨、暴雨成灾；亦包括成片的大水灾害。

如大霖雨，水溢，遍地行舟；连日大雨，江水骤涨，城内水深丈许；大水，灌城，深丈余，漂流民居无算；大水，田庐漂没，城垣圮，人多溺毙等等。

二级：在一个地区的范围内有数县记有"大水"，但没有成片的灾情记载。

如夏大水；秋大水，害稼，淫雨伤禾等等。

三级：记有丰稔、大有年；或无水旱记载而仅记有大风冰雹等；亦包括个别县的旱、水。

如大有年、大稔、麦有秋、有收、旱、水等等。

四级：在一个地区的范围内有数县仅记有旱，亦包括个别县记有大旱。

如秋旱、旱、旱蝗、大旱等等。

五级：在一个地区的范围内有数县乃至各县，出现持续数月或跨季度的严重旱灾。

如湖广大旱,赤地千里;自五月至九月不雨,苗尽槁,道殣相望;大旱,饥,人相食;夏,大旱,自四月不雨至于八月,百谷不登,树木多渴死等等。

(三)志书中关于郧、襄、恩、宜四个地区的灾情记载很少。为了分析、研究的方便,我们将郧阳和襄阳、恩施和宜昌合并起来,划分旱涝等级。

四、几种记载的处理

(一)雹:出现在春、夏季节的一种成灾范围不大的自然灾害,与旱涝的关系不明显。如仅有雹的记载,定为三级。

(二)疫、饥:引起饥疫的原因是复杂的,作如下处理:①可以判断本年的饥、疫是上一年旱、涝引起的,本年记三级;②由本年旱、涝引起的饥疫,则根据旱涝灾情的轻重、成灾面积的大小来定级别;③无法判断的饥、疫,仍作三级处理。

1470 年　明成化六年

十月,以旱灾免荆州府江陵等七县……户口盐米。(《明实录》)

孝感:大旱。(《孝感县志》《湖北通志》)

应山:夏大旱,民流于荆、襄。(《应山县志》《湖北通志》)

安陆:旱。(《安陆府志》《湖北通志》《安陆县志》)

咸宁:大旱。民半流移。(《咸宁县志》《湖北通志》)

旱涝等级:荆州地区,四级;孝感地区,四级;咸宁地区,四级。

1471 年　明成化七年

汉口:水。(《夏口县志》)

孝感:大旱。(《孝感县志》)

安陆:旱。(《安陆县志》)

汉川:水。(《湖北通志》)

汉阳:水。(《汉阳县志》《湖北通志》)

旱涝等级:孝感地区,四级。

1472 年　明成化八年

襄阳:江岸石桥被水冲塌。(《明实录》)

孝感:大旱。(《孝感县志》)

鄂城:旱。(《武昌县志》《湖北通志》)

旱涝等级:郧、襄两地区,三级;孝感地区,四级;咸宁地区,三级。

1473 年　明成化九年

免荆湖襄等十三卫所屯田子粒五万八千余石,以旱灾故也。(《明实

录》）

荆州：大旱。（《江陵县志》《荆州府志拾遗》《湖北通志》）

麻城：大水，县前河西徙，圮东禅寺，破泮池。（《麻城县志》《黄州府志》） 大水。（《湖北通志》）

旱涝等级：荆州地区，四级；黄冈地区，二级。

1474 年　明成化十年

湖广水。（《湖北通志》）

光化：冬大雪，人民牛马冻死无算。（《襄阳府志》《光化县志》）

荆州：大水。（《监利县志》同治十一年，《监利县志》光绪三十四年）

沔阳：夏大水，城内乘舟。（《沔阳州志》）

孝感：大水，舟入市。饥。（《孝感县志》）

应山：秋大有年。（《应山县志》《湖北通志》）

安陆：甲午，夏，大水。（《安陆县志》《安陆府志》）

阳新：秋大水，民皆乘船入城。（《兴国州志》光绪十五年，《兴国州志》民国三十二年）

旱涝等级：郧、襄两地区，三级；荆州地区，二级；孝感地区，二级；咸宁地区，二级。

1475 年　明成化十一年

湖广大水。（《兴国州志》民国三十二年）

五月，湖广水。（《湖北通志》）

免武昌、汉阳、黄州、德安、荆州、沔阳、蕲州等十二卫秋粮子粒二十万九千七百石有奇，以水灾故也。（《明实录》）

旱涝等级：荆州地区，二级；孝感地区，二级；咸宁地区，二级；黄冈地区,二级。

1476 年　明成化十二年

湖广夏秋亢旱,田禾损伤。(《明实录》)

旱涝等级:四级。

1477 年　明成化十三年

湖广今春大雨冰雹。(《明实录》)

十一月戊寅,湖广荆门州,大雷电雨雪。(《明实录》)

荆门:冬雨雪,如砖。大雷电。(《荆门直隶州志》《明实录》)

旱涝等级:荆州地区,三级。

1478 年　明成化十四年

免湖广武昌等府卫是年秋粮子粒米豆总七十五万二千余石,以旱灾故也。(《明实录》)

湖广旱。(《湖北通志》)

汉口:六月,水溢,入汉阳城。漂溺田庐。大旱饥。(《夏口县志》)

襄阳:夏四月,襄江溢,坏城郭。(《襄阳府志》《湖北通志》)

宜昌:峡州大水,人多淹死。(《长阳县志》《东湖县志》《宜昌府志》)

长阳:峡州大水,人多淹死。(《长阳县志》《东湖县志》《宜昌府志》)

钟祥:六月,汉水溢,漂溺田庐。(《钟祥县志》)

孝感:大旱,饥民多流。(《孝感县志》)

应山:大饥。(《应山县志》)　大旱,饥。(《湖北通志》)

安陆:六月,汉水溢,入城。漂没田庐。(《湖北通志》)

汉阳:夏六月,汉水溢,入城,漂溺田庐。大旱饥。(《湖北通志》《汉阳县志》)

嘉鱼:秋,大水。(《湖北通志》)　大旱。(《湖北通志》)

通山:秋,大水。(《湖北通志》)　大旱。(《湖北通志》)

崇阳:六月,旱饥。(《崇阳县志》)　大旱。(《湖北通志》)

罗田:大旱。(《湖北通志》)

蕲春:大旱。(《蕲州志》)

广济:大旱。(《湖北通志》)

旱涝等级:郧、襄两地区,三级;恩、宜两地区,二级;荆州地区,二级;孝感地区,四级;咸宁地区,四级;黄冈地区,四级。

1479 年　明成化十五年

钟祥:大旱,饥。(《钟祥县志》)

孝感:大旱,饥。民多流。(《孝感县志》)

蕲春:大旱。(《蕲州志》)

旱涝等级:荆州地区,四级;孝感地区,四级;黄冈地区,四级。

1480 年　明成化十六年

湖北连年灾伤。(《明实录》)

罗田:旱。(《湖北通志》)

旱涝等级:黄冈地区,三级。

1481 年　明成化十七年

以旱灾免湖广武昌、汉阳、黄州、德安、荆州、襄阳、常德、长沙八府,安陆、沔阳二州并武昌、黄州、蕲州、安陆、沔阳、襄阳、瞿塘七卫,德安一所,秋粮子粮共麦一万五千四百一十余石,米、豆共一十九万五千五百四十一石有奇。(《明实录》)

崇阳:正月十九日雨不止至五月初九日。(《崇阳县志》)

旱涝等级:郧、襄两地区,四级;荆州地区,四级;孝感地区,四级;咸宁地区,四级;黄冈地区,四级。

1482 年　明成化十八年

湖广旱。(《湖北通志》)

郧县:夏秋大旱。(《宜城县志》)

钟祥:饥。(《钟祥县志》)

崇阳:人有年。(《崇阳县志》)

旱涝等级:郧、襄两地区,四级;荆州地区,三级;咸宁地区,三级。

1483 年　明成化十九年

免湖广武昌等府卫去年秋粮子粒总十四万六千八百余石,以水灾故也。(《明实录》)

郧县:饥。(《湖北通志》)　大饥。(《竹溪县志》《郧县志》)

郧西:饥。(《郧西县志》《湖北通志》)

竹溪:大饥。(《竹溪县志》《郧县志》)

旱涝等级:郧、襄两地区,四级。

1484 年　明成化二十年

湖广大旱。(《湖北通志》)

襄阳:大雪。人民牛马冻死。(《襄阳县志》)

光化:大雪。人民牛马冻死。(《襄阳府志》)

沔阳:夏六月,大水。(《沔阳州志》《湖北通志》)

阳新:大旱。民食草木叶。多殍。(《兴国州志》光绪十五年,《兴国州

志》民国三十二年)

　　旱涝等级:郧、襄两地区,四级;荆州地区,三级;咸宁地区,四级。

1485 年　明成化二十一年

　　湖广襄阳等府卫州县,各奏去岁旱伤。(《明实录》)

　　均县:春旱,饥。僵尸载道。(《襄阳府志》《均州志》)　春旱。饥民殍于路。(《湖北通志》)

　　荆门:旱,民多荸死。(《荆门直隶州志》)　春旱饥民殍于路。(《湖北通志》)

　　钟祥:大旱。野多饿殍。(《钟祥县志》)　春旱饥民殍于路。(《湖北通志》)

　　旱涝等级:郧、襄两地区,四级;荆州地区,四级。

1486 年　明成化二十二年

　　谷城:大饥。(《襄阳府志》《湖北通志》)

　　潜江:饥。(《湖北通志》)

　　旱涝等级:郧、襄两地区,三级;荆州地区,三级。

1487 年　明成化二十三年

　　京山:大旱。(《湖北通志》《京山县志》)

　　崇阳:旱。(《崇阳县志》)

　　鄂城:旱。(《武昌县志》《湖北通志》)　夏大旱,道殣枕藉。(《武昌县志》)

　　旱涝等级:荆州地区,四级;咸宁地区,四级。

1488 年　明弘治元年

湖广连年荒旱,民穷特甚。以旱灾停征,湖广布政司。(《明实录》)

荆州:大旱,人相食。(《江陵县志》《荆州府志拾遗》)

钟祥:春,大饥。(《钟祥县志》《湖北通志》)

德安:旱。(《安陆府志》)

孝感:旱。(《孝感县志》)

应山:旱,弘治二年春饥,道殍相望。(《应山县志》)

安陆:德安旱,免本年夏税。大饥。死者半。(《安陆县志》《安陆府志》) 大饥。(《湖北通志》)

黄陂:旱。(《黄陂县志》)

咸宁:大饥,百姓饥毙无数。(《咸宁县志》)

鄂城:大旱。(《武昌县志》)

蕲州大旱。(《黄州府志》)

麻城:大旱。疫。(《麻城县志》《湖北通志》)

旱涝等级:荆州地区,四级;孝感地区,五级;咸宁地区,四级;黄冈地区,四级。

1489 年　明弘治二年

当阳:旱。(《当阳县志》《湖北通志》) 大有年。(《湖北通志》)

沔阳:夏大旱。(《沔阳州志》《湖北通志》)

汉阳:春三月,汉阳雨。豆种之,蔓生不实。(《汉阳县志》)

崇阳:大有年。(《崇阳县志》)

旱涝等级:恩、宜两地区,三级;荆州地区,四级;孝感地区,三级;咸宁地区,三级。

1490 年　明弘治三年

湖广旱。(《湖北通志》)

应山:春大雨。豆种之,蔓生不实。(《应山县志》)

阳新:秋大水,船入城。(《兴国州志》光绪十五年)

旱涝等级:孝感地区,三级;咸宁地区,二级。

1491 年　明弘治四年

当阳:旱。(《湖北通志》)　大旱。(《当阳县志》)

应山:大旱。(《应山县志》《湖北通志》)

旱涝等级:恩、宜两地区,四级;孝感地区,四级。

1492 年　明弘治五年

宜昌:大旱饥。(《东湖县志》《宜昌府志》《湖北通志》)

当阳:四年五年相继大旱。(《当阳县志》)

长阳:大旱。饥。(《长阳县志》)

应山:五月,高贵山蛟起,水没乾明寺,僧皆溺死。(《应山县志》《安陆府志》)

英山:九月大雪,至次年三月方止。深丈余。山畜枕藉而死。(《英山县志》)

旱涝等级:恩、宜两地区,五级;孝感地区,二级;黄冈地区,三级。

1493 年　明弘治六年

湖广郧阳府,大雪自十一月十五日至十二月是日(辛酉朔),夜雷震电发,明日复震,后日复雪止,平地三尺余,人畜冻死无算。(《郧县志》《郧西

县志》《明实录》）

汉口：大雪。冰厚三尺。（《夏口县志》） 闰五月，荆、沔诸湖水竭。鱼荒河泊。（《明实录》）

襄阳：旱。（《襄阳县志》）

钟祥：冬大雪至明年，雪雨雷电间作。（《钟祥县志》）

沔阳：冬大雪恒寒。（《沔阳州志》）

应山：冬十月大雪，至七年春正月。（《应山县志》）

应城：冬十二月至七年春正月，每夜雷雨大作。（《应城县志》）

汉阳：大雪。冰厚三尺。（《汉阳县志》）

武昌：秋九月雪，至明年止月，每夜震雷雨雪。（《江夏县志》民国七年铅印，《江夏县志》同治八年）

旱涝等级：郧、襄两地区，四级；荆州地区，三级；孝感地区，三级；咸宁地区，三级。

1494 年　明弘治七年

二月，以旱灾免湖广襄阳、河南南阳等府州县并各卫所弘治六年夏税之半。（《明实录》）

湖广武昌等府州县，大雨不止，洪水泛涨，四望无涯，军民房屋具被淹没，城垣公廨等项具被崩塌，通衢撑驾小船，老幼移徙山林。（《明实录》）

以水旱灾免湖广武昌等府及黄州等卫，弘治七年夏税秋粮有差。（《明实录》）

汉口：大水。（《夏口县志》）

均县：冬大雪。（《襄阳府志》《均州志》）

应山：夏四月大水。（《应山县志》《安陆府志》） 大水。（《湖北通志》）

汉川：大水。（《湖北通志》）

汉阳：大水。（《汉阳县志》《湖北通志》）

阳新：冬祁寒，树枝冻折。（《兴国州志》光绪十五年，《兴国州志》民国

三十二年）

旱涝等级：郧、襄两地区，三级；孝感地区，二级；咸宁地区，三级。

1495 年　明弘治八年

湖广大旱。（《湖北通志》）

应山：五月，桃李花。（《应山县志》《安陆府志》）

崇阳：冬，十一月至十二月大雪，深五尺，弥旬不消。牛马冻死无算。
野兽举手可捕。（《崇阳县志》）

蕲春：十一月蕲州大雪，甚寒。树木冻死，鸟飞堕地。（《武昌县志》）

旱涝等级：孝感地区，三级；咸宁地区，三级；黄冈地区，三级。

1496 年　明弘治九年

1497 年　明弘治十年

荆州：大水，饥。沙市堤决，灌城。冲塌公安门城楼，民田陷溺无算。
（《江陵县志》《荆州府志拾遗》《湖北通志》）

公安：狭堤渊决。（《荆州府志拾遗》）

安陆：秋，淫雨，坏城郭，庐舍殆尽。（《安陆县志》《湖北通志》）　七月
初旬以来，淫雨不止。城垣垛口并公私庐舍多塌。大洪山处，山水泛涨，淹
死男妇四十三人，冲流房屋六十余间，牛马等畜一百三十余只，损坏田地二
十余顷。（《明实录》）

旱涝等级：荆州地区，二级；孝感地区，二级。

1498 年　明弘治十一年

谷城：秋大水。（《襄阳府志》）

枝江:大水。(《枝江县志》《荆州府志拾遗》)

京山:大旱。饥。(《湖北通志》)

应山:大旱。(《湖北通志》)　秋七月不雨至十二年夏四月。(《湖北通志》《应山县志》)

武昌:淫雨,水溢,山崩、决堤,害稼坏城垣百余丈。冬十月至明年春不雨。(《江夏县志》同治八年,《江夏县志》民国七年铅印)

黄冈:自冬十月至明年正月不雨。(《黄冈县志》)　夏四月至明年春正月不雨。(《黄州府志》)　大旱。自七月至明年四月不雨。(《湖北通志》)

旱涝等级:郧、襄两地区,三级;恩、宜两地区,三级;荆州地区,四级;孝感地区,四级;咸宁地区,二级;黄冈地区,四级。

1499 年　明弘治十二年

钟祥:夏饥。(《钟祥县志》《湖北通志》)

安陆:饥。(《安陆县志》《安陆府志》)

汉川:大水。(《湖北通志》)

咸宁:大水,舟入市。(《湖北通志》)

鄂城:大水。(《湖北通志》)。

旱涝等级:荆州地区,三级;孝感地区,三级;咸宁地区,二级。

1500 年　明弘治十三年

江陵:堤决,淹溺甚众。(《江陵县志》)

沔阳:大水。(《沔阳州志》)

阳新:秋大水,船入城。(《兴国州志》光绪十五年,《兴国州志》民国三十二年)

鄂城:大水入椽星门。(《武昌县志》)

黄冈:夏六月大水。(《黄冈县志》)

旱涝等级:荆州地区,二级;咸宁地区,二级;黄冈地区,三级。

1501 年　明弘治十四年

以水灾免湖广沔阳州秋粮子粒有差。(《明实录》)

荆州:水决溃城。(《湖北通志》)

江陵:水决。(《江陵县志》)

荆门:六月水决,荆门州城崩。(《荆门直隶州志》)

旱涝等级:荆州地区,二级。

1502 年　明弘治十五年

以水灾免黄州、荆州、汉阳等六府,沔阳州及武昌等八卫所弘治十五年税粮子粒有差。(《明实录》)

汉口:五月大水。(《夏口县志》)

钟祥:大旱。饥。(《钟祥县志》)

京山:大旱。饥。(《京山县志》《湖北通志》)

安陆州大旱。饥。(《湖北通志》)

汉阳:夏五月大水。(《汉阳县志》《湖北通志》)

旱涝等级:荆州地区,四级;孝感地区,四级;咸宁地区,二级。

1503 年　明弘治十六年

以旱灾免湖广武昌等九府及沔阳等十卫所粮草子粒有差。(《明实录》)

汉口:旱。(《夏口县志》)

孝感:大水。(《孝感县志》)

应山:夏大雨。(《应山县志》《湖北通志》)

安陆:秋九月,桃李华。(《安陆县志》《安陆府志》《湖北通志》)

汉阳:旱。(《汉阳县志》《湖北通志》)

旱涝等级:荆州地区,四级;孝感地区,三级;咸宁地区,四级。

1504 年　明弘治十七年

湖北近年以来大旱,人民失所。(《明实录》)

春二月均州雨雪雹,雪片大六寸许。(《襄阳府志》《均州志》)

夏六月均州雨雪。(《襄阳府志》《均州志》)

郧县:春二月壬寅雨雪雹,大者六寸,夏六月癸亥雨雪。(《郧县志》)

郧西:二月壬寅雨雹,大者五、六寸。(《郧西县志》)

枣阳:秋,大旱。(《襄阳府志》《枣阳县志》《湖北通志》)

蕲春:大旱。(《蕲州志》《黄州府志》《湖北通志》)

旱涝等级:郧、襄两地区,四级;黄冈地区,四级。

1505 年　明弘治十八年

湖广地方灾伤京粮未完。(《明实录》)

枣阳:秋大旱。(《湖北通志》)

施州:大水。(《增修施南府志》《湖北通志》)

安陆:乙丑,春,饥。(《安陆县志》《安陆府志》)

蕲春:秋大旱。(《湖北通志》)

旱涝等级:郧、襄两地区,四级;孝感地区,三级;黄冈地区,四级。

1506 年　明正德元年

随县:旱。(《随州志》)　十月随州花盛开。(《湖北通志》)

夏,德安大旱。(《湖北通志》)　德安大旱。(《安陆县志》《安陆府志》)

孝感:旱饥。(《孝感县志》)　春饥。(《湖北通志》)

应山:春大饥。秋大旱。大饥。(《应山县志》《安陆府志》) 春饥。(《湖北通志》)

安陆:春大饥,秋大旱。(《安陆县志》《安陆府志》) 春饥。(《湖北通志》)

咸宁:春大饥。(《咸宁县志》《湖北通志》) 秋大旱。(《咸宁县志》)

黄州府大旱。(《黄州府志》)

黄冈:大旱。(《黄冈县志》)

旱涝等级:郧、襄两地区,三级;孝感地区,五级;咸宁地区,四级;黄冈地区,四级。

1507 年 明正德二年

随县:十月,花盛开。(《随州志》)

应山:春,正月不雨至于三月。雹杀禾菽。(《应山县志》) 秋七月,雹杀禾菽。(《安陆府志》)

安陆:正月不雨至于三月。雹杀禾麦。(《安陆县志》《安陆府志》)

汉川:四月旱。(《湖北通志》)

汉阳:水。(《汉阳县志》《湖北通志》)

咸宁:春,正月不雨至于三月。雹杀禾麦。(《咸宁县志》)

麻城:大水。(《黄州府志》《湖北通志》)

罗田:旱。(《湖北通志》)

旱涝等级:郧、襄两地区,三级;孝感地区,三级;咸宁地区,三级;黄冈地区,三级。

1508 年 明正德三年

奏湖广地方军民贫困……今境内旱甚……。(《明实录》) 湖广旱。(《湖北通志》)

汉口:大旱,饥。夏秋不雨,井泉竭。(《夏口县志》)

襄阳:自五月不雨至明年正月。人相食。(《襄阳县志》) 大旱。(《襄阳府志》)

保康:夏大饥。(《湖北通志》)

钟祥:大旱。饥民多疫,道殣相望。(《钟祥县志》)

京山:大旱。饥。(《京山县志》)

孝感:大旱。斗米八千钱。(《孝感县志》)

安陆:戊辰夏五月,大旱。饥民多疫,道殣相望。(《安陆县志》《安陆府志》)

汉阳:汉阳府属人旱。饥。夏、秋不雨,井泉竭,汉阳尤甚。(《汉阳县志》)

阳新:大旱饥。(《湖北通志》《兴国州志》民国三十二年)

蒲圻:五月大水。(《湖北通志》) 大水。(《蒲圻县志》)

鄂城:旱。(《武昌县志》)

黄州:大旱。(《黄州府志》)

黄冈:大旱。(《黄冈县志》)

麻城:六月六日,大水。射圃民房冲圮无算。(《麻城县志》)

蕲春:蕲州大旱,六、七月湖水尽涸,可驰驱。(《蕲州志》)

旱涝等级:郧、襄两地区,五级;荆州地区,五级;孝感地区,五级;咸宁地区,四级;黄冈地区,五级。

1509 年 明正德四年

武昌、兴国、江夏等府州县并武昌等卫,德安等所旱灾,免夏秋税粮。(《明实录》)

汉口:五月旱。(《夏口县志》)

均县:夏大饥。(《均州志》) 大饥。(《襄阳府志》)

枣阳:大饥。(《枣阳县志》)

保康：大饥。（《湖北通志》）

宜昌：峡江大水。（《宜昌府志》）

长阳：峡江大水。（《长阳县志》）

夏荆州大旱。（《江陵县志》《荆州府志拾遗》）

沔阳：夏五月，大雪。（《沔阳州志》）

孝感：雹杀稼。（《孝感县志》）

汉阳：夏五月，旱。（《汉阳县志》）

大冶：大旱。（《大冶县志》）

阳新：旱。米贵。（《兴国州志》光绪十五年，《兴国州志》民国三十二年）

蒲圻：大旱。（《蒲圻县志》）

崇阳：大旱。民徙之四方。（《崇阳县志》）

通城：大旱。岁饥，民莩。（《通城县志》）

鄂城：大旱。（《武昌县志》）

黄州府夏旱。（《黄州府志》）

黄冈：夏旱。（《黄冈县志》）

英山：饥。民食厥。多流移外境。（《英山县志》）

旱涝等级：郧、襄两地区，三级；恩、宜两地区，二级；荆州地区，四级；孝感地区，三级；咸宁地区，五级；黄冈地区，四级。

1510年　明正德五年

枝江：大旱。（《枣阳县志》《湖北通志》）

荆州：大饥。（《江陵县志》《荆州府志拾遗》《湖北通志》）

钟祥：三月大饥。（《钟祥县志》）

应山：大水。（《湖北通志》）

应城：夏，六月，大水。（《应城县志》《安陆府志》）

阳新：旱。（《兴国州志》光绪十五年，《兴国州志》民国三十二年）

蒲圻：蝗。（《蒲圻县志》）

英山：淫雨。横流泛溢，山石崩裂，田畴复压。房屋漂流，人畜溺死甚众。（《英山县志》）

旱涝等级：恩、宜两地区，四级；荆州地区，三级；孝感地区，二级；咸宁地区，三级；黄冈地区，二级。

1511年　明正德六年

通山、崇阳：夏五月雹。山水陡发数丈，人畜多溺死。（《湖北通志》《崇阳县志》）

黄州府大旱，民穷多流亡。（《黄州府志》）　黄州旱。（《湖北通志》）

黄冈：大旱。（《黄冈县志》）

旱涝等级：咸宁地区，三级；黄冈地区，四级。

1512年　明正德七年

均县：春，大饥，人相食。夏六月蝗。（《均州志》《襄阳府志》《湖北通志》）

京山：大旱。饥。（《京山县志》《湖北通志》）

黄州府大旱。（《黄州府志》）　民穷多流亡。（《黄州府志》）

黄冈：大旱。民穷，流亡众多。（《黄冈县志》）

旱涝等级：郧、襄两地区，四级；荆州地区，四级；黄冈地区，四级。

1513年　明正德八年

湖广大旱。（《湖北通志》）

均州：大疫。（《襄阳府志》）

均县：春大疫。（《均州志》《湖北通志》）

黄州:大旱,民穷多流亡。(《黄州府志》)

黄冈:连年大旱,民穷多流亡。(《黄冈县志》)

旱涝等级:郧、襄两地区,三级;黄冈地区,四级。

1514 年　明正德九年

枣阳:旱,蝗害稼。(《襄阳府志》)　大旱,秋蝗,大饥。(《枣阳县志》《湖北通志》)

鄂城:大水,居民漂圮,田禾淹没殆尽。(《武昌县志》《湖北通志》)

旱涝等级:郧、襄两地区,四级;咸宁地区,二级。

1515 年　明正德十年

京山:冬十一月,桃李花。(《京山县志》)

应山:大旱。(《应山县志》《湖北通志》)

旱涝等级:荆州地区,三级;孝感地区,四级。

1516 年　明正德十一年

襄阳:大水,汉水溢,啮新城堤溃者数十丈。宜城,大水入城。(《襄阳府志》)

均县:蝗。(《均州志》《湖北通志》)

襄阳:五月汉水溢,啮新城圻溃数十丈。(《襄阳县志》)

光化:夏五月,汉水溢。(《光化县志》)

恩施:夏,施州大水,坏城,漂民舍。马栏寺山裂。(《增修施南府志》《恩施县志》)　施州大水,坏城,漂民居。(《湖北通志》)

枝江:大水。(《枝江县志》《荆州府志拾遗》)

八月,荆州大水。饥。(《江陵县志》《荆州府志拾遗》)　荆州大水。

（《监利县志》同治十一年,《监利县志》光绪三十四年） 荆州、枝江大水,饥。公安郭家渊决。钟祥亦水。(《湖北通志》)

钟祥:五月大水,汉江涨溢,漂没人舍人畜,死者不可胜数。十二月桃李华。(《钟祥县志》)

沔阳:大水。(《沔阳州志》)

公安:郭家渊决。(《公安县志》《荆州府志拾遗》)

应山:大旱。(《湖北通志》《应山县志》)

安陆:桃李冬华。(《安陆县志》《安陆府志》)

应城:秋八月大水。(《应城县志》) 大水。(《湖北通志》)

汉川:八月大水。(《湖北通志》)

咸宁:桃李冬华。(《咸宁县志》)

旱涝等级:郧、襄两地区,二级;恩、宜两地区,二级;荆州地区,二级;孝感地区,四级;咸宁地区,三级。

1517 年　明正德十二年

荆襄诸处亦以淫雨。江水泛涨。(《明实录》)

宜城:荆襄江水大涨。(《宜城县志》《湖北通志》)

江陵:荆襄江水大涨。(《江陵县志》《荆州府志拾遗》《湖北通志》) 夏大水。(《江陵县志》)

钟祥:夏,汉溢,人民漂溺甚众。(《钟祥县志》) 大水。(《湖北通志》)

沔阳:夏六月,淫风暴雨,大水漂田庐,民溺死者以千数。(《沔阳州志》)

监利:荆州江水大涨。(《监利县志》同治十一年,《监利县志》光绪三十四年)

武昌:夏大水。(《江夏县志》同治八年,《江夏县志》民国七年铅印) 秋八月饥。(《江夏县志》同治八年)

鄂城:大水。(《武昌县志》)

旱涝等级:郧、襄两地区,二级;荆州地区,一级;咸宁地区,二级。

1518 年　明正德十三年

钟祥:秋八月桃李华。(《钟祥县志》)

应山:夏大疫。(《应山县志》)

应城:秋,稻田土黑起烟,苗半灼死。(《应城县志》《安陆府志》)

武昌:夏大水。饥。(《江夏县志》同治八年,《江夏县志》民国七年铅印)

阳新:大水。(《兴国州志》光绪十五年,《兴国州志》民国三十二年)

鄂城:大水。饥。(《武昌县志》)

黄州:大水。饥。(《黄州府志》)

黄冈:大水。饥。(《黄冈县志》)

旱涝等级:孝感地区,四级;咸宁地区,二级;黄冈地区,二级。

1519 年　明正德十四年

是年夏五月,诏湖广流民,归业者发给廪食、庐舍、牛种(《安陆县志》《明实录》)。

汉口:冬,江汉冰。(《夏口县志》)

襄阳:江汉冰。(《襄阳县志》《湖北通志》)　冬,江汉冰合。(《荆门直隶州志》)

夏五月德安大水。(《安陆县志》《安陆府志》)　夏德安大水。(《湖北通志》)　秋大旱。(《安陆县志》《安陆府志》《湖北通志》)

孝感:大水。(《孝感县志》)

汉阳:冬,江汉冰。(《汉阳县志》)

咸宁:大水。(《湖北通志》)　夏大水。秋大旱。(《咸宁县志》)

武昌:大旱。冬江汉冰。(《江夏县志》同治八年,《江夏县志》民国七年铅印)

夏,五月,黄州雹如鸡卵。坏民舍。(《黄州府志》《湖北通志》)

黄冈:夏,五月,雨雹如鸡卵。坏民舍。(《黄冈县志》)

旱涝等级:郧、襄两地区,三级;孝感地区,四级;咸宁地区,四级;黄冈地区,三级。

1520 年　明正德十五年

汉口:冬,江汉冰合。(《夏口县志》)

宜昌:江汉冰合。(《东湖县志》)

钟祥:以灾免税。(《钟祥县志》)

应山:正月朔,雷电暴雨,平地水涨丈余。(《应山县志》)　大旱,四月不雨至于六月。(《应山县志》《湖北通志》)

汉阳:冬,江汉冰合。(《汉阳县志》《湖北通志》)

武昌:大水,至冬不涸。冬,江汉冰合。(《江夏县志》同治八年,《江夏县志》民国七年铅印)

旱涝等级:恩、宜两地区,三级;荆州地区,三级;孝感地区,四级;咸宁地区,二级。

1521 年　明正德十六年

鄂城:夏大水,至冬不涸。(《武昌县志》《湖北通志》)

1522 年　明嘉靖元年

夏,潜江水,决柘、林垸,城浸于水。(《湖北通志》)

孝感:大旱。(《孝感县志》)

通城:大水。(《湖北通志》)壬午大水。(《通城县志》)

浠水:夏五月旱。(《蕲水县志》)　旱。(《浠水县简志》)

旱涝等级:荆州地区,三级;孝感地区,四级;咸宁地区,三级;黄冈地区,三级。

1523年　明嘉靖二年

德安大饥。湖广大旱,赤地千里,殍殣载道。二年春夏旱。大饥。(《安陆县志》《安陆府志》《湖北通志》)

枝江:大旱。饥。(《枝江县志》《荆州府志拾遗》)

荆门:大旱。(《荆门直隶州志》)

京山:大旱。饥。(《京山县志》)

石首:大旱。饥。(《荆州府志拾遗》)

孝感:春大饥。(《孝感县志》)

咸宁:春夏旱。大饥。(《汉阳县志》)

大冶:大旱。(《大冶县志》)

通山:九月水。(《湖北通志》)

鄂城:大旱。九月大水。(《武昌县志》《湖北通志》)

黄州:五六月不雨。苗尽槁。(《黄州府志》)

黄冈:夏五六月不雨,苗尽槁,奏免田租。(《黄冈县志》)

英山:春夏旱。秋淫雨,禾稼尽腐。(《英山县志》)

蕲春:旱。(《蕲州志》)

旱涝等级:恩、宜两地区,四级;荆州地区,四级;孝感地区,三级;咸宁地区,四级;黄冈地区,四级。

1524年　明嘉靖三年

甲申德安稔。大疫。(《安陆县志》《安陆府志》《湖北通志》)

孝感:稔。大疫。六月四日大雪。六月不雨。冬震雷。(《孝感县志》)

麻城:大疫。(《麻城县志》)

旱涝等级:孝感地区,四级;黄冈地区,三级。

1525 年　明嘉靖四年

以水灾诏以荆州府沔阳等州县嘉靖四年分原兑军米及南京仓米折银征解,其余岁办物料等项俱暂停征。(《明实录》)

枝江:水灾。(《枝江县志》《荆州府志拾遗》)

旱涝等级:恩、宜两地区,三级;荆州地区,二级。

1526 年　明嘉靖五年

当阳:旱。(《当阳县志》)　大旱。(《湖北通志》)

枝江:旱。(《枝江县志》《荆州府志拾遗》)　大旱。(《湖北通志》)

钟祥:洋渡决。荆门州沙洋堤决。上津东铁庐沟水溢。(《湖北通志》)汉水决。(《钟祥县志》)

荆门:水决荆门州沙洋堤。(《荆门直隶州志》)

阳新:蝗,禾几尽。(《兴国州志》光绪十五年,《兴国州志》民国三十二年)

旱涝等级:恩、宜两地区,四级;荆州地区,二级;咸宁地区,四级。

1527 年　明嘉靖六年

八月,湖广大水,漂没田庐凡五府二十四州县。(《明实录》)

秋,湖广水。(《湖北通志》)

汉口:大水。(《夏口县志》)

钟祥:夏,六月,急风、大雨雹,人畜多死。(《钟祥县志》)

沔阳:夏,六月,大水。民田庐皆坏。七月大旱,河竭。(《沔阳州志》)夏,六月,沔阳雨雹。(《湖北通志》)

石首:大水,溃堤,市可行舟。(《荆州府志拾遗》)

汉阳:大水。(《汉阳县志》)

浠水:水。(《蕲水县志》《浠水县简志》)

蕲春:蕲州大水。漂流人畜。(《蕲州志》)　蕲州旱。(《黄州府志》《湖北通志》)

旱涝等级:荆州地区,二级;孝感地区,三级;黄冈地区,二级。

1528 年　明嘉靖七年

湖广大旱,人相食。(《湖北通志》)

夏六月,襄阳、宜城、南漳、枣阳、谷城、光化、均州大旱。饥、人相食。(《襄阳府志》《宜城县志》)

均县:夏六月,大旱,饥、人相食。(《均州志》)

郧西:饥。(《郧西县志》)

光化:夏六月,大旱。饥,人相食。(《光化县志》)

枣阳:秋蝗。大饥,人相食。(《枣阳县志》)

南漳:夏,湖广大旱。饥,人相食。(《南漳县志》)

远安:大旱,蝗虫蔽天。(《远安县志》)

钟祥:是岁大旱。秋七月,汉水溢。八月大疫。秋大水。(《钟祥县志》)

京山:大旱。饥。(《京山县志》)

德安府六月风雷拔木。秋大旱。饥。(《安陆县志》)　八月,德安大旱。饥。(《湖北通志》《安陆府志》)

孝感:大旱。饥。(《孝感县志》)

黄陂:大荒。(《黄陂县志》)

咸宁:六月风雷拔木。秋大旱。饥。(《咸宁县志》)

阳新:春,大风,起蛟。(《兴国州志》光绪十五年,《兴国州志》民国三十二年)

通城:大旱。(《通城县志》)

英山:八月大雨四日,自午至未,平地水深丈余。是月蝗虫北来,落地尺许,食谷无遗。(《英山县志》)

旱涝等级:郧、襄两地区,五级;恩、宜两地区,四级;荆州地区,四级;孝感地区,四级;咸宁地区,四级;黄冈地区,四级。

1529 年　明嘉靖八年

湖广大饥。(《湖北通志》)

湖广饥,襄阳尤甚。(《湖北通志》《襄阳府志》)

春,襄阳、光化、均州人疫。四月宜城人疫。(《襄阳府志》《湖北通志》)

均县:春,正月,大疫。(《均州志》)

襄阳:饥甚。春大疫。(《襄阳县志》)

光化:春大疫。(《光化县志》)

谷城:秋,大有年。(《湖北通志》《襄阳府志》)

宜城:湖广饥,襄阳尤甚。四月大疫。(《宜城县志》)

沔阳:疫。秋,七月,汉溢。(《沔阳州志》)

德安府蝗飞蔽天,德安蝗大起。(《安陆县志》《安陆府志》《湖北通志》)

咸宁:蝗飞蔽天。(《咸宁县志》)

旱涝等级:郧、襄两地区,三级;荆州地区,三级;孝感地区,三级;咸宁地区,三级。

1530 年　明嘉靖九年

以水灾免湖广武昌等府秋粮。(《明实录》)

钟祥:秋,大水。(《钟祥县志》)

沔阳:秋,大水。(《沔阳州志》)

应城:夏,久雨伤禾。(《应城县志》《安陆府志》《湖北通志》)　八月,大水。(《湖北通志》)

黄冈:秋八月,大水。(《黄冈县志》《黄州府志》《湖北通志》)

旱涝等级:荆州地区,二级;孝感地区,二级;黄冈地区,三级。

1531 年　明嘉靖十年

谷城:秋蝗。(《襄阳府志》《湖北通志》)

枣阳:秋蝗。(《襄阳府志》《湖北通志》《枣阳县志》)

阳新:大水免湖广各府及县秋粮。(《兴国州志》民国三十二年)

麻城:蝗自商城来,食稻粟立尽。(《麻城县志》)

旱涝等级:郧、襄两地区,四级;咸宁地区,二级;黄冈地区,三级。

1532 年　明嘉靖十一年

二月以旱灾免湖广武昌、汉阳、黄州、德安、荆州、襄阳等府税粮有差。
(《明实录》)

湖广大旱,自正月至五月不雨。(《湖北通志》)

襄阳、光化、均州蝗。秋,谷城大疫。(《湖北通志》《襄阳府志》)

均县:蝗。(《均州志》)

襄阳:蝗。(《襄阳县志》)

光化:蝗。(《光化县志》)

当阳:夏大水。(《当阳县志》《湖北通志》)

荆州:旱,自正月至五月。秋淫雨弥月,虫杀稼。(《江陵县志》《荆州府
志拾遗》)

钟祥:二月以灾免税。(《钟祥县志》)

公安:江池湖决。(《公安县志》《荆州府志拾遗》)

安陆:大水。(《安陆县志》《安陆府志》《湖北通志》)

应城:大水。(《应城县志》《湖北通志》)

汉川:九月,蝗蔽天。(《湖北通志》)

咸宁:大水。(《湖北通志》《咸宁县志》)

崇阳:蝗飞蔽天,逾月乃止。(《崇阳县志》)

英山:蝗,自北蔽天而来,食禾且尽。(《英山县志》)

旱涝等级:郧、襄两地区,四级;恩、宜两地区,三级;荆州地区,二级;孝感地区,二级;咸宁地区,四级;黄冈地区,四级。

1533 年　明嘉靖十二年

安陆:岁大歉。(《安陆府志》)

阳新:冬,祁寒,树枝冻折。(《兴国州志》光绪十五年,《兴国州志》民国三十二年)

麻城:大风拔木、发屋,民居多被压坏。(《麻城县志》)

旱涝等级:孝感地区,三级;咸宁地区,三级;黄冈地区,三级。

1534 年　明嘉靖十三年

郧西:暴风雷雨雹,损禾稼。(《明实录》)

均县:夏大水。(《均州志》) 大水。(《襄阳府志》)

襄阳:大疫。(《湖北通志》)

枣阳:夏蝗。大疫。(《襄阳府志》《枣阳县志》) 蝗。(《湖北通志》)

阳新:夏旱。(《兴国州志》光绪十五年,《兴国州志》民国三十二年,《湖北通志》)

通城:旱。(《通城县志》《湖北通志》)

鄂城:大旱。(《武昌县志》《湖北通志》)

旱涝等级:郧、襄两地区,三级;咸宁地区,四级。

1535 年　明嘉靖十四年

汉口:旱。(《夏口县志》)

宜昌、长阳：夏雨经月。溪水四溢，坏田庐无算。（《东湖县志》《宜昌府志》《长阳县志》《湖北通志》）

应城：春，二月大雨，菽粟蔓生原野，不实。秋七月，蝗，大旱。岁饥。（《应城县志》《安陆府志》《湖北通志》）

汉阳：旱。（《汉阳县志》《湖北通志》）

大冶：大旱。（《大冶县志》《湖北通志》）

阳新：夏大水。（《兴国州志》光绪十五年，《兴国州志》民国三十二年）

鄂城：大旱。（《武昌县志》）

麻城：正月大雷。（《麻城县志》）

浠水：秋七月旱。（《蕲水县志》《湖北通志》）　大旱。（《黄州府志》）旱。（《浠水县简志》）

旱涝等级：恩、宜两地区，二级；孝感地区，四级；咸宁地区，四级；黄冈地区，四级。

1536 年　明嘉靖十五年

是岁，湖广大饥。（《湖北通志》）

襄阳：冬十一月襄阳大雪、雷电。（《襄阳府志》《襄阳县志》）

应山：正月朔，雷电、暴雨，平地水深丈余。（《湖北通志》）

阳新：湖广大水。（《兴国州志》民国三十二年）

大冶：大有年。（《大冶县志》）

鄂城：三月大水，发仓粮及事例银两赈。（《武昌县志》《湖北通志》）

麻城：十二月，大雷龟。（《麻城县志》）

旱涝等级：郧、襄两地区，三级；孝感地区，二级；咸宁地区，二级；黄冈地区，三级。

1537 年　明嘉靖十六年

八月，夏秋多雨……而湖广尤甚，冲没城邑。人多漂溺。幸而存者家

产荡尽。(《明实录》)

南漳:旱,自九月至十二月无雨雪。(《襄阳府志》《南漳县志》《湖北通志》)

京山:溾水溢,坏民舍。溺死人畜甚多。(《京山县志》)

德安:丁酉春大疫,民多流亡。(《安陆县志》《安陆府志》《湖北通志》)

孝感:春夏大疫,民多流鬻。(《孝感县志》)

阳新:夏旱。大水。(《兴国州志》光绪十五年,《兴国州志》民国三十二年)

浠水:夏六月旱。(《蕲水县志》《湖北通志》) 旱。(《浠水县简志》)

旱涝等级:郧、襄两地区,三级;荆州地区,二级;孝感地区,三级;咸宁地区,三级;黄冈地区,三级。

1538 年 明嘉靖十七年

湖广大旱。(《湖北通志》)

汉口:大旱。(《夏口县志》)

郧阳:饥。(《湖北通志》)

襄阳:饥。(《襄阳县志》)

枣阳:夏,四月,大雨。(《枣阳县志》《湖北通志》《襄阳府志》)

南漳:自正月不雨至四月。(《襄阳府志》《湖北通志》《南漳县志》) 自五月雨至七月。伤稼。(《南漳县志》)

钟祥:春雨。(《钟祥县志》)

应山:饥。(《湖北通志》)

汉阳:大旱。(《汉阳县志》)

麻城:五月十八日,大水,平地深丈余。(《麻城县志》)

罗田:夏六月,河暴溢,水入城,民多溺死。(《黄州府志》《湖北通志》)

英山:夏大水,伤田畴。蛟起,山石崩,压死者七家。(《英山县志》)

广济:群蛟一日并起,居民田庐皆坏。(《湖北通志》)

旱涝等级:郧、襄两地区,二级;荆州地区,三级;孝感地区,四级;黄冈地区,一级。

1539 年 明嘉靖十八年

以旱蝗免湖广郧阳、襄阳、荆州、德安、承天、武昌等府所属州县及沔阳卫税粮如例。(《明实录》)

春正月均州雨雹,是年大饥。秋七月,襄阳、枣阳、光化大旱。(《湖北通志》《襄阳府志》)

襄阳:秋大旱,九月大雪。(《襄阳县志》) 九月襄阳大雪。(《襄阳府志》)

均县:正月,大雨雹。是年大饥。(《均州志》)

光化:秋七月大旱。(《光化县志》)

当阳:夏旱。(《当阳县志》《湖北通志》)

安陆:六月,蝗飞弥障天日。(《安陆县志》《安陆府志》)

咸宁:六月,蝗飞弥障天日。(《咸宁县志》)

崇阳:四月恒雨。五月,暴雨、大风折木、发屋。六月九日大水坏庐舍。(《崇阳县志》)

蕲春:大水,低田尽没,市巷行船。(《蕲州志》《黄州府志》)

旱涝等级:郧、襄两地区,四级;恩、宜两地区,三级;荆州地区,四级;孝感地区,四级;咸宁地区,四级;黄冈地区,二级。

1540 年 明嘉靖十九年

蝗。冬十月,襄阳桃华。(《襄阳府志》) 七月襄阳蝗。(《宜城县志》)

襄阳:七月蝗,十月桃华。(《襄阳县志》)

钟祥:大疫。(《钟祥县志》《湖北通志》)

黄陂:大水。蝗。(《黄陂县志》《湖北通志》)

崇阳:五月二十三日,大水。漂没庐舍,坏田地数千余亩。(《崇阳县

志》)

通城:五月二十五日,暴雨,蛟起。平地水深四尺,沿河没庐舍千百间,溺千百人,田地多被沙淤。(《通城县志》《湖北通志》)

英山:夏蝗。(《英山县志》)

罗田:春,大饥。(《湖北通志》)

旱涝等级:郧、襄两地区,三级;荆州地区,三级;孝感地区,三级;咸宁地区,二级;黄冈地区,三级。

1541 年　明嘉靖二十年

随县:五月,大雨三日。(《随州志》《安陆府志》)

钟祥:大旱至夏。六月大水。飞蝗蔽日。(《钟祥县志》)　钟祥蝗,夏大水。(《湖北通志》)

荆门:大旱。八月,飞蝗蔽日。(《荆门直隶州志》)　蝗。(《湖北通志》)

沔阳:大蝗。(《沔阳州志》)　蝗。(《湖北通志》)

松滋:大蝗。(《松滋县志》同治八年,《荆州府志拾遗》)　蝗。(《湖北通志》)

汉川:蝗。(《湖北通志》)

麻城:八月蝗,自光山来,声飞如雷,所过田禾无遗。(《麻城县志》)

旱涝等级:郧、襄两地区,三级;荆州地区,四级;孝感地区,三级;黄冈地区,四级。

1542 年　明嘉靖二十一年

秭归:久雨。新滩上沱下沱山崩。(《归州志》)

麻城:大风,拔木发屋,民居多被压坏。(《麻城县志》)

旱涝等级:恩、宜两地区,二级;黄冈地区,三级。

1543 年　明嘉靖二十二年

枣阳:夏六月,大雨。水泛溢,流桥石数十里,两月始霁。(《襄阳府志》) 夏六月大雨,溪水溢流。(《枣阳县志》)

谷城:秋,霖雨不止。(《襄阳府志》)

安陆:六月,暴雨大风,涢水入市,风拔木。(《安陆县志》《安陆府志》)

咸宁:六月,暴雨大风,淦水入市,风拔木。(《咸宁县志》)

旱涝等级:郧、襄两地区,二级;孝感地区,二级;咸宁地区,二级。

1544 年　明嘉靖二十三年

湖广旱。(《湖北通志》)

沔阳:大旱。(《沔阳州志》)

石首:大饥。(《荆州府志拾遗》)

孝感:旱。(《孝感县志》)

安陆:夏旱。秋大饥。(《安陆县志》)

咸宁:夏大旱。秋大饥。(《咸宁县志》)

大冶:大旱。(《大冶县志》)

阳新:三月三日大雨雹,杀鸟兽草木,大者重四五觔,屋桷为折,大泽源、下彭源二处尤甚,是岁夏秋大旱饥。(《兴国州志》光绪十五年,《兴国州志》民国三十二年)

蒲圻:大旱。斗米千钱,秋九月赈灾。(《蒲圻县志》)

崇阳:四月至六月不雨。岁大凶。(《崇阳县志》)

鄂城:大旱。(《湖北通志》《武昌县志》)

黄冈:大旱。(《黄冈县志》《黄州府志》)

麻城:积雨十旬,正月至于四月。麦苗尽坏。夏复大旱,晚禾无收。十月恒燠,桃李皆花,竹笋出,麦秀实。十二月十六日始霜,十七日大雨电。

（《麻城县志前编》）

浠水：大旱。水竭，木槁死。斗粟值钱二百。逃者载道。（《蕲水县志》《浠水县简志》）

黄梅：大旱，自三月至七月不雨。民间有"经旬难望九餐火，斗米堪求八岁儿"之谣。（《黄梅县志》《黄州府志》）

旱涝等级：荆州地区，四级；孝感地区，四级；咸宁地区，五级；黄冈地区，五级。

1545 年　明嘉靖二十四年

湖广旱。（《湖北通志》）

钟祥：大饥。（《钟祥县志》）

安陆：饥疫，大饥。（《安陆县志》《安陆府志》）

咸宁：饥疫。（《咸宁县志》）

大冶：大饥，斗米值钱二百文。（《大冶县志》）

武昌：大饥。（《江夏县志》同治八年）

阳新：旱。（《兴国州志》光绪十五年，《兴国州志》民国三十二年）

鄂城：大旱。（《武昌县志》）

英山：大饥。（《英山县志》）

浠水：旱。（《蕲水县志》《浠水县简志》）

蕲春：连旱。（《蕲州志》）

旱涝等级：荆州地区，三级；孝感地区，三级；咸宁地区，四级；黄冈地区，四级。

1546 年　明嘉靖二十五年

夏，枣阳蛟起于文庙泮池。（《湖北通志》）

长阳：正午天红西北疾风起，雨雹大如鸡子。（《长阳县志》）

宜都：五月二十三日中午赤，西北疾风起，雨雹如鸡子。(《宜都县志》《荆州府志拾遗》)

钟祥：大有年。(《钟祥县志》《湖北通志》)

潜江：水。(《湖北通志》)

沔阳：夏五月，大水。(《沔阳州志》)

石首：霖雨。害稼。(《荆州府志拾遗》)

麻城：四月二十日，东北有黑气如墙，西南大雪雹，雹形如鹅卵如马首，麦尽坏。(《麻城县志》)

旱涝等级：荆州地区，二级；黄冈地区，三级。

1547 年　明嘉靖二十六年

以灾伤免湖广承天、襄阳、荆州各府属州县及各卫所税粮有差。(《明实录》)

谷城：秋，大水。(《襄阳府志》《湖北通志》)

江陵：沙洋堤决。(《江陵县志》)

潜江：钟祥堤决，潜邑塔儿湾亦决。下游汉川受水患十八年。(《潜江县志续》《湖北通志》)

孝感：旱。(《孝感县志》《湖北通志》)

麻城：十二月十八日大雷电。(《麻城县志》)

旱涝等级：郧、襄两地区，三级；荆州地区，三级；孝感地区，三级；黄冈地区，三级。

1548 年　明嘉靖二十七年

保康：大水。(《保康县志》)

汉水溢。汉川受水患者十八载。(《湖北通志》)

旱涝等级:郧、襄两地区,三级;孝感地区,三级。

1549 年　明嘉靖二十八年

汉水决沙洋,潜江堤亦决。(《湖北通志》)

荆门:汉水决沙洋,洪涛数百里,民尽迁徙。(《荆门直隶州志》)

安陆:夏大旱。(《安陆县志》《安陆府志》《湖北通志》)

咸宁:夏大旱。(《咸宁县志》《湖北通志》)

旱涝等级:荆州地区,三级;孝感地区,四级;咸宁地区,四级。

1550 年　明嘉靖二十九年

钟、京沙洋红庙堤一带尽决。(《湖北通志》)

潜江:钟京红庙一带尽决。堤决,河北大水。(《潜江县志续》)

汉阳:市可乘舟。(《湖北通志》)

大冶:大水,舟入县前。(《大冶县志》)

麻城:十一月二十五日大霜及雾,凡水流檐溜者悉成串珠,俗名霜挂,……又著树丛如猬刺,行人须眉俱白。(《麻城县志》)

黄梅:春,雨木冰,结成幡幢之形,占人须鬈皆若老翁。(《黄梅县志》)

旱涝等级:荆州地区,三级;孝感地区,二级;咸宁地区,二级;黄冈地区,三级。

1551 年　明嘉靖三十年

秋七月,宜城、光化、均州大水,坏城郭庐舍田禾。(《襄阳府志》《湖北通志》)

均县:秋七月,大水,害稼。(《均州志》)

光化:秋七月,大水,坏城郭庐舍。(《光化县志》)

宜城:七月大水,崩城,官庐民舍一空。(《宜城县志》)

钟祥:大水。(《钟祥县志》《湖北通志》)

京山:大水。(《京山县志》)

石首:七月大水,川涨堤溃,平地水深数丈。(《荆州府志拾遗》《湖北通志》)

武昌:大饥。(《江夏县志》同治八年,《江夏县志》民国七年铅印)

阳新:九月二十六日,夜大风拔木,长河及明纲诸湖舟多覆,溺人无算。(《兴国州志》光绪十五年,《兴国州志》民国三十二年)

麻城:五月十八日大热,河鱼尽毙,马蹄踏土火出。(《麻城县志》)

旱涝等级:郧、襄两地区,二级;荆州地区,二级;咸宁地区,三级;黄冈地区,三级。

1552年　明嘉靖三十一年

枣阳:大雨雹。(《襄阳府志》《湖北通志》)　夏,大雨雹。(《枣阳县志》)

孝感:春至秋大疫。(《孝感县志》)

安陆:大水。自春至秋大疫。(《安陆县志》《安陆府志》)

咸宁:大水。(《咸宁县志》)

麻城:六月二十六日大水。(《麻城县志》)

黄梅:五月初三日,县境诸山遍起蛟龙,大雨,平地水深逾丈。县署学基淹没过半。人畜死者数千。(《黄梅县志》《湖北通志》)

旱涝等级:郧、襄两地区,三级;孝感地区,三级;咸宁地区,三级;黄冈地区,二级。

1553年　明嘉靖三十二年

潜江:五月大雨至六月。(《湖北通志》)

云梦:春大饥。(《安陆府志》)

黄陂:大水。(《黄陂县志》)

黄冈:大雨,水溢,民多溺死。(《黄冈县志》《黄州府志》) 大水。道观河水怪见,大雨,水溢,民多溺死。(《湖北通志》)

麻城:五月初三日,大水。民溺死者以千计,邻界道观河一带漂没无遗。(《麻城县志》《黄州府志》《湖北通志》)

旱涝等级:荆州地区,三级;孝感地区,三级;黄冈地区,二级。

1554 年　明嘉靖三十三年

九月以旱灾免湖广武昌、汉阳、承天、德安、黄州、荆州等府田租及改折屯田子粒有差。(《明实录》)

公安:大水。(《公安县志》《荆州府志拾遗》)

孝感:春大雪,是年旱。(《孝感县志》)

安陆:夏五月至九月不雨。大饥。(《安陆县志》《安陆府志》)

云梦:夏大疫。(《湖北通志》)

黄陂:大旱。(《黄陂县志》)

咸宁:夏五月至九月不雨。大饥。(《湖北通志》《咸宁县志》)

武昌:旱。(《湖北通志》)

鄂城:旱,冬十二月大水。(《武昌县志》)

黄冈:大水。(《黄冈县志》)

麻城:大旱,蝗。至正月至于九月,诸种不收。蝗自东山入,无食自去。是冬大疫,自春徂夏。(《麻城县志》) 大旱。(《黄州府志》)

浠水:旱。(《蕲水县志》《浠水县简志》) 大旱。(《黄州府志》)

旱涝等级:荆州地区,四级;孝感地区,四级;咸宁地区,四级;黄冈地区,四级。

1555 年　明嘉靖三十四年

春,德安大饥。(《安陆府志》)

孝感:春大饥。(《孝感县志》《湖北通志》)

通城:大饥。斗米银三钱,草根树叶掘摘殆尽,饿殍相望于道。(《通城县志》)　大饥。(《湖北通志》)

旱涝等级:孝感地区,三级;咸宁地区,三级。

1556年　明嘉靖三十五年

枝江:雨雹如鸡卵。大旱。(《枝江县志》)　雨雹如鸡卵大。(《荆州府志拾遗》)

沔阳:水。(《沔阳州志》《湖北通志》)

公安:新渊堤决。(《公安县志》《荆州府志拾遗》)

石首:阴雨连月,南北二水高涨,诸堤尽决,溺民无算。(《荆州府志拾遗》《湖北通志》)

安陆:大水。(《安陆县志》《安陆府志》)

咸宁:大水。(《咸宁县志》《湖北通志》)

鄂城:大水。(《湖北通志》《武昌县志》)

麻城:十二月初三日,大雪,深者丈许,路断行人。(《麻城县志》)

黄梅:冬冻雪三月,裂足死者无数。(《黄梅县志》)　大水。(《黄州府志》)

旱涝等级:恩、宜两地区,三级;荆州地区,二级;孝感地区,三级;咸宁地区,三级;黄冈地区,三级。

1557年　明嘉靖三十六年

宜都:大旱。(《宜都县志》《荆州府志拾遗》《湖北通志》)

安陆:大稔。(《湖北通志》)

麻城:大水,没城堞。(《黄州府志》《湖北通志》)

旱涝等级:恩、宜两地区,四级;孝感地区,三级;黄冈地区,三级。

1558 年　明嘉靖三十七年

宜城:四月,雨雹杀二麦。(《宜城县志》)　十一月丙申,承天、荆州二府水灾。(《明实录》)

武昌:秋七月,异风撅木摧屋,江湖人民溺死无算。(《江夏县志》同治八年,《江夏县志》民国七年铅印)

通山:五月水。(《湖北通志》)

鄂城:异风拔木摧屋,江湖人民溺死无数。(《武昌县志》)

旱涝等级:郧、襄两地区,三级;荆州地区,三级;咸宁地区,三级。

1559 年　明嘉靖三十八年

夏,五月,襄阳大水。秋九月襄阳水,复涨。(《襄阳府志》《湖北通志》)

襄阳:五月大水,九月复涨。饥。(《襄阳县志》)

光化:夏五月大水,秋九月汉江复涨。(《光化县志》)

通山:十月,大饥。(《湖北通志》)

崇阳:大饥。(《崇阳县志》)　十月大饥。(《湖北通志》)

旱涝等级:郧、襄两地区,二级;咸宁地区,三级。

1560 年　明嘉靖三十九年

襄阳、光化、宜城大水。(《湖北通志》)

襄阳:四月大水。(《襄阳县志》)

光化:夏四月,大水,五月三日光山大雨雹。(《光化县志》)

宜城:四月大水,七月复大水。(《宜城县志》)

宜昌、长阳:五月,雨雹伤禾。七月江水溢,漂没民居伤稼。秋大饥。(《长阳县志》《东湖县志》《宜昌府志》)

枝江：大水灌城，民舍尽没。(《枝江县志》)

宜都：夏旱。秋九月江水入临川门，经旬始退。(《宜都县志》《荆州府志拾遗》)

荆州大水。(《监利县志》同治十一年，《监利县志》光绪三十四年)

江陵：七月，荆州大水，寸金堤溃，水至城下高近三丈。六门筑土填塞，凡一月退。(《江陵县志》《湖北通志》)

钟祥：大水，人畜多溺死。(《钟祥县志》)

京山：汉水溢。(《京山县志》)

松滋：大水，江溢夹州。朝英口又大蝗。(《松滋县志》《荆州府志拾遗》)

公安：沙堤铺决。(《公安县志》《荆州府志拾遗》《湖北通志》)

沔阳：水，沔与洞庭为邻，人畜溺死。(《沔阳州志》)

孝感：大水。舟入市，八月至冬乃退。(《孝感县志》)

黄陂：水。舟入市。(《黄陂县志》)

汉川：钟、京红庙一带堤尽决。(《湖北通志》)

崇阳：初夏不雨。五月大水伤禾稼，沿江冲决。(《崇阳县志》)

鄂城：七月大水，禾苗淹没，官民舍宇、墙垣倾圮。冬雷。(《武昌县志》) 大水。(《湖北通志》)

黄冈：秋大水伤稼。(《黄冈县志》) 秋九月大水。(《景陵县志》)

浠水：四月大水。(《蕲水县志》《黄州府志》) 大水。(《浠水县简志》)

旱涝等级：郧、襄两地区，二级；恩、宜两地区，二级；荆州地区，二级；孝感地区，二级；咸宁地区，二级；黄冈地区，二级。

1561年　明嘉靖四十年

光化：自正月至四月大旱。(《襄阳府志》《光化县志》)

秭归：久雨，州治陷裂，城仓倾圮。(《归州志》)

长阳：春雪，深三尺。秋大疫。(《长阳县志》)

宜都:春雪,平地三尺。秋大疫。(《宜都县志》《荆州府志拾遗》)

江陵:荆州大疫,死万余人。(《江陵县志》《荆州府志拾遗》)

沔阳:水。(《沔阳州志》)

安陆:春阴雨。大风拔木。(《安陆县志》《安陆府志》)

孝感:大水。(《孝感县志》)

咸宁:春阴雨,大风拔木。(《咸宁县志》)

崇阳:大歉,米价腾贵。(《崇阳县志》)

鄂城:春震雷大雪。(《武昌县志》)

旱涝等级:郧、襄两地区,三级;恩、宜两地区,二级;荆州地区,三级;孝感地区,三级;咸宁地区,三级。

1562 年 明嘉靖四十一年

江陵:旱。(《江陵县志》《荆州府志拾遗》《湖北通志》)

钟祥:大水。(《钟祥县志》) 春、夏水。(《湖北通志》)

荆门:十月桃李花。(《湖北通志》)

孝感:大旱。(《孝感县志》)

汉川:旱。(《湖北通志》) 水,入市。(《湖北通志》)

大冶:水。(《大冶县志》《湖北通志》)

鄂城:秋旱。(《武昌县志》《湖北通志》)

旱涝等级:荆州地区,三级;孝感地区,四级;咸宁地区,三级。

1563 年 明嘉靖四十二年

汉口:旱。(《夏口县志》)

长阳:大旱,民皆逃。(《长阳县志》) 旱。(《湖北通志》)

宜都:大旱,居民逃散。(《宜都县志》《荆州府志拾遗》) 旱。(《湖北通志》)

汉阳:旱。(《汉阳县志》《湖北通志》)

旱涝等级:恩、宜两地区,四级;孝感地区,三级。

1564 年　明嘉靖四十三年

潜江:十月,桃李华,有实。(《湖北通志》)
鄂城:夏淫雨,害禾。(《武昌县志》)

旱涝等级:荆州地区,三级;咸宁地区,二级。

1565 年　明嘉靖四十四年

襄阳:秋大风雨。(《襄阳县志》《湖北通志》)　大饥。(《湖北通志》)
枣阳:大饥。(《襄阳府志》《枣阳县志》)
荆州:大水。(《江陵县志》《荆州府志拾遗》《监利县志》同治十一年,
《监利县志》光绪三十四年,《湖北通志》)
公安:太湖渊及雷胜明湾决。(《公安县志》《荆州府志拾遗》)
汉阳:大水。(《湖北通志》)
鄂城:大水,旱禾俱浸。(《武昌县志》《湖北通志》)
麻城:蝗。(《黄州府志》)

旱涝等级:郧、襄两地区,三级;荆州地区,二级;孝感地区,三级;咸宁
地区,二级;黄冈地区,三级。

1566 年　明嘉靖四十五年

九月癸巳,湖广襄阳等处,大淫雨,累昼夜不止,平地水深丈余,坠坏城
垣,漂没庐舍,民溺死无算。(《明实录》)
秋,宜城、谷城、光化、均州大水。(《湖北通志》《襄阳府志》)
郧阳:大雨,平地水丈余,坏城垣庐舍,人民溺死无算。(《湖北通志》)

均县:秋大水。(《均州志》)

光化:秋大水。(《光化县志》)

枣阳:大风拔树。(《襄阳府志》) 秋九月,大风拔木。(《枣阳县志》)

宜城:九月大水,崩城,濒河居民死者甚众。(《宜城县志》)

长阳:大旱。大雪逾年,春尽乃止。(《长阳县志》《湖北通志》)

宜都:大旱。冬大雪至次年春尽乃止。(《宜都县志》) 冬初大雪逾明年春尽乃止,民有冻死者。(《荆州府志拾遗》)

荆州:大水。(《江陵县志》《荆州府志拾遗》《监利县志》光绪三十四年) 黄潭堤决。(《江陵县志》《荆州府志拾遗》)

公安:水,倾洗竹林寺。(《公安县志》《荆州府志拾遗》)

孝感:大雪,民多僵毙。(《孝感县志》)

应山:大旱。(《湖北通志》)

安陆:六月大风。(《湖北通志》)

武昌:大水。(《湖北通志》)

大冶:积雪,冰柱垂地,行人多僵死。(《大冶县志》)

鄂城:大水没田,秋淫雨烂禾稼。(《武昌县志》《湖北通志》) 冬大雪连月。(《武昌县志》《湖北通志》)

浠水:九月阴雪竟月。(《蕲水县志》) 河流冻合,民多僵毙。(《蕲水县志》《浠水县简志》)

黄梅:冬冻雪三月,裂足死者无数。(《黄梅县志》) 大水。(《黄州府志》)

旱涝等级:郧、襄两地区,一级;荆州地区,三级;孝感地区,四级;咸宁地区,二级;黄冈地区,三级。

1567 年　明隆庆元年

以水灾免湖广郧阳、襄阳府属县保康、房县、南漳、谷城、襄阳、宜城秋粮有差。(《明实录》)

郧县:大水。(《郧县志》《湖北通志》)

郧西:大水。(《郧西县志》)

襄阳:水。夏至日,大雨雹。(《宜城县志》《襄阳府志》) 水。(《襄阳县志》《湖北通志》)

谷城:秋七月,大水入城。(《襄阳府志》)

南漳:旱。(《南漳县志》《襄阳府志》《湖北通志》)

长阳:七月,稻始华。(《湖北通志》)

钟祥:大水。大饥。(《钟祥县志》) 水。(《湖北通志》)

京山:水。(《湖北通志》)

潜江:钟京堤决。(《潜江县志续》)

公安:倾洗二圣寺。(《公安县志》《荆州府志拾遗》)

孝感:正月雨木冰。(《孝感县志》)

安陆:夏大雨,舟入市。(《湖北通志》)

汉川:水。(《湖北通志》)

汉阳:以水灾免汉阳府正官入觐。(《汉阳县志》)

武昌:夏五月……随之大水。(《江夏县志》同治八年)大水。(《江夏县志》民国七年铅印)

鄂城:春阴雨、严寒,百物俱伤。夏秋水旱,禾不收。(《武昌县志》)

旱涝等级:郧、襄两地区,一级;荆州地区,二级;孝感地区,二级;咸宁地区,二级。

1568年　明隆庆二年

湖广饥。正月,大冶大雷电以雪。五月雨雹。(《湖北通志》)

光化:五月,大雨雹。(《光化县志》《襄阳府志》)

南漳:夏五月,雨雪子。(《南漳县志》《襄阳府志》)

钟祥:大水。大饥。(《钟祥县志》)

公安:艾家堰决。(《公安县志》《荆州府志拾遗》) 水。(《荆州府志拾

遗》）

安陆:夏大雨,舟入市。(《安陆县志》《安陆府志》）

咸宁:夏大水,舟入市。(《咸宁县志》）

大冶:春大雷电以雪。(《夏口县志》）

鄂城:水、旱,稻无收。(《武昌县志》）

旱涝等级:郧、襄两地区,三级;荆州地区,二级;孝感地区,二级;咸宁地区,二级。

1569 年　明隆庆三年

郧县:夏四月己丑,雨雹,平地水深二尺。(《郧县志》《湖北通志》）

郧西:四月己巳,雨雹,平地深三尺。(《郧西县志》）

襄阳:春大水。(《襄阳县志》《宜城县志》《襄阳府志》《湖北通志》）

谷城:春大饥。(《湖北通志》《襄阳府志》）

枣阳:大雨伤禾。(《枣阳县志》）

荆州:大水。(《江陵县志》《荆州府志拾遗》《监利县志》同治十一年,《监利县志》光绪三十四年,《湖北通志》）

钟祥:大水。大饥。(《钟祥县志》）

孝感:大水。(《孝感县志》）

旱涝等级:郧、襄两地区,二级;荆州地区,二级;孝感地区,三级。

1570 年　明隆庆四年

春,宜城、枣阳大饥。民食树皮。(《襄阳府志》《湖北通志》）

竹溪:大饥。(《竹溪县志》《湖北通志》）

襄阳:大饥,人食树皮。(《枣阳县志》）

宜城:春大饥。斗米千钱,民食树皮。(《宜城县志》）

宜都:大水。光山居民漂没。(《宜都县志》）　大水。(《荆州府志拾

遗》)

钟祥:水。(《钟祥县志》)　秋,旱。(《湖北通志》)

沔阳:水。(《沔阳州志》)

孝感:旱。(《孝感县志》)

鄂城:冬无雪。(《武昌县志》)

旱涝等级:郧、襄两地区,三级;恩、宜两地区,二级;孝感地区,三级;咸宁地区,三级。

1571 年　明隆庆五年

以水灾诏许改折湖广武昌……荆州等府漕粮之半。(《明实录》)

汉口:夏,大水。(《夏口县志》)

襄阳:六月连雨至九月,汉水溢,伤稼。(《湖北通志》)

沔阳:水。(《沔阳州志》)

汉阳:夏,大水。(《汉阳县志》《湖北通志》)

武昌:大水。(《江夏县志》同治八年,《江夏县志》民国七年铅印)

鄂城:五月初,大水害麦,迄秋不涸……。冬无雪。(《武昌县志》)

蕲春:蕲州大雨雹。岁大饥。夏秋大水。(《黄州府志》)

旱涝等级:郧、襄两地区,二级;荆州地区,三级;孝感地区,三级;咸宁地区,二级;黄冈地区,三级。

1572 年　明隆庆六年

荆州府江陵、公安、松滋、枝江、宜都、石首、监利等七县大水,伤禾稼,坏庐舍,漂流人畜,死者不可胜计。……。(《明实录》)

枝江:蝗。(《枝江县志》《荆州府志拾遗》《湖北通志》)

江陵:大水。蝗。(《江陵县志》《荆州府志拾遗》)　夏蝗。(《湖北通志》)

松滋:大水。蝗。(《松滋县志》) 夏蝗。(《湖北通志》)

武昌:蝗。(《江夏县志》民国七年铅印)

大冶:秋,大水。(《大冶县志》)

黄梅:二月雨雹,天昏黑,大者如升,小者如鹅卵。邑西乡坏民屋千余间;毙者无数,禽兽池鱼亦多死焉。(《黄梅县志》)

旱涝等级:恩、宜两地区,三级;荆州地区,二级;咸宁地区,三级;黄冈地区,三级。

1573 年 明万历元年

郧西:上津甲河水溢,坏城垣六十余丈,人民庐舍漂没无荡。(《郧西县志》《湖北通志》)

郧县:夏五月,大水。(《郧县志》)

枣阳:大疫。(《襄阳府志》) 春大疫。(《枣阳县志》)

宜城:秋,大水。(《宜城县志》)

远安:秋七月,大水冲城郭,没民舍,岁大歉。(《远安县志》)

长阳:蝗。(《长阳县志》《湖北通志》)

枝江:蝗。(《枝江县志》《湖北通志》)

宜都:蝗。(《宜都县志》《荆州府志拾遗》《湖北通志》)

湖广荆州承天二府水灾异常。(《明实录》) 荆州大水。(《监利县志》同治十一年,《荆州府志拾遗》《监利县志》光绪三十四年) 七月,荆州承天大水。(《湖北通志》)

钟祥:七月大水。(《钟祥县志》)

松滋:蝗。(《松滋县志》《湖北通志》《荆州府志拾遗》)

咸宁:大水。蝗。(《湖北通志》)

广济:秋大旱。(《黄州府志》)

旱涝等级:郧、襄两地区,二级;恩、宜两地区,二级;荆州地区,二级;咸宁地区,三级;黄冈地区,四级。

1574年　明万历二年

春二月,宜城大风,屋瓦皆飞。夏,襄阳旱,闰四月至六月不雨。(《襄阳府志》)

襄阳:自闰四月不雨至六月。(《襄阳县志》)

宜城:二月大风,屋瓦皆飞。(《宜城县志》)

江陵:大水。蝗。(《江陵县志》)　夏蝗。(《湖北通志》)

公安:七月,大水。(《公安县志》《荆州府志拾遗》)

孝感:夏旱。(《湖北通志》)

安陆:木稼。(《安陆县志》《安陆府志》)

咸宁:木稼。(《咸宁县志》)

大冶:夏四月至六月不雨,大风拔树。(《大冶县志》)

旱涝等级:郧、襄两地区,四级;荆州地区,三级;孝感地区,三级;咸宁地区,四级。

1575年　明万历三年

襄阳:饥。(《宜城县志》)

孝感:旱。(《孝感县志》)

旱涝等级:郧、襄两地区,三级;孝感地区,三级。

1576年　明万历四年

夏五月,襄阳汉水溢,雨雹。夏六月至九月襄阳雨,汉水溢,伤稼。冬十二月,襄阳大风雨雹,断汉江浮桥,溺死者甚众。(《襄阳府志》)

襄阳:汉水溢,大雨雹。(《襄阳县志》)　五月,汉水溢,大雨雹。(《宜城县志》)

光化:夏五月,汉水溢。(《光化县志》)

孝感:旱。(《孝感县志》《湖北通志》)

应城:夏五月,大水。(《应城县志》《安陆府志》)

旱涝等级:郧、襄两地区,二级;孝感地区,三级。

1577 年　明万历五年

郧县:夏,五、六月,旱。(《郧县志》《湖北通志》)

襄阳:六月至九月雨,汉水溢,伤稼。(《襄阳县志》)

光化:汉水溢。(《光化县志》)

崇阳:大水入市。(《崇阳县志》)　四月风霾,损大木无算。(《湖北通志》)

通山:五月,大水入市。(《湖北通志》)

旱涝等级:郧、襄两地区,二级;咸宁地区,二级。

1578 年　明万历六年

宜城:六月至九月,襄阳雨,汉水溢,伤稼。(《宜城县志》)

钟祥:冬大雪弥月。(《钟祥县志》)　五月,大水。(《湖北通志》)

孝感:雨雹。(《孝感县志》)

安陆:四月壬午朔,雨雹。(《安陆县志》《安陆府志》)

应城:夏四月,雨雹。(《应城县志》)

汉川:大水。(《湖北通志》)

咸宁:雨雹。(《咸宁县志》)

阳新:龙水骤至,吉口慈口二里田尽没。(《兴国州志》光绪十五年,《兴国州志》民国三十二年)　兴国起蛟,水没田。(《湖北通志》)

罗田:大荒。(《湖北通志》)

旱涝等级:郧、襄两地区,二级;荆州地区,三级;孝感地区,三级;咸宁地区,二级;黄冈地区,三级。

1579 年　明万历七年

阳新:夏旱。(《兴国州志》光绪十五年,《兴国州志》民国三十二年,《湖北通志》)

旱涝等级:咸宁地区,三级。

1580 年　明万历八年

钟祥:夏五月,大水。(《钟祥县志》)　夏,大水。(《湖北通志》)

潜江:夏,大水。(《湖北通志》)

汉川:夏,大水。(《湖北通志》)

大冶:春,大风,拔树仆墙。(《大冶县志》)

阳新:蝗,遍野。秋大风,城市屋脊牌坊俱圮。(《兴国州志》光绪十五年,《兴国州志》民国三十二年)　夏,兴国蝗。(《湖北通志》)

旱涝等级:荆州地区,三级;孝感地区,三级;咸宁地区,四级。

1581 年　明万历九年

枝江:大饥,人相食。(《枝江县志》《荆州府志拾遗》《湖北通志》)

江陵:大旱。(《江陵县志》《荆州府志拾遗》)

松滋:大饥,人相食。(《松滋县志》《荆州府志拾遗》《湖北通志》)

黄陂:大水。蝗。大饥。(《黄陂县志》)

阳新:旱。(《兴国州志》光绪十五年,《兴国州志》民国三十二年,《湖北通志》)

旱涝等级:恩、宜两地区,三级;荆州地区,四级;孝感地区,三级;咸宁地区,三级。

1582 年　明万历十年

随县:德安府属大旱。(《随州志》)

钟祥:夏,大水。(《湖北通志》)

潜江:夏,大水。(《湖北通志》)

德安:大旱。(《安陆县志》《安陆府志》《湖北通志》)

孝感:旱,饥,民食木叶草根殆尽。(《孝感县志》)

应城:大旱,饥,民食树叶草根殆尽至次年亦然。(《应城县志》《安陆府志》)　大旱。(《湖北通志》)

咸宁:大旱。(《咸宁县志》《湖北通志》)

阳新:旱。(《兴国州志》光绪十五年,《兴国州志》民国三十二年,《湖北通志》)

崇阳:夏秋不雨。(《崇阳县志》)

旱涝等级:荆州地区,三级;孝感地区,五级;咸宁地区,四级。

1583 年　明万历十一年

六月乙丑,以湖广郧襄承汉四府水患。(《明实录》)　襄阳灾,谷城大水淹没万余家。(《襄阳府志》)

郧县:灾。(《郧县志》)

襄阳:灾。(《襄阳县志》)　春,襄阳灾。(《湖北通志》)

钟祥:四月大雨,江汉暴涨,漂没民庐人畜无算。(《钟祥县志》《湖北通志》)

孝感:旱。饥,民食木叶草根殆尽。(《孝感县志》)

安陆:大旱。(《安陆县志》《安陆府志》)

应城:大旱。(《安陆府志》)

咸宁:大旱。(《咸宁县志》)　旱。(《湖北通志》)

大冶:旱。(《湖北通志》) 夏五月至秋七月不雨。(《大冶县志》)
通山:旱。(《湖北通志》)

旱涝等级:郧、襄两地区,二级;荆州地区,二级;孝感地区,四级;咸宁地区,四级。

1584 年 明万历十二年

远安:大旱。(《远安县志》《湖北通志》)
长阳:夏,大旱。(《长阳县志》)
枝江:旱。(《枝江县志》) 夏,大旱。(《荆州府志拾遗》《湖北通志》)
宜都:夏,大旱。(《宜都县志》《荆州府志拾遗》《湖北通志》)
德安:春,大疫。(《安陆县志》《安陆府志》《湖北通志》)
孝感:旱。饥,民食木叶草根殆尽。(《孝感县志》)
咸宁:春,大疫。(《咸宁县志》《湖北通志》)
浠水:九月杏华。(《蕲水县志》《湖北通志》)

旱涝等级:恩、宜两地区,四级;孝感地区,三级;咸宁地区,三级;黄冈地区,三级。

1585 年 明万历十三年

春,湖广饥。(《湖北通志》)
远安:夏,六月,水。(《湖北通志》《远安县志》) 秋,七月,雨雹,大风拔木,饥民逃亡。(《远安县志》)
潜江:六月,水。(《湖北通志》)

旱涝等级:恩、宜两地区,三级;荆州地区,三级。

1586 年 明万历十四年

夏,湖广大水。(《湖北通志》)

长阳:二月八日至十日雨霾。(《长阳县志》)

宜都:二月雨霾,人手足皆龟。(《荆州府志拾遗》《湖北通志》) 二月雨霾。(《宜都县志》)

潜江:深江站堤决,民居尽没。(《湖北通志》)

沔阳:大水。(《沔阳州志》)

应城:蝗入城。(《应城县志》)

旱涝等级:恩、宜两地区,三级;荆州地区,二级;孝感地区,三级。

1587 年 明万历十五年

长阳:疫。五月十五日,暴风拔木飞瓦,冰雹如鹅子。(《长阳县志》)大风拔木瓦飞。(《湖北通志》)

枝江:五月雨雹。大疫。(《枝江县志》《荆州府志拾遗》) 五月雨雹。(《湖北通志》)

宜都:大疫。五月十五日,暴风拔木飞瓦。雨雹大如鹅卵子。(《宜都县志》《荆州府志拾遗》) 五月雨雹。(《湖北通志》)

钟祥:大水。(《潜江县志续》) 夏,水。(《湖北通志》)

潜江:夏,水。(《湖北通志》)

孝感:旱。(《孝感县志》)

黄冈:夏,大雨,城坏。(《黄冈县志》)

旱涝等级:恩、宜两地区,三级;荆州地区,三级;孝感地区,三级;黄冈地区,二级。

1588 年 明万历十六年

春,沔阳旱。夏,汉阳、黄州、德安、兴国、蒲圻、江陵、公安、枝江大旱。民众采木皮以食,死者甚众。大冶、汉川、安陆、京山、应城、钟祥、潜江大饥。(《湖北通志》)

汉口:大旱,饥民采木皮以食,死者甚众。(《夏口县志》)

随县:旱。(《随州志》)

远安:旱。(《远安县志》)

枝江:旱。(《枝江县志》《荆州府志拾遗》)

江陵:旱。(《荆州府志拾遗》)

钟祥:大饥。(《钟祥县志》)

沔阳:旱。(《沔阳州志》)

公安:大旱。(《公安县志》)　旱。(《荆州府志拾遗》)

孝感:旱。(《孝感县志》)

安陆:戊子岁大祲,人采木皮以食,饥死者甚众。(《安陆县志》《安陆府志》)

黄陂:汉阳、黄州郡县皆大旱。(《黄陂县志》)

汉阳:大旱。饥,民采木皮以食,死者甚众。(《汉阳县志》)

咸宁:岁大祲,人采木皮以食,饥死者甚众。(《咸宁县志》)

大冶:春,饥,民相抢夺,……。(《大冶县志》)

蒲圻:大旱,禾稼尽枯。(《蒲圻县志》)

黄州:大旱。饥,民多殍。(《黄州府志》)

黄冈:大旱,人食木皮,多饥死。(《黄冈县志》)

红安:旱。(《黄安县志》)　岁祲,道殣相望。(《黄安乡土志》)

黄梅:大旱,民携老稚,乞食于外,道死者相枕。(《黄梅县志》)

旱涝等级:郧、襄两地区,三级;恩、宜两地区,四级;荆州地区,四级;孝感地区,四级;咸宁地区,四级;黄冈地区,五级。

1589 年　明万历十七年

湖广大旱。(《湖北通志》)

郧县:夏,六月,旱。(《郧县志》)

远安:旱。(《远安县志》)

长阳:五月十八日雹。(《长阳县志》)

宜都:五月十八日雨雹。(《宜都县志》《荆州府志拾遗》)

孝感:春大饥,五六月大旱。民食木棉子。(《孝感县志》)

黄陂:黄州郡县皆复大旱。(《黄陂县志》)

大冶:大旱,自四月至秋七月不雨,民大饥。(《大冶县志》)

阳新:大旱。疫。(《兴国州志》光绪十五年,《兴国州志》民国三十二年)

蒲圻:大旱。赤地竟邑。(《蒲圻县志》)

通城:饥。(《通城县志》)

鄂城:大旱,人相食。(《武昌县志》)

黄州:大旱。(《黄州府志》)

黄冈:大旱。饥。(《黄冈县志》)

红安:春,大疫。(《黄安县志》)

麻城:大旱。疫。麦禾两尽,人民受伤者无算。(《麻城县志》)

英山:大饥,死者盈野,灾连数千里。(《英山县志》)

浠水:大荒。(《蕲水县志》) 大旱。(《浠水县简志》)

旱涝等级:郧、襄两地区,三级;恩、宜两地区,三级;孝感地区,四级;咸宁地区,五级;黄冈地区,五级。

1590 年　明万历十八年

孝感:春夏不雨。(《孝感县志》)

黄陂:夏四月,黄冈雨雹如砖。郡县大疫。(《黄陂县志》)

大冶:秋旱。(《大冶县志》) 饥。(《湖北通志》)

通城:饥。(《通城县志》《湖北通志》)

黄冈:夏四月,雨雹如砖。大疫,人相食。(《黄冈县志》《黄州府志》)

红安:岁大祲,民多死徙。(《黄安乡土志》)

旱涝等级:孝感地区,三级;咸宁地区,三级;黄冈地区,三级。

1591年　明万历十九年

汉口:大水。(《夏口县志》)

江陵:堤决。(《江陵县志》)

钟祥:大水入城,漂民居。(《钟祥县志》)　大水。(《湖北通志》)

荆门:山水骤溢,漂毁桥梁。(《荆门直隶州志》《湖北通志》)

京山:大水。(《京山县志》)

沔阳:大水。(《湖北通志》)　水。(《沔阳州志》)

公安:六月大水,……堤决。(《公安县志》《荆州府志拾遗》《湖北通志》)

潜江:夏旱。(《湖北通志》)

汉阳:大水。(《汉阳县志》)

黄冈:大有年。(《黄冈县志》)

旱涝等级:荆州地区,二级;孝感地区,三级;黄冈地区,三级。

1592年　明万历二十年

汉口:大水。(《夏口县志》)

荆门:四月,山水复溢,漂流房屋人畜近六十里。(《荆门直隶州志》《湖北通志》)

潜江:旱。(《湖北通志》)

孝感:大旱。(《孝感县志》《湖北通志》)

汉阳:大水。(《汉阳县志》《湖北通志》)

武昌:大旱,湖水尽涸。(《江夏县志》同治八年,《江夏县志》民国七年铅印)　江夏旱。(《湖北通志》)

旱涝等级:荆州地区,二级;孝感地区,四级;咸宁地区,四级。

1593 年　明万历二十一年

汉口:大水。(《夏口县志》)

郧县:饥。(《郧县志》《湖北通志》)

房县:饥。(《湖北通志》)

谷城:大饥,食石面树皮。(《襄阳府志》)

宜都:八月,白龙起于沧茫溪。(《湖北通志》)

江陵:逍遥堤溃。(《江陵县志》)

钟祥:大水,饥。翟家口、易家口……堤决。(《钟祥县志》) 钟邑黄家湾、翟家山、马家嘴、操家口皆决。(《湖北通志》)

荆门:春大饥,民食石面,多胀死。(《荆门直隶州志》《湖北通志》)

汉川:大水。(《湖北通志》)

汉阳:大水。(《汉阳县志》《湖北通志》)

旱涝等级:郧、襄两地区,三级;恩、宜两地区,三级;荆州地区,二级;孝感地区,二级。

1594 年　明万历二十二年

潜江:旱。(《湖北通志》)

旱涝等级:荆州地区,三级。

1595 年　明万历二十三年

钟祥:大饥。民啖石面多死。(《钟祥县志》《湖北通志》)

京山:大旱。(《京山县志》)

孝感:三月雨雪,苗槁。(《孝感县志》)

旱涝等级:荆州地区,四级;孝感地区,三级。

1596 年　明万历二十四年

1597 年　明万历二十五年

钟祥:六月淫雨,滂沱半月不绝,田禾漂尽,行舟入城。(《钟祥县志》《湖北通志》)

京山:大水。(《湖北通志》)

旱涝等级:荆州地区,二级。

1598 年　明万历二十六年

荆门:六月淫雨滂沱半月,田禾庐舍漂尽。荆门万陵坡左有山高数寻,一夕不见,块然平地。八月汉水震荡,池井俱溢。(《荆门直隶州志》)

大冶:大水入城郭,田园庐舍多被淹没。(《大冶县志》)

旱涝等级:荆州地区,二级;咸宁地区,二级。

1599 年　明万历二十七年

汉口:大水。(《夏口县志》)

应城:雨潦。(《湖北通志》)

安陆:丁酉大潦,舟入泊西城内重门以渡。(《安陆县志》《安陆府志》)

汉阳:大水。(《汉阳县志》)

咸宁:大潦,舟入泊西城内重门以渡。(《咸宁县志》)　大水。(《湖北通志》)

旱涝等级:孝感地区,二级;咸宁地区,二级。

1600 年　明万历二十八年

蕲春:七月,蕲州大风,坏屋舍。(《蕲州志》)

旱涝等级:黄冈地区,三级。

1601 年　明万历二十九年

襄阳:秋八月,汉水溢,三丈余,七日方退。(《襄阳府志》《襄阳县志》《宜城县志》)

光化:秋八月,汉水溢,涨三丈余,七日方退。(《光化县志》《湖北通志》)

钟祥:八月,汉水泛溢,初四日浪涌三丈,城中俱淹,初七日方退。(《钟祥县志》)

京山:夏大旱。(《湖北通志》)

沔阳:大水入城。(《湖北通志》)

孝感:三月大雪,夏大雨,无麦。(《孝感县志》)

旱涝等级:郧、襄两地区,二级;荆州地区,二级;孝感地区,三级。

1602 年　明万历三十年

汉口:大水。(《夏口县志》)

钟祥:正月大雪。四月大雨,水入城。(《钟祥县志》) 夏大水。(《湖北通志》)

德安:春,大雪。夏多雨,无麦。(《安陆府志》)

孝感:春,大雪连月。夏多雨,无麦。(《孝感县志》)

汉阳:大水。(《汉阳县志》《湖北通志》)

蒲圻:大水。(《蒲圻县志》《湖北通志》)

旱涝等级:荆州地区,二级;孝感地区,二级;咸宁地区,三级。

1603 年　明万历三十一年

孝感:三月,新店大雨雹,杀鸟兽,无麦。春徂秋,大疫。(《孝感县志》)

旱涝等级:孝感地区,三级。

1604 年　明万历三十二年

通城:五月初一,龙水骤起,平地水深七八尺,漂没民居房舍。(《通城县志》《湖北通志》)

旱涝等级:咸宁地区,二级。

1605 年　明万历三十三年

郧县:郧阳府治灾。(《郧县志》)
钟祥:九月,以旱灾免田租。(《钟祥县志》)　春旱。(《湖北通志》)

旱涝等级:郧、襄两地区,三级;荆州地区,四级。

1606 年　明万历三十四年

郧县:大水。(《郧县志》)
黄冈:大水。(《黄冈县志》《黄州府志》)　大水。(《湖北通志》)
蕲春:大水。(《湖北通志》)

旱涝等级:郧、襄两地区,三级;黄冈地区,三级。

1607 年　明万历三十五年

湖广黄州府、蕲州、黄冈、黄梅、罗田等处蛟起,漂没人畜。武昌、承天、郧阳……等府先各亢旱,入夏大雨至是,民舍漂没数千家。(《明实录》)
汉口:大水。(《夏口县志》)
郧县:大水,漂没庐舍。(《郧县志》)
郧西:六月大水,漂没庐舍。(《郧西县志》)
房县:大水入西城。(《房县志》)

钟祥:大饥。(《钟祥县志》) 承天大水,漂没庐舍。(《湖北通志》)

武昌:大水。(《湖北通志》)

六月,黄州蛟起。(《湖北通志》)

黄冈:夏六月,水。(《黄冈县志》)

旱涝等级:郧、襄两地区,二级;荆州地区,二级;黄冈地区,一级;咸宁地区,三级。

1608 年　明万历三十六年

江陵:沙洋堤决,下湖平地泥淤丈许。(《江陵县志》《荆州府志拾遗》)

钟祥:大稔。(《钟祥县志》)

沔阳:三、四、五月雨,五月二十四日堤坏,水至城内行舟。(《钟祥县志》)

孝感:大水浸山。(《孝感县志》)

黄陂:大水浸山,田地尽没,市镇屋舍倾圮无数,民多饿殍。(《黄陂县志》)

汉阳:是年大水,府治仪门登舟,天水相连,唯余大别一山,万民鳞集。(《汉阳县志》) 夏,汉阳府大水。(《湖北通志》)

武昌府属江夏等州县,各被水灾异常。(《明实录》)

武昌:大水,江豚入山涧,金沙洲既城外,沿江民居尽没,城内编桥而渡无年。(《江夏县志》同治八年,《江夏县志》民国七年铅印)

嘉鱼:大荒。(《嘉鱼乡土志》)

阳新:夏大水。(《兴国州志》光绪十五年,《兴国州志》民国三十二年)

蒲圻:夏,江豚入,山河巨浸,稽天市中使船如使马,人畜溺死者无算。(《蒲圻县志》)

大冶:水入城。(《湖北通志》)

通城:四月初三日,连阴至五月尽,山崩川溢。(《湖北通志》《通城县志》)

鄂城:大水,淹邑民之半。(《武昌县志》)

黄州:夏大水,入城。(《黄州府志》)

黄冈:夏大水,舟入城。(《黄冈县志》)

红安:大水,坏民居。黄州舟可入城。(《黄安县志》)

麻城:大水。浸雉堞,城中危急,忽龙池岸裂断水泄,城乃获。(《麻城县志》)

蕲春:五月大水,蕲州城堞可登舟,城内巷道水深丈余者。(《蕲州志》)水入城。(《湖北通志》)

黄梅:五月大雨四旬不息,洪水汛滥,长堤寸溃,巨浸怀山,谷价异贵。(《黄梅县志》《湖北通志》)

旱涝等级:荆州地区,二级;孝感地区,二级;咸宁地区,一级;黄冈地区,一级。

1609 年　明万历三十七年

湖广旱。(《湖北通志》)

秭归:归州冷子如鸡子,大雷雨,漂民舍五十余家,淹没客商无计。(《明实录》)

江陵:大熟。(《江陵县志》《荆州府志拾遗》)

沔阳:大旱。(《沔阳州志》)

旱涝等级:恩、宜两地区,三级;荆州地区,四级。

1610 年　明万历三十八年

汉川:水。(《湖北通志》)

蒲圻:五月大旱。(《蒲圻县志》《湖北通志》)

崇阳:夏四月,风霾昼晦,至夜转烈,损大木无算。(《崇阳县志》《湖北通志》)

旱涝等级:孝感地区,三级;咸宁地区,四级。

1611 年　明万历三十九年

汉口:水。(《夏口县志》)

沔阳:大有。(《沔阳州志》)

汉阳:水。(《汉阳县志》《湖北通志》)

旱涝等级:荆州地区,三级;孝感地区,三级。

1612 年　明万历四十年

巴东:夏,沥雨不止,江水泛涨,冲县庐舍数百家。(《宜昌府志》)

枝江:六月大水,漂舍淹禾。(《湖北通志》《枝江县志》《荆州府志拾遗》)

钟祥:汉水溢。(《钟祥县志》《湖北通志》)

潜江:永镇观决,大水。(《潜江县志续》)

松滋:大水堤溃,溺死千余人。(《松滋县志》《荆州府志拾遗》《湖北通志》)

旱涝等级:恩、宜两地区,二级;荆州地区,二级。

1613 年　明万历四十一年

十一月,淫雨为灾,几遍天下,田畴淹没,男妇沉漂不计其数,湖广、山西尤甚。(《明实录》)

八月,湖广大水。(《湖北通志》《明实录》)

宜昌:大水,舟入文昌门内。(《宜昌府志》《东湖县志》)

钟祥:汉水溢。(《钟祥县志》)

沔阳:大水。(《沔阳州志》)

孝感:大水。(《孝感县志》)

大冶：大水，不及三十六年一尺。（《大冶县志》）

阳新：大水入城。（《兴国州志》光绪十五年，《兴国州志》民国三十二年）

广济：大水。（《黄安县志》《黄州府志》）

蕲春：大水。（《黄州府志》）

旱涝等级：恩、宜两地区，二级；荆州地区，三级；孝感地区，三级；咸宁地区，二级；黄冈地区，三级。

1614 年　明万历四十二年

沔阳：大水。（《沔阳州志》）　夏，大水。（《湖北通志》）

德安：蝗入城，岁大祲。（《安陆县志》《安陆府志》）　蝗。（《湖北通志》）

孝感：旱。（《孝感县志》）

咸宁：蝗。（《湖北通志》）

黄州：大旱，罗田蝗害稼。（《黄州府志》《湖北通志》）

黄冈：大旱。（《黄冈县志》）

红安：大旱。（《黄安县志》）

旱涝等级：荆州地区，三级；孝感地区，三级；咸宁地区，三级；黄冈地区，四级。

1615 年　明万历四十三年

全楚今岁水旱频，仍据各属申报，……景陵、归州……最重，而潜江、黄陂、黄梅、广济、黄冈、郧西、上津、保康、江陵、公安、石门次之，夫救荒无策，……。（《明实录》）

襄阳：蝗。（《襄阳府志》《襄阳县志》《湖北通志》）

沔阳：大水。（《沔阳州志》《湖北通志》）

阳新:秋大水。冬大雪四十日。(《兴国州志》光绪十五年)

红安:蝗。(《黄安县志》《黄州府志》《湖北通志》)

罗田:蝗。(《湖北通志》)

旱涝等级:郧、襄两地区,三级;荆州地区,三级;咸宁地区,三级;黄冈地区,三级。

1616 年　明万历四十四年

襄阳:蝗。(《襄阳县志》《湖北通志》)

光化:飞蝗遍野,捕之愈甚。(《湖北通志》《光化县志》)

随县:八月,蝗。(《随州志》《湖北通志》)

钟祥:八月,飞蝗蔽天,禾稼尽损。十一月雨雹。(《钟祥县志》《湖北通志》)

麻城:八月,飞蝗蔽日。(《麻城县志》)

旱涝等级:郧、襄两地区,四级;荆州地区,四级;黄冈地区,四级。

1617 年　明万历四十五年

自湖广起,行赴任道,终河南,见各处地方旱蝗相继,民不聊生。(《明实录》)

汉口:飞蝗害稼。(《夏口县志》)

襄阳:飞蝗害稼。(《襄阳府志》《湖北通志》)　蝗。(《襄阳县志》)

光化:飞蝗害稼。(《光化县志》)

谷城:飞蝗害稼。(《襄阳府志》《湖北通志》)

当阳:弥月不雨,蝗食禾苗殆尽。(《当阳县志》)

景陵、钟祥、潜江水旱为灾。(《明实录》)

潜江:水,决护城堤。(《湖北通志》)

汉阳:飞蝗害稼。(《汉阳县志》《湖北通志》)

黄冈:大水。(《武昌县志》《湖北通志》)

红安:大旱,飞蝗蔽天。(《黄安县志》)　蝗,害稼。(《黄州府志》)
蝗。(《湖北通志》)

旱涝等级:郧、襄两地区,四级;恩、宜两地区,四级;荆州地区,三级;孝感地区,四级;黄冈地区,四级。

1618 年　明万历四十六年

汉口:蝗复为害,大旱。(《夏口县志》)

汉阳:蝗复为害,大旱。(《汉阳县志》《湖北通志》)

黄州:蝗。(《湖北通志》)

红安:蝗复为灾,大旱。(《黄安县志》)　大旱,蝗。(《黄州府志》)

旱涝等级:孝感地区,四级;黄冈地区,四级。

1619 年　明万历四十七年

远安:蝗飞蔽天。(《远安县志》)

蕲春:蕲州大雪,深五、六尺。(《蕲州志》)

旱涝等级:恩、宜两地区,四级;黄冈地区,三级。

1620 年　明万历四十八年

荆门:十月初旬,雨雪至次年二月三十日方止。(《荆门直隶州志》)

石首:大雪自冬十一月至明年春二月方止。(《荆州府志拾遗》)

武昌:江水冰。(《江夏县志》同治八年,《江夏县志》民国七年铅印)

大冶:冬十二月大雪至次年二月,民发屋为薪,鸟兽冻死。(《大冶县志》)

阳新:秋大水。冬大雪四十日。(《兴国州志》民国三十二年)

鄂城:冬大雪四十余日,江水冰。(《武昌县志》)

英山:八月十三日未申二时,蛟水忽涨,平地深七八丈,刈禾积稻。顷刻漂没,沿河田地崩颓、沙压……数百顷,民自是逃散。(《英山县志》) 冬大雪,自冬徂春四阅月不止,居民往来不通,人畜饿死者不知其数。(《英山县志》)

浠水:大雪四十余日,竹木尽折。(《蕲水县志》《浠水县简志》)

旱涝等级:荆州地区,三级;咸宁地区,三级;黄冈地区,二级。

1621 年　明天启元年

汉口:汉水冰合。(《夏口县志》)

郧县:大疫。(《郧县志》)

江陵:十二月大雪。(《江陵县志》《荆州府志拾遗》)

钟祥:正月大雪,汉水坚冰可履。(《钟祥县志》)

沔阳:大水。(《沔阳州志》)

公安:旱。饥。(《公安县志》《荆州府志拾遗》)

黄陂:春正月,黄州郡县皆大雪,凡四十余日,人多僵死。(《黄陂县志》)

汉阳:汉水冰合。(《汉阳县志》)

阳新:正月大雪二十一日,人畜多冻死,薪贵无鬻者盐一斤价四钱。(《兴国州志》光绪十五年,《兴国州志》民国三十二年)

黄州:春正月,大雪四十余日,人多冻死。(《黄州府志》)

黄冈:冬大雪,自十一月至于二年春,四十八日,鸟鹊死,路无行人。(《黄冈县志》)

红安:大雪四月不止,人多僵死。(《黄安县志》)

麻城:冬,大雨雪凡三阅月。(《麻城县志》)

浠水:春正月,大雪四十余日,人多冻死。(《蕲水县志》《浠水县简志》)

蕲春:正月,蕲州大雪、大冰,屋瓦、地上冰厚尺许。(《蕲州志》)

广济：正月，大雨雪，木冰、积雪四十日，民多冻死。大雪累旬。（《广济县志》）

旱涝等级：郧、襄两地区，三级；荆州地区，三级；孝感地区，三级；咸宁地区，三级；黄冈地区，三级。

1622 年　明天启二年

七月，郧阳旱，饥。斗米千钱。（《湖北通志》）

郧县：秋，七月旱。（《郧县志》）

京山：大水，漂没庐舍四百处，溺民畜甚众。（《京山县志》《湖北通志》）

沔阳：大水。（《沔阳州志》《湖北通志》）

武昌：大水。（《江夏县志》同治八年，《江夏县志》民国七年铅印）

蒲圻：四月大风，自东南向西北去，所过发屋拔木。（《蒲圻县乡土志》）二月二十五日大风拔木，屋瓦咸飞。大雨雹。（《蒲圻县志》）

黄冈：七月，旱，饥。斗米千钱。（《湖北通志》）　大旱，斗米千钱。（《黄冈县志》）

旱涝等级：郧、襄两地区，四级；荆州地区，二级；咸宁地区，三级；黄冈地区，四级。

1623 年　明天启三年

六月，通山、兴国、崇阳大水三邑连介，溪水暴涨，坏民居官廨，人畜死者无算。（《湖北通志》）

阳新：龙水自通山大至、阳新排市等处，庐舍漂没，老幼死者以千计。（《兴国州志》光绪十五年）

崇阳：六月溪水暴涨，坏居民官廨，人畜死者无算。岁饥。（《崇阳县志》）

旱涝等级:咸宁地区,二级。

1624 年　明天启四年

安陆:甲子春,木稼合抱者皆折,是岁大潦。(《安陆县志》《安陆府志》)

咸宁:春,木稼合抱者皆折,是岁大潦。(《咸宁县志》)　旱。(《湖北通志》)

武昌:淫雨无麦苗。(《江夏县志》同治八年,《江夏县志》民国七年铅印)

鄂城:旱。(《武昌县志》《湖北通志》)

麻城:秋人霜,晚禾无收。(《麻城县志》)

旱涝等级:孝感地区,三级;咸宁地区,二级;黄冈地区,三级。

1625 年　明天启五年

钟祥:大旱。十月桃李花。(《钟祥县志》)

大冶:旱,饥,时稻石值银五钱,而民有饿死者。(《大冶县志》)

蒲圻:大饥,米贵。七月雨雹。(《蒲圻县志》)　饥。(《湖北通志》)

通城:饥。(《湖北通志》)　荒。(《通城县志》)

红安:雨不止,无麦禾。(《黄安县志》)

浠水:荒。(《蕲水县志》)　大旱。(《浠水县简志》)

旱涝等级:荆州地区,四级;咸宁地区,四级;黄冈地区,四级。

1626 年　明天启六年

郧西:七月丙戌,上津大风。(《郧西县志》)

蕲春:旱。(《蕲州志》《湖北通志》)

旱涝等级:郧、襄两地区,三级;黄冈地区,三级。

1627年　明天启七年

襄阳:大疫。(《襄阳府志》《襄阳县志》《湖北通志》)

枝江:大饥。二麦不登。比谷熟,饥民仅存壮者。(《荆州府志拾遗》)
大饥。(《湖北通志》)

京山:四月,大风寒气如冬。(《京山县志》)

松滋:大饥。二麦不登。比谷熟,饥民仅存壮者。(《松滋县志》《荆州
府志拾遗》)

孝感:六月,暴水自山下。(《孝感县志》)

通城:旱。(《湖北通志》)

旱涝等级:郧、襄两地区,三级;恩、宜两地区,三级;荆州地区,三级;孝
感地区,三级;咸宁地区,三级。

1628年　明崇祯元年

郧县:旱。(《郧县志》)　春,旱。(《湖北通志》)

沔阳:冬十月,大雨冰历旬,鱼多冻死。(《沔阳州志》)

汉川:夏,水。(《湖北通志》)

汉阳:夏,水。(《湖北通志》)

武昌:夏大水。秋,七月,大旱。(《江夏县志》同治八年,《江夏县志》民
国七年铅印)

阳新:七月初九日,大风拔木,古松折数十株。(《兴国州志》光绪十五
年)

蒲圻:十月内外树介。(《蒲圻县志》)　十月雪。(《湖北通志》)

麻城:大水。(《麻城县志》)

旱涝等级:郧、襄两地区,三级;荆州地区,三级;孝感地区,三级;咸宁
地区,四级;黄冈地区,三级。

1629 年　明崇祯二年

汉口:大水。是年秋旱。(《夏口县志》)

当阳:旱。(《当阳县志》)

京山:大旱,饥。(《京山县志》)

沔阳:秋,八月,汉溢全境水,民丰于鱼,饥不为灾。(《沔阳州志》)

孝感:春,雨木冰,大旱。(《孝感县志》)

应山:旱,大饥。(《应山县志》)

安陆:十一月,有杏冬华,经雪不落。(《安陆县志》《安陆府志》《湖北通志》)

汉阳:大水。(《湖北通志》《汉阳县志》) 秋旱。(《汉阳县志》)

武昌:大旱。(《江夏县志》同治八年,《江夏县志》民国七年铅印)

阳新:春旱,二麦不登。秋大旱,民多饿殍。(《兴国州志》光绪十五年)

蒲圻:大旱。(《蒲圻县志》)

麻城:大旱,复大饥。(《麻城县志》《黄州府志》)

蕲春:大饥。(《黄州府志》)

浠水:旱。(《浠水县简志》) 荒。(《蕲水县志》)

广济:三月大雪雷震。(《广济县志》)

旱涝等级:恩、宜两地区,三级;荆州地区,四级;孝感地区,四级;咸宁地区,四级;黄冈地区,四级。

1630 年　明崇祯三年

当阳:二年、三年相继旱。(《当阳县志》)

沔阳:秋大水,全境皆淹。(《沔阳州志》)

旱涝等级:恩、宜两地区,四级;荆州地区,二级。

1631 年　明崇祯四年

江陵:……五六月以来,淫雨不已……。自六月大雨不止,至七月初一日巳时昼晦,忽风雨自西至,顷刻水深数尺……。(《江陵县志》《荆州府志拾遗》)

钟祥:九月,大水。(《钟祥县志》)

沔阳:九月,大水。汉水涨。二百余垸堤尽溃。(《湖北通志》)

汉川:大水。(《湖北通志》)

蒲圻:四月二十一日夜雨冰。(《蒲圻县志》)

广济:五月,大水。(《湖北通志》)

旱涝等级:荆州地区,二级;孝感地区,三级;咸宁地区,三级;黄冈地区,三级。

1632 年　明崇祯五年

汉口:大水,庐舍田畜漂溺殆尽。(《夏口县志》)

秋,襄阳汉水溢,伤稼。(《襄阳府志》《湖北通志》)

郧县:夏六月,汉水涨,伤禾稼。八月,大风拔木。(《郧县志》)

竹山:大风拔树。(《竹山县志》)

房县:八月,大风拔木。(《房县志》)

襄阳:秋,汉水溢,平地高二尺,伤稼,樊城行船。冬饥,人屑榆而食。(《襄阳县志》)

光化:秋,汉水溢,伤稼。(《光化县志》)

宜城:襄属汉水溢,平地高二尺,伤稼。(《宜城县志》)

宜昌:八月,峡江大水。(《宜昌府志》《湖北通志》《东湖县志》)

钟祥:十月大水。(《湖北通志》《钟祥县志》)　永镇观堤决。(《钟祥县志》)

汉阳:大水,庐舍田畜漂溺殆尽。(《汉阳县志》《湖北通志》)

红安:壬癸间旱蝗,流亡相属。(《黄安乡土志》)

旱涝等级:郧、襄两地区,一级;恩、宜两地区,三级;荆州地区,三级;孝感地区,二级;黄冈地区,三级。

1633 年　明崇祯六年

襄阳、谷城人食榆皮石面。夏襄阳、均州雨雹,大风拔树。(《襄阳府志》《湖北通志》)

均县:夏雨雹,大风拔木坏屋。(《均州志》)

襄阳:春饥,人食榆皮石面。夏,雨雹大风拔树坏屋。(《襄阳县志》)

京山:春,旱。(《湖北通志》)

潜江:春,饥。(《湖北通志》)

通城:旱。(《通城县志》《湖北通志》)

旱涝等级:郧、襄两地区,三级;荆州地区,三级;咸宁地区,三级。

1634 年　明崇祯七年

随县:蝗。(《随州志》《湖北通志》)

荆门:春淫。(《荆门直隶州志》)

应山:十二月二十五日,大雷雨震电,竹尽花。(《应山县志》)

通城:蝗。(《通城县志》《湖北通志》)

广济:除夕大雨如注,震电,元旦雨如故。(《广济县志》)

旱涝等级:郧、襄两地区,三级;荆州地区,三级;孝感地区,三级;咸宁地区,三级;黄冈地区,三级。

1635 年　明崇祯八年

通城:蝗。(《通城县志》《湖北通志》)

黄州:春三月十六日,大风雷拔木,行人腾起。(《黄州府志》)

旱涝等级:咸宁地区,三级;黄冈地区,三级。

1636 年　明崇祯九年

钟祥:大水,从家庙堤决。八月蝗自南来,蔽日,野草俱尽。(《钟祥县志》)大水。(《湖北通志》)

沔阳:秋七月二十日,长夏门外有旋风。(《沔阳州志》)

黄陂:大旱。(《黄陂县志》)

武昌:大水。(《江夏县志》同治八年,《江夏县志》民国七年铅印)

通城:蝗。(《通城县志》)

麻城:夏,蝗飞蔽日。(《麻城县志》)

罗田:春,饥。(《湖北通志》)

蕲春:大风提大树数百株,根皆向天,小者无算。(《蕲州志》)

旱涝等级:荆州地区,四级;孝感地区,四级;咸宁地区,三级;黄冈地区,四级。

1637 年　明崇祯十年

房县:八月,大水。(《房县志》)

京山:五月,蝗渡河入民居。遍野害稼。(《京山县志》)

蕲春:七月一日,大风雨自西北来。(《蕲州志》)

广济:二月雨木冰。(《广济县志》)

旱涝等级:郧、襄两地区,三级;荆州地区,二级;黄冈地区,三级。

1638 年　明崇祯十一年

谷城:饥。(《湖北通志》)

枣阳:岁大饥。(《枣阳县志》《襄阳府志》)

孝感:三月大风,雨雹杀麦。(《孝感县志》)

安陆:戊寅雨,土地尽白。春正月德安大雨,土地浸白。(《安陆县志》《安陆府志》)

大冶:秋七月,有蝗蔽天,自西南来,所遇禾稻木棉具尽。(《大冶县志》)

崇阳:饥。(《湖北通志》)

罗田:六月,蝗。(《湖北通志》)

旱涝等级:郧、襄两地区,三级;孝感地区,三级;咸宁地区,四级;黄冈地区,三级。

1639 年　明崇祯十二年

襄阳:六月大水。(《襄阳县志》《宜城县志》《湖北通志》)

枣阳:仍饥。(《枣阳县志》)

远安:蝗。(《远安县志》)

春、夏,江陵、钟祥旱,蝗。(《湖北通志》)

钟祥:旱。(《钟祥县志》)

沔阳:夏六月,水淹城南百余院。(《沔阳州志》)

德安:大水。(《湖北通志》) 巳卯六月,德安大水。冬木冻。(《安陆县志》《安陆府志》)

咸宁:冬木冻。(《咸宁县志》)

鄂城:七月,蝗,自北而南,食八乡,田禾俱尽。(《湖北通志》)

红安:夏大雨,河溢城垣坏,蛟龙起。(《黄安县志》)

旱涝等级:郧、襄两地区,三级;恩、宜两地区,三级;荆州地区,四级;孝感地区,三级;咸宁地区,四级;黄冈地区,二级。

1640年　明崇祯十三年

汉口:冬,湖水尽涸,坼如龟文,人行其上。(《夏口县志》)

秋七月,襄阳风雷拔树。(《襄阳府志》《湖北通志》)

郧县:大饥。(《郧县志》《湖北通志》)

竹溪:大饥。(《竹溪县志》)

枣阳:蝗,食苗殆尽。(《枣阳县志》《湖北通志》)

远安:八月蝗。(《远安县志》)

当阳:旱,飞蝗蔽日。(《当阳县志》)

宜都:夏旱。秋,大江、清江两水相斗,涌高数丈。(《宜都县志》《荆州府志拾遗》)

钟祥:大旱。(《钟祥县志》)

潜江:春,大风霾、雨沙不见人,庚辰,京邑……等垸堤溃,连淹十五载。(《钟祥县志》)

沔阳:春淫雨两月,麦无。秋冬大饥。(《沔阳州志》)

孝感:三月霾。大旱,民多殍。(《孝感县志》)

汉川:水。(《湖北通志》)

汉阳:冬月,湖水尽涸,坼如龟文,人行其上。(《汉阳县志》)

武昌:夏四月,飞蝗蔽天。(《江夏县志》民国七年铅印)

嘉鱼:大水。(《嘉鱼县志》)

蒲圻:冬十一月,桃李尽花,米价每石一两。(《蒲圻县志》)　蝗。(《湖北通志》)

鄂城:七月,蝗食禾及竹木叶。(《武昌县志》)

黄州:蝗。大饥,疫。(《黄州府志》)

红安:蝗。大饥。(《黄安县志》)

麻城:大旱。蝗。(《麻城县志》)　三月大疫,死者相望于道,惨不可言,至九月方止。是年大旱,蝗。(《麻城县志》)

英山:夏大旱,飞蝗蔽天,草根树皮俱尽,饥死者尸盈道路。(《英山县

志》)

浠水:蝗。(《浠水县简志》《蕲水县志》)

旱涝等级:郧、襄两地区,三级;恩、宜两地区,四级;荆州地区,四级;孝感地区,四级;咸宁地区,四级;黄冈地区,五级。

1641 年 明崇祯十四年

湖广旱,赤地千里。民食树皮草根,榆桐皮诸粉,鬻于市每升五十文。死者相望。蕲州大饥。三月,广济、沔阳大饥。秋,襄阳、荆门蝗。圻、黄等处飞蝗蔽天。(《湖北通志》)

汉口:飞蝗蔽天,民大饥。谷贵石价白金一两。(《夏口县志》)

襄阳:秋,蝗蔽日。(《襄阳县志》) 秋,襄阳蝗。(《襄阳府志》)

长阳:秋,蝗飞蔽日,经旬不停,小蝗复起,食禾苗尽,民莩死。(《长阳县志》)

枝江:蝗,禾苗皆尽,民多死。(《荆州府志拾遗》)

宜都:秋,蝗害禾,民多死。(《宜都县志》《荆州府志拾遗》)

荆门:夏秋间,蝗蝻食禾,蔽空而南,多大饥。(《荆门直隶州志》)

钟祥:七月大蝗。(《钟祥县志》)

京山:大旱,赤地千里。秋蝗蝻为灾,斗米千文,民食树皮草根,死者相望。(《京山县志》)

潜江:春,黄雾四塞。夏,旱蝗。十月日食尽晦。(《潜江县志续》)

沔阳:春,饥。夏五月,旱,蝗,大疫。(《沔阳州志》)

孝感:蝗,遍入宅及釜灶。大疫。(《孝感县志》)

安陆:辛巳蝗入城,女墙为满,是岁大祲。(《安陆县志》《安陆府志》)

汉阳:飞蝗蔽天,民大饥,谷贵石价一两。(《汉阳县志》)

咸宁:是岁大祲。(《咸宁县志》)

武昌:秋,大疫,死者山积。(《江夏县志》民国七年铅印)

蒲圻:春大疫,秋蝗蝻蔽天,所过稻粟一空。(《蒲圻县志》)

鄂城：春夏间连雨三月，昼晦对面不见物。（《武昌县志》）

黄州：蝗。大饥，疫。（《黄州府志》）

黄冈：夏六月，飞蝗食苗尽。……是年大疫。（《黄冈县志》）

英山：春，大饥。疫。三年之内，蝗旱频仍，疫疬大作。父食其子，夫唻其妻，每饥民在道，息犹存而肌肉已尽。又或行路遇操刀凶人，健者逐不及得，弱者即时毙刃下。合境逃散，百里无人烟，夏大旱，蝗。（《英山县志》）

麻城：大旱，蝗。连年荒歉，民病饥，人相食。（《麻城县志》）

红安：蝗。（《黄安县志》）

浠水：疫。（《蕲水县志》）

蕲春：天下大旱，疫。蕲、黄等处，飞蝗蔽天，米斗银四钱。民死过半。（《蕲州志》）

黄梅：邑大疫，死亡过半。（《黄梅县志》）

广济：饥，疫，人相食。（《广济县志》）

旱涝等级：郧、襄两地区，四级；恩、宜两地区，四级；荆州地区，四级；孝感地区，四级；咸宁地区，四级；黄冈地区，五级。

1642 年　明崇祯十五年

汉口：大旱。（《夏口县志》）

宜城：斗米十金。（《襄阳府志》）　斗米十金，人相食。（《宜城县志》）

枝江：大饥。（《枝江县志》《荆州府志拾遗》《湖北通志》）

江陵：冬十月有怪风……。（《江陵县志》）

钟祥：八月大水。竹尽花。（《钟祥县志》）　大水。（《湖北通志》）

沔阳：大水。（《沔阳州志》《襄阳府志》）

十月，德安淫雨。（《湖北通志》）

应山：大饥。大疫。（《应山县志》）

黄陂：黄州郡县蝗，大饥继以疫，人相食。（《黄陂县志》）

汉阳：大旱。（《湖北通志》《汉阳县志》）

大冶:旱,蝗且疫。(《大冶县志》)

阳新:大疫,飞蝗蔽天。(《兴国州志》光绪十五年)

蒲圻:春大疫,哭泣之声比户相闻。(《蒲圻县志》)

通城:旱。(《通城县志》)

鄂城:五月大旱。(《武昌县志》)

十月,黄、蕲淫雨。黄州郡县蝗。(《湖北通志》)

红安:黄州郡县蝗,大饥继以疫。(《黄安县志》)

旱涝等级:郧、襄两地区,三级;恩、宜两地区,三级;荆州地区,三级;孝感地区,四级;咸宁地区,四级;黄冈地区,四级。

1643 年　明崇祯十六年

汉口:五月,昼晦大雨雹。(《夏口县志》)

襄阳、光化大疫,人畜多死。(《襄阳府志》《湖北通志》)

襄阳:春大疫,人畜多死。(《襄阳县志》)

光化:春大疫,人畜多死。(《光化县志》)

当阳:冬,桃李花。(《当阳县志》)

长阳:春,竹尽花,实如麦。(《长阳县志》)

宜都:春,竹尽花,实如麦。(《宜都县志》《荆州府志拾遗》)

荆门:竹尽开花。(《荆门直隶州志》)

京山:十二月除夜,天大雨迅雷。(《京山县志》)

公安:旱,蝗,日无光。(《公安县志》《荆州府志拾遗》《湖北通志》)

汉阳:晦,大雨雹。(《汉阳县志》)

武昌:夏五月,晦,大雨雹。(《江夏县志》同治八年,《江夏县志》民国七年铅印)

通城:夏旱、蝗。(《湖北通志》)　旱。(《通城县志》)

蕲春:正月二十五日,黑风大雪。(《蕲州志》《黄州府志》)

旱涝等级:郧、襄两地区,三级;恩、宜两地区,三级;荆州地区,四级;孝感地区,三级;咸宁地区,四级;黄冈地区,三级。

1644 年　清顺治元年

宜城:荆、襄野麦自生,不耕而获,民赖以安。(《宜城县志》)

远安:饥,斗米值银二两。(《远安县志》)

枝江:秋大疫。冬大饥。(《枝江县志》《荆州府志拾遗》)

宜都:大疫,死者十七八。(《宜都县志》《荆州府志拾遗》)

江陵:春,荆州大荒,斗米二金。(《江陵县志》《荆州府志拾遗》)

荆门:饥。(《荆门直隶州志》)

沔阳:春,三月,不雨。(《沔阳州志》)

蒲圻:大有年。(《湖北通志》)

通城:旱荒三月。(《通城县志》)　旱。(《湖北通志》)

黄冈:春,正月四日大雨雹。(《黄冈县志》)

旱涝等级:郧、襄两地区,三级;恩、宜两地区,三级;荆州地区,三级;咸宁地区,三级;黄冈地区,三级。

1645 年　清顺治二年

汉口:大水,谷种担价贵至四两,麦大熟。(《夏口县志》)

冬十二月襄阳、宜城、光化、谷城大饥。(《襄阳府志》《湖北通志》)

襄阳:大饥,人相食。(《襄阳县志》)

光化:春大饥,人相食。(《光化县志》)

宜城:春大饥,米大贵,人相食,多疫死。(《宜城县志》)

枣阳:仲夏大疫,人相食。(《枣阳县志》)　夏五月,枣阳大疫。(《襄阳府志》)

远安:饥,米价愈增。(《远安县志》)　冬十二月,大饥。(《湖北通志》)

宜都:大饥,人相食。(《宜都县志》)

潜江:大水,谷价石至四两。(《潜江县志续》)

沔阳:春大饥,石谷价银四两,大麦两余,民多死亡。(《沔阳州志》)

安陆:乙酉大疫,时白旺南下,流亡多就食,城中死者大半。(《安陆县志》《安陆府志》《湖北通志》)

应城:大疫。(《应城县志》《湖北通志》)

汉阳:大水,谷种一石价银四两。麦大熟,民逃贼者多伏于麦中。(《汉阳县志》)

咸宁:大疫。(《咸宁县志》《湖北通志》)

阳新:正月朔,暴热如夏。(《兴国州志》民国三十二年)

蒲圻:大有年。(《蒲圻县志》)

黄梅:大水,离散,饥馑相仍盖。(《黄梅县志》)

广济:冬桃李华。(《广济县志》)

旱涝等级:郧、襄两地区,三级;恩、宜两地区,三级;荆州地区,二级;孝感地区,二级;咸宁地区,三级;黄冈地区,二级。

1646 年　清顺治三年

襄阳:大疫。(《湖北通志》)

枣阳:夏,大疫。(《枣阳县志》)

宜城:飞蝗害稼。(《襄阳府志》)　四月蝻飞,蝗害稼,岁大荒。(《宜城县志》《湖北通志》)

秋,德安大有年。(《湖北通志》)

孝感:三、五月大风拔木,十三日尤甚。(《孝感县志》)

安陆:大疫。(《安陆府志》)　秋,德安大有年。(《安陆县志》)

武昌:三月,旱。(《湖北通志》)

阳新:秋大疫,大麦一石价一两八钱。(《兴国州志》光绪十五年)

蒲圻:旱。(《蒲圻县志》)　三月,旱。(《湖北通志》)

崇阳:大疫,死亡无算。(《崇阳县志》)

通城:大旱。(《通城县志》)　三月,旱。(《湖北通志》)

鄂城:旱。(《武昌县志》)

旱涝等级:郧、襄两地区,四级;孝感地区,三级;咸宁地区,三级。

1647年　清顺治四年

宜城:蝗害稼。(《襄阳府志》)　蝗蝻又作,殍横于野,饥民脔而食之。(《宜城县志》)

潜江:王家营堤溃,河北大水。(《潜江县志续》)

沔阳:大有年。(《沔阳州志》《湖北通志》)　秋,大有年。(《湖北通志》)

监利:水旱相因,米贵如珠,布贵如帛,民采野草而食,结鹑而衣。(《监利县志》光绪三十四年)

京邑王家营堤决,武昌、汉川大水。(《湖北通志》)

秋,崇阳、通城、通山、蒲圻、大冶旱。谷价腾贵,民食树皮殆尽,人多死。(《湖北通志》)

蒲圻:大歉,谷价每石二两。(《蒲圻县志》)

崇阳:谷价腾贵,民食草根、油菜子、树皮殆尽,多死亡。(《崇阳县志》)

鄂城:大水,江湖汇为一。(《武昌县志》)

旱涝等级:郧、襄两地区,四级;荆州地区,三级;咸宁地区,四级。

1648年　清顺治五年

汉口:昼晦大风拔木,倾庐舍。(《夏口县志》)

远安:大有年。(《远安县志》)

枝江:大风,树木多有拔者。(《枝江县志》《荆州府志拾遗》)

荆门:大旱。(《荆门直隶州志》《湖北通志》)　大有年。(《荆门直隶州志》)

潜江：王家营堤溃，河北大水。（《潜江县志续》）

沔阳：春淫雨。（《沔阳州志》）

监利：水旱相因，米贵如珠，布贵如帛，民采野草而食，结鹑而衣。（《监利县志》光绪三十四年）

汉阳：大风拔木倾舍，昼晦。（《汉阳县志》）

旱涝等级：恩、宜两地区，三级；荆州地区，四级；孝感地区，三级。

1649 年　清顺治六年

汉山：水。（《夏山县志》）

利川：春，大饥，斗米值银四两，有数日不举火，全户自毙者。（《当阳县补续志》）　大饥。斗米银四两，死者无算。（《湖北通志》）

远安：秋，大雨浃旬，百川溢。（《远安县志》《湖北通志》）

当阳：大水。（《当阳县志》）

荆门：大有年。（《荆门直隶州志》）　秋大雨夹旬，百川溢。（《荆门直隶州志》）　秋大稔。（《湖北通志》）

钟祥：大水。（《钟祥县志》《湖北通志》）　四月大水。（《清史稿》）

监利：水旱相因，米贵如珠，布贵如帛，民采野草而食，结鹑而衣。（《监利县志》光绪三十四年）

夏，江水大涨，汉阳、汉川大水。（《湖北通志》）

应山：饥。斗米银四两，死者无算。（《湖北通志》）

汉阳：水。（《汉阳县志》）

旱涝等级：恩、宜两地区，二级；荆州地区，二级；孝感地区，三级。

1650 年　清顺治七年

沔阳：五月，大水，没西湖新兴、朱麻等二百余垸。（《湖北通志》）　夏六月，水淹二百余垸。（《沔阳州志》）

孝感：二月,雨木冰。(《孝感县志》)

应山：夏五月五日,大雨雹。(《应山县志》)

汉阳：大雨。(《湖北通志》《汉阳县志》) 正月,九真山蛟发水。(《清史稿》)

旱涝等级：荆州地区,三级;孝感地区,三级。

1651年 清顺治八年

春,襄阳大风,自西北来,飘砖覆屋。(《襄阳府志》)

房县：大风飘物拔树。(《房县志》)

襄阳：春大风,自西北来,飘砖覆屋。(《襄阳县志》)

南漳：大风拔树覆屋。(《南漳县志》《襄阳府志》)

远安：春大风,拔木,雨雹如拳,损麦苗。(《远安县志》)

宜都：大雨雹损麦。(《荆州府志拾遗》)

阳新：二月二十七日夜,大雨雹,碎屋折树,麦苗野菜俱成泥。既旱,池塘坼深三尺。八月雨禾乃复生。(《兴国州志》光绪十五年)

旱涝等级：郧、襄两地区,三级;恩、宜两地区,三级;咸宁地区,三级。

1652年 清顺治九年

汉口：四月不雨至八月,民大饥,米石二两。(《夏口县志》)

房县：夏五月,武昌等处各属大旱,蠲免本年钱粮十之六。(《房县志》)

枝江：大旱,斗米千钱,近山者掘木皮草根殆尽,近湖采菱芡蒲芽荷根度日。(《枝江县志》《当阳县补续志》)

宜都：大旱,斗米银七钱。(《宜都县志》《荆州府志拾遗》)

荆州：大旱。(《江陵县志》《湖北通志》)

江陵：江决万城。(《江陵县志》) 江陵水决万城堤。(《荆州府志拾遗》《湖北通志》)

钟祥:大水。(《湖北通志》) 夏秋大水。(《钟祥县志》) 七月大水,害稼。(《清史稿》)

京山:大旱。饥。(《京山县志》)

松滋:大旱。升米千钱……。民食草木。(《松滋县志》《荆州府志拾遗》)

沔阳:……自三月至秋七月不雨,湖尽涸。(《沔阳州志》) 沔阳州屯田湖底旱坼。(《湖北通志》)

公安:旱,斗米银五钱。(《公安县志》《荆州府志拾遗》)

监利:异旱,水泽之地俱可步履。谷每石二两,后石至四两。(《监利县志》同治十一年)

石首:大旱。(《荆州府志拾遗》)

孝感:大旱,民饥多盗。(《孝感县志》)

应山:春正月朔,雷雨震电,夏大旱。(《应山县志》)

安陆:壬辰夏秋不雨,岁大荒。(《安陆县志》)

应城:夏秋不雨,岁大饥。(《应城县志》《安陆府志》)

黄陂:正月,朔旦,震电大雪。……大旱饥。(《黄陂县志》)

汉阳:自四月不雨至八月。民大饥,米石二两。(《汉阳县志》)

咸宁:夏秋不雨,岁大荒。(《咸宁县志》)

大冶:大旱,自三月不雨至八月,斗米值银五六钱,十年蠲免九年旱灾十分之二。(《大冶县志》)

阳新:夏五月,武昌等府各属大旱。(《兴国州志》民国三十二年)

蒲圻:夏大旱。秋九月始雨荞粟熟。壬辰五月大旱,蠲免本年钱粮十之六。(《蒲圻县志》)

崇阳:五月初雨,至七月十四日方雨,田野焦枯,米贵如珍。(《崇阳县志》)

通城:三月十八日旱至七月。(《通城县志》)

鄂城:大旱。自二月至十月不雨,斗米银至四钱,樊湖水涸,民掘食菱芡根殆尽,流亡过半。(《武昌县志》)

黄州:春正月朔,震电大雪。岁大旱。(《黄州府志》)

黄冈:春正月朔,大雪。是岁大旱。斗米四百钱。(《黄冈县志》)

麻城:旱。斗米银五钱。(《麻城县志》)

浠水:大旱。(《浠水县简志》) 元旦震电大雪。是岁大旱。(《蕲水县志》)

蕲春:旱。(《蕲州志》)

红安:大旱。(《黄安县志》)

黄梅:岁大旱,米价五钱一斗,民多流亡。(《黄梅县志》)

广济:大旱。(《广济县志》)

旱涝等级:郧、襄两地区,四级;恩、宜两地区,四级;荆州地区,五级;孝感地区,五级;咸宁地区,五级;黄冈地区,五级。

1653年　清顺治十年

宜昌:大风拔木飘屋。(《均州志》)

远安:秋,夜大雨,山水暴涨,毁民房,漂城郭。(《远安县志》)

枝江:春大饥,大水。(《枝江县志》) 大水,饥。(《荆州府志拾遗》)四月大水。(《清史稿》) 大水溃堤。(《湖北通志》)

江陵:堤决,西门倾塌。(《江陵县志》)

钟祥:有年。(《钟祥县志》)

荆州:秋大雨,山水暴涨,漂没民舍无算。(《荆门直隶州志》)

沔阳:春夏苦雨。(《沔阳州志》)

松滋:大水,黄木坑、杨润口二处堤溃。(《松滋县志》《荆州府志拾遗》)四月溃堤。(《清史稿》)

石首:大水,饥。(《荆州府志拾遗》) 四月大水。(《清史稿》) 大水溃堤。(《湖北通志》) 应山:春,奉文赈济。(《应山县志》)

大冶:冬大雪。(《大冶县志》)

蒲圻:大歉,谷价每石二两,民食蕨根。(《蒲圻县志》)

崇阳:四月初三雨雹,狂风僵扑民居,山林大木多拔。(《崇阳县志》)

旱涝等级:恩、宜两地区,二级;荆州地区,二级;孝感地区,三级;咸宁
地区,三级。

1654 年　清顺治十一年

汉口:夏,汉水决于沙阳湖。(《夏口县志》)

钟祥:六月,大水。(《钟祥县志》)

沔阳:夏,四月水。(《沔阳州志》)　三月堤溃,大水。(《清史稿》)
夏,汉水决于沙阳湖,沔阳水,潜堤口溃,水没两湖等垸。(《湖北通志》)

松滋:三月,大风雨雹。(《松滋县志》《荆州府志拾遗》)

汉阳:夏,汉水决于沙洋湖。(《汉阳县志》)　大水。(《湖北通志》)

汉川:大水。(《湖北通志》)

鄂城:三月,雷山寺蛟起,水平地深丈许。(《清史稿》)

广济:冬,桃李华。(《湖北通志》)

旱涝等级:荆州地区,二级;孝感地区,二级;咸宁地区,三级;黄冈地
区,三级。

1655 年　清顺治十二年

汉口:四月,雨雹。(《夏口县志》)

鹤峰:八月淫雨不止,田中水深三四尺。(《清史稿》)

钟祥:四月大水。(《钟祥县志》《清史稿》《湖北通志》)

潜江:四月,雨雹大水。(《潜江县志续》)　四月大水。(《清史稿》)

沔阳:水。(《沔阳州志》《湖北通志》)

汉阳:夏四月,雨雹。(《汉阳县志》)

汉川:水。(《湖北通志》)

大冶:三月,风拔树仆墙。(《大冶县志》)

黄冈:大有年。(《黄冈县志》)

旱涝等级:恩、宜两地区,二级;荆州地区,三级;孝感地区,三级;咸宁地区,三级;黄冈地区,三级。

1656 年　清顺治十三年

汉口:五月雨冰。(《夏口县志》)
枣阳:冬十月十八日,雨水冰著树如甲。(《襄阳府志》《枣阳县志》)
钟祥:二月二十九日,昼晦,震雷雨雹,田稼皆损。(《钟祥县志》)
潜江:春三月,大风。(《潜江县志续》)
沔阳:水。(《沔阳州志》)
汉阳:夏五月,雨水。(《汉阳县志》)

旱涝等级:郧、襄两地区,三级;荆州地区,三级;孝感地区,三级。

1657 年　清顺治十四年

襄阳:夏秋,汉水泛涨为患。(《襄阳县志》)
光化:夏秋,汉水泛涨为患。(《光化县志》)
宜城:自夏徂秋,汉水数涨为患。(《宜城县志》)
沔阳:水。(《沔阳州志》)
鄂城:二月,昼晦,大风拔木毁屋,湖舟复者起空中旋折而下。(《武昌县志》)
黄冈:旱。(《黄冈县志》《湖北通志》)
麻城:旱,有诏发积谷赈之。(《麻城县志》)
浠水:旱。(《浠水县简志》)
蕲春:旱。(《蕲州志》)

旱涝等级:郧、襄两地区,二级;荆州地区,三级;咸宁地区,三级;黄冈地区,四级。

1658 年 清顺治十五年

夏,武昌、黄州、汉阳、安陆、荆州府属水。(《湖北通志》)

汉口:夏水。(《夏口县志》)

谷城:夏六月,大水至城门外。(《襄阳府志》)

宜城:春,大疫。秋,汉水溢,漂流禾稼房屋。(《湖北通志》《宜城县志》) 夏,汉水溢,浮没民田。(《清史稿》)

宜昌:夏大水。(《清史稿》)

宜昌:峡江大水。(《东湖县志》《宜昌府志》)

远安:孟夏大雨,四乡禾稼尽淹,东城崩圮。(《远安县志》《湖北通志》)

秭归:大水。(《归州志》) 夏大水。(《清史稿》)

当阳:夏大水,西山蛟起,水决城外堤数十丈,附郭民舍皆漂没,男女溺死者甚众。是月有暴风,自南来,声如雷,所过拔木,庐舍尽倾,池塘皆涸。(《当阳县志》《湖北通志》《清史稿》)

宜都:大水。(《宜都县志》《荆州府志拾遗》)

荆州:大水,漂荡民居,人畜溺死无算。(《江陵县志》《荆州府志拾遗》)

钟祥:九月大水,许家堤、三官庙等堤决。三工、十一工内堤溃。(《钟祥县志》) 秋大水。(《清史稿》)

荆门:夏大水,西山蛟起,城外堤决,男女溺死者甚众。是月有暴风自南来,声如雷,所过拔木,庐舍尽倾,池塘皆涸。(《荆门直隶州志》) 夏大水,漂没禾稼房舍甚多。(《清史稿》)

松滋:水从公安逆流,损松滋禾田坏民居。(《松滋县志》《荆州府志拾遗》) 夏大水。(《清史稿》)

公安:七月大水。(《公安县志》《荆州府志拾遗》) 夏大水。(《清史稿》)

天门:秋,汉堤决。(《清史稿》)

潜江:王家营堤溃,河北大水。(《潜江县志续》) 秋大水。(《清史

稿》）

　　沔阳：夏大水。全境皆浸。（《沔阳州志》）

　　监利：……为异常水灾。（《监利县志》光绪三十四年）

　　孝感：大水无秋。（《孝感县志》）

　　安陆：夏，大水。（《清史稿》）

　　黄陂：大水。（《黄陂县志》）

　　汉阳：夏水。（《汉阳县志》）　夏大水。（《清史稿》）

　　大冶：水。（《大冶县志》）

　　鄂城：大水。（《武昌县志》）　夏大水。（《清史稿》）

　　黄州：夏大水。（《清史稿》）

　　旱涝等级：郧、襄两地区，二级；恩、宜两地区，一级；荆州地区，一级；孝感地区，二级；咸宁地区，三级；黄冈地区，三级。

1659 年　清顺治十六年

　　远安：春旱，秋夏大旱……岁稍有秋。（《远安县志》）

　　宜都：五月十三日，夜大风雨，山裂十余丈。（《宜都县志》）

　　江陵：五月大水。（《清史稿》）　复水。（《江陵县志》）

　　沔阳：春大饥，秋大水。（《沔阳州志》）　六月大水。（《清史稿》）

　　汉川：六月大水。（《清史稿》）

　　武昌：大水。（《江夏县志》同治八年）　六月大水。（《清史稿》）

　　鄂城：大风拔木，坏民居。（《武昌县志》）

　　旱涝等级：恩、宜两地区，四级；荆州地区，三级；孝感地区，三级；咸宁地区，三级。

1660 年　清顺治十七年

　　当阳：大旱无禾。（《当阳县志》《湖北通志》）

江陵:大水。(《荆州府志拾遗》)

鄂城:冬雪弥月,江水冻,樊湖冰坚可行牛马,半月始解。(《武昌县志》《湖北通志》)

旱涝等级:恩、宜两地区,四级;荆州地区,三级;咸宁地区,三级。

1661 年 清顺治十八年

武昌、汉阳、孝感、安陆、应山、钟祥、京山、枣阳、宜城、谷城、宜都旱。(《湖北通志》)

汉口:旱。(《夏口县志》)

夏,襄阳、宜城旱。(《襄阳府志》)

宜城:夏大旱。(《宜城县志》)

宜都:旱,自五月不雨到八月,民大饥。(《宜都县志》《荆州府志拾遗》)

钟祥:大旱。(《钟祥县志》)

京山:大旱。(《京山县志》)

沔阳:水。(《沔阳州志》)

孝感:旱,闰七月,淫雨三日杀荞。(《孝感县志》) 闰七月,淫雨三日,杀麦。(《清史稿》)

应山:自四月不雨至闰七月,岁大饥。(《应山县志》)

安陆:旱。岁祲。(《安陆县志》《安陆府志》)

汉阳:旱。(《汉阳县志》)

阳新:夏五月,武昌等十州县旱。(《兴国州志》光绪十五年)

蒲圻:大有年。(《蒲圻县志》)

鄂城:五月大旱,赈恤。(《武昌县志》)

麻城:旱。(《麻城县志》)

旱涝等级:郧、襄两地区,四级;恩、宜两地区,四级;荆州地区,四级;孝感地区,四级;咸宁地区,四级;黄冈地区,三级。

1662 年　清康熙元年

夏,汉水涨溢,钟祥许家堤、草庙、真君庙、臼口。京山番林院、聂家滩并溃。谷城、宜城、天门、沔阳、钟祥皆水。(《湖北通志》)

宜城:七月,汉水涨溢坏民居。(《宜城县志》)

江陵:七月大水。(《清史稿》)

钟祥:八月大水,以灾蠲租。许家堤等堤决,三工、八工、十一工内堤溃。(《钟祥县志》)　八月大水。(《清史稿》)

天门:八月,汉水溢,堤决,舟行城上。(《清史稿》)

潜江:聂家滩溃,河北大水。(《潜江县志续》)　八月大水。(《清史稿》)

沔阳:大水。(《沔阳州志》)　七月大水。(《清史稿》)

松滋:七月大水。(《清史稿》)

孝感:七月大水。(《清史稿》)

应山:春,再行赈济。(《应山县志》)

黄陂:黄州郡县皆旱。(《黄陂县志》)

阳新:秋旱。(《兴国州志》民国三十二年)

蒲圻:大有年。(《蒲圻县志》《湖北通志》)　雪积五旬始解。(《蒲圻县乡土志》)

鄂城:秋旱。(《武昌县志》《湖北通志》)

黄冈:夏,四月白燕来巢,秋旱。(《黄冈县志》《黄州府志》《湖北通志》)

红安:旱。(《黄安县志》)

旱涝等级:郧、襄两地区,二级;荆州地区,一级;孝感地区,三级;咸宁地区,三级;黄冈地区,三级。

1663 年　清康熙二年

夏,江水决周尹店,黄木坑。武昌、大冶、蒲圻、兴国、咸宁、汉阳、汉川、

黄陂、孝感、沔阳、蕲州、广济、钟祥、天门,皆大水。(《湖北通志》)

汉口:大水。(《夏口县志》)

枝江:八月,大水,漂没民居,死尸浮水者旬日不绝。(《枝江县志》《荆州府志拾遗》《清史稿》)

宜都:八月大水。(《宜都县志》《荆州府志拾遗》《清史稿》)

江陵:大水,所在堤圩尽决。(《江陵县志》《荆州府志拾遗》) 七月大水。(《清史稿》)

钟祥:五月大旱,八月大水。(《钟祥县志》《清史稿》)

天门:八月大水。十二月大水。(《清史稿》)

沔阳:大水。(《沔阳州志》) 十二月大水。(《清史稿》)

松滋:大水,黄木坑堤溃,漂没民居,死尸浮水流者旬月不绝,复阴雨匝月,道殣相望。(《松滋县志》《荆州府志拾遗》) 八月堤决。(《清史稿》)

公安:八月,松滋堤决,水灌城垣,民飘溺无算。(《公安县志》) 八月大水浸,民溺无算。(《清史稿》)

监利:又水,南北俱没。(《监利县志》光绪三十四年)

孝感:大水。(《孝感县志》)

黄陂:复旱。(《黄陂县志》)

汉阳:大水。(《汉阳县志》)

咸宁:秋七月大水,舟自北城头泛入城。(《咸宁县志》) 七月大水。(《清史稿》)

大冶:秋大水,连雨二十余日,积水经冬不退,民舍倾圮。舟行于市。(不及万历三十六年尺许,三年蠲免,二年水灾十分之三。)(《大冶县志》《湖北通志》) 十二月大水。七月大水。(《清史稿》)

阳新:八月淫雨二十余日,大水入城,经冬不退。(《兴国州志》光绪十五年)

蒲圻:大水。(《蒲圻县志》) 十二月大水。(《清史稿》)

鄂城:秋大水,舸自小东门入,出大南门入洋澜湖。(《武昌县志》)

黄州:旱。(《黄州府志》) 五月旱。(《清史稿》)

黄冈：复旱，八月大水。(《黄冈县志》《清史稿》)

红安：复旱。(《黄安县志》)

麻城：水灾。(《麻城县志》) 三年蠲免二年水灾十分之三。(《麻城县志》) 八月大水。(《清史稿》)

罗田：八月，旱。(《清史稿》)

浠水：水。(《浠水县简志》)

蕲春：秋大水。(《蕲州志》) 七月大水。(《清史稿》)

旱涝等级：恩、宜两地区，二级；荆州地区，一级；孝感地区，三级；咸宁地区，一级；黄冈地区，四级。

1664年　清康熙三年

沔阳、天门水。江陵郝穴堤溃，水患尤甚。(《湖北通志》)

江陵：郝穴堤溃水患尤甚。(《江陵县志》《荆州府志拾遗》)

天门：六月水。(《清史稿》)

沔阳：秋七月，大水。(《沔阳州志》)

安陆：申辰三月，雨雹如块，杀麦。(《安陆县志》《安陆府志》)

咸宁：三月，雨雹如块，杀麦。(《咸宁县志》)

旱涝等级：荆州地区，二级；孝感地区，三级；咸宁地区，三级。

1665年　清康熙四年

钟祥：大有年。(《钟祥县志》《湖北通志》)

天门：七月，水决入城。(《清史稿》) 六月水。(《湖北通志》)

沔阳：夏大水。(《沔阳州志》) 沔阳南江堤溃。先是二月修南江溃口九十六处，至是复溃，西湘、新兴、浮张、三角等垸尽淹没。(《湖北通志》)

蒲圻：大有年。(《湖北通志》《蒲圻县志》) 四月大风，自东南来向西北去，发屋拔木。(《蒲圻县乡土志》)

鄂城:夏四月,昼晦,大风发屋拔木。(《武昌县志》)

旱涝等级:荆州地区,二级;咸宁地区,三级。

1666 年　清康熙五年

当阳:春大雨浃旬,水潦,无麦。(《湖北通志》)

钟祥:六月旱,七月大风雨雹。(《钟祥县志》)　五月旱。(《清史稿》《湖北通志》)

安陆:丙午竹尽花,结实如小麦,然落地复生。(《安陆县志》《安陆府志》)

大冶:夏旱。冬大雪四十余日,竹为之枯。(《大冶县志》)　旱。(《清史稿》《湖北通志》)

黄冈:夏四月,雨雹。(《黄冈县志》)

旱涝等级:恩、宜两地区,二级;荆州地区,三级;咸宁地区,三级;黄冈地区,三级。

1667 年　清康熙六年

房县:六月,淫雨伤禾。(《清史稿》)

潜江:五月,杨万屯营堤决。(《湖北通志》)

沔阳:六月二十七日雨雹,迅风大雾竟日。冬十二月二十日雨赤雪雷震。(《沔阳州志》)

应山:荒。(《应山县志》)　饥。(《湖北通志》)　五月大旱。(《清史稿》)

黄陂:春、夏,黄州郡县大旱。(《黄陂县志》)

黄州:春、夏郡县旱。(《黄州府志》)　四月,府属旱。(《清史稿》《湖北通志》)

黄冈:春、夏旱。(《黄冈县志》)

红安:春、夏大旱。(《黄安县志》) 五月大旱。(《清史稿》)

罗田:五月大旱。(《清史稿》)

浠水:旱。(《浠水县简志》) 春、夏旱。(《蕲水县志》) 五月大旱。(《清史稿》)

旱涝等级:郧、襄两地区,二级;荆州地区,三级;黄冈地区,四级;孝感地区,四级。

1668 年　清康熙七年

汉口:秋水。(《夏口县志》)

房县:六月大水,坏民田庐,秋淫雨,稻不熟。(《房县志》《湖北通志》) 七月淫雨伤禾。(《清史稿》)

当阳:大水。(《当阳县志》《湖北通志》)

沔阳:三月十二日夜,雨雪如硫磺,大如豆,……秋大水。(《沔阳州志》) 水。(《湖北通志》)

汉川:水。(《湖北通志》)

汉阳:秋,水。(《汉阳县志》)

红安:夏大旱。(《黄安县志》) 六月旱。(《清史稿》)

麻城:五月大水,冲圮城墙二十余丈。(《麻城县志》《黄州府志》) 五月大水。(《清史稿》) 秋水。(《湖北通志》)

罗田:六月旱。(《清史稿》) 二月旱。(《湖北通志》)

旱涝等级:郧、襄两地区,二级;荆州地区,三级;孝感地区,三级;黄冈地区,四级。

1669 年　清康熙八年

汉口:四月大风拔木,坏屋,江河溺死者无算。(《夏口县志》)

郧县:春三月,郧城灾雨雹,秋九月,雨雹。(《郧县志》)

房县:五月大水,无麦。(《房县志》《湖北通志》) 六月大水,坏田庐。(《清史稿》)

钟祥:稻大熟。(《钟祥县志》) 大有年。(《湖北通志》)

监利:荆南四月十四日,异风忽作。墙壁倾倒,古木拔,偃行者不能出,立者不能直……。(《监利县志》光绪三十四年)

沔阳:四月十四日,大雨雹伤人甚多。(《沔阳州志》)

汉阳:夏四月,大风拔木坏屋,江河溺死无算。(《汉阳县志》)

咸宁:风怪吹折民房数十间,湖浪直跃千寻。山木尽当偃拔。(《咸宁县志》)

蒲圻:四月十四日,大风,屋瓦皆飞,树木尽折,江河溺死者无算。(《蒲圻县志》)

崇阳:春,恶风拔木。秋雨雪。冬起蜇虹见蛙鸣,桃李华催耕鸟鸣,雪雹连朝。(《崇阳县志》)

鄂城:夏四月,异风自北而南,坏盐船,舟人溺死无算。六月大雨,平地水深尺许,环邑诸山有声如雷,起蛟无数。(《武昌县志》)

武昌:六月,大雨。(《湖北通志》)

浠水:旱。(《浠水县简志》)

旱涝等级:郧、襄两地区,二级;荆州地区,三级;孝感地区,三级;咸宁地区,三级;黄冈地区,三级。

1670 年　清康熙九年

枣阳:旱,疫。(《襄阳府志》《枣阳县志》) 冬大旱。(《清史稿》)

枝江:大水,民就高阜处凿穴而居,复多虎荒蛇害,民逃散者多。(《枝江县志》《荆州府志拾遗》《湖北通志》) 大水。(《清史稿》)

钟祥:大水溃堤。(《钟祥县志》《湖北通志》) 大水。(《清史稿》)

沔阳:冬十二月二十四日大雷电。(《沔阳州志》)

松滋:大水,堤决流虎口,民多溺死……。(《松滋县志》《荆州府志拾

遗》《湖北通志》）

石首：五月十八，大风雨雹，发屋坏垣。（《荆州府志拾遗》）

德安府大旱，自夏徂秋不雨。（《安陆县志》《安陆府志》《应山县志》）

应山：旱，大饥。（《应山县志》《安陆府志》《湖北通志》）

安陆：大旱，自夏徂秋不雨。（《湖北通志》《安陆县志》《安陆府志》）冬大旱。（《清史稿》）

应城：夏四月，县南大水。（《应城县志》） 大水。（《清史稿》《湖北通志》）

大冶：冬十二月，雨雪震遂，大雪四十余日，冻馁死者甚众。（《大冶县志》）

蒲圻：夏大旱。……。秋大水。冬冰雪，积五旬始解，黎民冻馁。（《蒲圻县志》） 大水。（《清史稿》《湖北通志》）

崇阳：夏暴蛟突起，崩淤田地成河。（《崇阳县志》） 大水。（《湖北通志》《清史稿》）

红安：旱。（《黄安县志》）

罗田：夏旱。（《清史稿》《湖北通志》）

旱涝等级：郧、襄两地区，三级；恩、宜两地区，二级；荆州地区，二级；孝感地区，四级；咸宁地区，四级；黄冈地区，三级。

1671 年 清康熙十年

夏、秋，武昌、蒲圻、大冶、崇阳、孝感、汉阳、广济、通城、均州旱，至十月始雨。（《湖北通志》）

汉口：秋旱。（《夏口县志》）

均县：夏大旱，禾苗尽稿。（《均州志》） 大旱，禾苗尽稿。（《襄阳府志》）

竹溪：大水，禾稼屋舍多漂没。（《竹溪县志》《湖北通志》）

枣阳：疫。（《襄阳府志》） 复疫。（《枣阳县志》）

宜都:大水。(《荆州府志拾遗》《湖北通志》) 秋七月大水。(《清史稿》)

潜江:班家湾两次大溃,西湖淤成桑田,潜邑城圩及班家湾市肆悉沉波底。(《潜江县志续》)

松滋:秋七月大水。(《清史稿》) 春,水。江水骤涨,损失禾苗。(《湖北通志》) 大水。(《荆州府志拾遗》)

公安:旱。(《公安县志》《荆州府志拾遗》) 春旱。(《湖北通志》《清史稿》)

石首:春旱。(《湖北通志》《荆州府志拾遗》) 秋七月,江水骤涨,西垸堤溃,损禾苗,灾民流离,死者枕藉。(《荆州府志拾遗》) 春,水。江水骤涨,损失禾苗。(《湖北通志》) 八月大水。(《清史稿》)

德安府大饥。(《安陆府志》《安陆县志》《应山县志》)

孝感:旱。(《孝感县志》)

应山:四月初八日风沙昼晦,麦尽为风雾所蚀秕而不实,人至麦林著衣皆黄,至六七月不雨,禾始秀又旱,间有成者为青虫食尽。大饥。是年夏大疫。(《应山县志》)

安陆:大饥。(《安陆县志》)

应城:夏大旱。(《应城县志》)

汉阳:秋旱。(《汉阳县志》)

大冶:夏五月不雨至八月,流亡载道,民多殍死,蠲免十分之三。时灾赤赤如焚,树木立枯,民多渴死,早稻尚半获,中迟则尽稿矣。(《大冶县志》)

蒲圻:五月大旱,赤地千里,百姓哀号……至十月始雨。(《蒲圻县志》)

崇阳:旱,七月,谷七钱。八月,谷八钱。幸有荞麦民藉以安。(《崇阳县志》)

通城:大旱,荒。(《通城县志》)

鄂城:秋旱。(《武昌县志》)

麻城:大旱。(《麻城县志》) 大旱。(诏免本年租税十分之三。)(《麻

城县志》） 四月,大旱。(《清史稿》)

浠水:大旱。(《浠水县简志》)

蕲春:大旱。(《蕲州志》)

广济:四月,大旱。(《清史稿》)

红安:大旱。(《黄安县志》) 四月大旱。(《清史稿》)

旱涝等级:郧、襄两地区,四级;恩、宜两地区,三级;荆州地区,二级;孝感地区,四级;咸宁地区,五级;黄冈地区,四级。

1672 年 清康熙十一年

巴东:秋七月,县大水,漂没民居。(《宜昌府志》《湖北通志》)

远安:大有秋。(《远安县志》《湖北通志》)

长阳:秋大水。(《长阳县志》)

宜都:秋大水。(《宜都县志》) 大水。(《清史稿》) 江水决钟祥铁牛关,石首西垸,潜江班家湾,松滋堤。(《湖北通志》)

钟祥:春大稔。八月大水溃堤。(《钟祥县志》)

荆门:大有年。(《荆门直隶州志》)

潜江:班家湾决,撼我城圩,民居荡析尽。(《潜江县志》) 大水。(《清史稿》)

松滋:大水,新筑圭型堤复溃,民迁遭水害者甚众。(《松滋县志》《清史稿》)

公安:旱。(《公安县志》《湖北通志》)

汉川:大水。(《湖北通志》)

武昌:夏不雨。(《江夏县志》同治八年,《江夏县志》民国七年铅印)

大冶:春大饥,秋大熟。(《大冶县志》) 秋大有。(《湖北通志》)

蒲圻:夏四月麦熟。秋七月虫食稻。……是年多雨。(《蒲圻县志》)

英山:蝗蝻遍生蔓延数百里。(《英山县志》)

旱涝等级:恩、宜两地区,二级;荆州地区,二级;孝感地区,三级;咸宁地区,三级;黄冈地区,三级。

1673 年　清康熙十二年

均县:秋,大有年。(《襄阳府志》)　秋,大有年,先是六月大旱,田禾如焚,……大雨遍境,秋得丰收。(《均州志》)　六月旱。(《湖北通志》)

沔阳:大水。(《沔阳州志》)

黄州府属旱。(《湖北通志》)

红安:岁大祲,发赈饥存活无算。(《黄安乡土志》)

蕲春:旱灾。(《蕲州志》)

旱涝等级:郧、襄两地区,三级;荆州地区,三级;黄冈地区,四级。

1674 年　清康熙十三年

汉口:七月旱。(《夏口县志》)

郧县:秋七月大旱。(《清史稿》《湖北通志》)

竹溪:大旱。(《竹溪县志》)

宜昌:小河套水,自是年至十九年常水。(《湖北通志》)

京山:大旱。饥。(《京山县志》《湖北通志》)

沔阳:春淫雨城圮。(《沔阳州志》)

孝感:旱。(《孝感县志》)

汉川:汉江水溢,大水。(《湖北通志》)

汉阳:秋七月,旱。(《汉阳县志》《湖北通志》)

武昌:旱。(《湖北通志》)

大冶:秋旱。(《大冶县志》《湖北通志》)

红安:大旱。(《黄安县志》)　七月旱。(《清史稿》)

麻城:旱灾。(《麻城县志》)　七月旱。(《清史稿》)

罗田:七月旱。(《清史稿》《湖北通志》)

浠水：旱。（《浠水县简志》）

旱涝等级：郧、襄两地区，四级；恩、宜两地区，三级；荆州地区，四级；孝
感地区，三级；咸宁地区，三级；黄冈地区，四级。

1675年　清康熙十四年

湖北大有年。（《湖北通志》）
光化：夏秋汉水泛涨为患。（《光化县志》）
宜城：秋，湖北大有年。（《宜城县志》）
宜昌：大稔。（《东湖县志》《宜昌府志》）
监利：湖北大有年。（《监利县志》同治十一年，《监利县志》光绪三十四
年）
沔阳：秋大水。（《沔阳州志》）
蒲圻：大稔。（《蒲圻县志》）
红安：旱。（《黄安县志》）　七月旱。（《清史稿》）
罗田：七月旱。（《清史稿》《湖北通志》）

旱涝等级：郧、襄两地区，三级；恩、宜两地区，三级；荆州地区，三级；咸
宁地区，三级；黄冈地区，三级。

1676年　清康熙十五年

五月，武昌、大冶、蒲圻、黄陂、孝感、沔阳、广济、宜城、监利、黄冈、谷城
皆大水。（《湖北通志》）
宜城：正月汉水溢，漂没人畜禾稼房舍甚多。五月大水。（《清史
稿》）　大水。（《襄阳府志》）　秋汉水溢，破使风港弥漫，新河漂溺人畜房
屋禾稼无算。（《宜城县志》）
谷城：正月大水。（《清史稿》）　大水至城门外。（《襄阳府志》）
夏，钟祥大水，丁公庙、王家营、茅草岭俱溃。（《湖北通志》）

江陵:江决郝穴,人民多死。(《江陵县志》) 六月大水。(《清史稿》)

钟祥:五月大水溃堤,一工、二工、十六工内堤溃。(《钟祥县志》)

天门:五月大水。(《清史稿》《湖北通志》)

潜江:丁公庙、王家营……俱溃,河北大水。(《潜江县志续》) 正月大水。(《清史稿》)

沔阳:春淫雨三月,夏大水,溺死无算。(《沔阳州志》) 五月大水。(《清史稿》)

监利:江决郝穴,监利水。(《监利县志》同治十一年,《监利县志》光绪三十四年) 六月大水。(《清史稿》)

孝感:大水。(《孝感县志》) 五月大水。(《清史稿》)

黄陂:大水。(《黄陂县志》) 五月大水。(《清史稿》)

大冶:夏五月,霖雨大水。(《大冶县志》) 五月淫雨。(《清史稿》)

阳新:武昌等处十三州县大水。(《兴国州志》民国三十二年)

蒲圻:夏秋大水。(《蒲圻县志》) 五月大水。(《清史稿》)

鄂城:夏五月,大水。秋,复大水。(《武昌县志》)

黄冈:夏六月,大水。(《黄冈县志》《清史稿》)

广济:五月大水,六月江决,大水。(《清史稿》)

旱涝等级:郧、襄两地区,一级;荆州地区,二级;孝感地区,二级;咸宁地区,二级;黄冈地区,二级。

1677 年 清康熙十六年

郧县、郧西:大饥。(《郧西县志》《郧县志》)

宜城:三月,蝗生于城西黄宪冢、高官铺二处数十亩。至四月飞起蔽日。至河东去,不成灾。(《湖北通志》《宜城县志》《襄阳府志》) 四月,大风拔树,邑南河地方飘舟空中落二里外。(《宜城县志》)

钟祥:大有年。(《钟祥县志》《湖北通志》)

潜江:茅草岭复溃,河北大水。(《潜江县志续》《湖北通志》) 四月大

水。(《清史稿》)

　　汉川:大水。(《湖北通志》)

　　旱涝等级:郧、襄两地区,三级;荆州地区,三级;孝感地区,三级。

1678 年　清康熙十七年

　　郧、襄、谷等地更遭瘟疫,死者无算。(《房县志》)

　　荆门:大旱。(《荆门直隶州志》)

　　沔阳:秋大水。(《沔阳州志》《湖北通志》)

　　大冶:旱。(《大冶县志》《湖北通志》)

　　黄冈:大有年。(《黄冈县志》《湖北通志》)　夏旱。(《清史稿》)

　　旱涝等级:郧、襄两地区,三级;荆州地区,四级;咸宁地区,三级;黄冈地区,三级。

1679 年　清康熙十八年

　　宜都:大旱,五月至八月乃雨,民大饥。斗米银四钱。(《宜都县志》《荆州府志拾遗》)

　　枝江:大旱,次年斗米值银四钱。(《枝江县志》《荆州府志拾遗》)

　　长阳:大旱,五月至八月乃雨,民大饥。(《长阳县志》)　秋,大旱。(《湖北通志》)

　　巴东:夏秋俱旱,明年春复旱。(《宜昌府志》)

　　钟祥:大旱。(《钟祥县志》)　秋,大旱。(《湖北通志》)

　　潜江:八月堤决。(《清史稿》)　大水。(《湖北通志》)

　　沔阳:夏五月至冬十月不雨。(《沔阳州志》《湖北通志》)

　　公安:自五月至八月不雨,大旱。(《清史稿》)　旱。(《公安县志》《荆州府志拾遗》)

　　孝感:大旱,民饥。(《孝感县志》)　秋,大旱。(《湖北通志》)

安陆:大旱,湿草木俱枯。涢水断流。(《安陆县志》《安陆府志》) 秋,大旱。(《湖北通志》)

应城:秋大旱。(《应城县志》《湖北通志》)

黄陂:大旱。(《黄陂县志》) 秋,大旱。(《湖北通志》)

武昌:大旱。(《江夏县志》同治八年) 秋,大旱。(《湖北通志》)

大冶:旱。(《大冶县志》) 秋,大旱。(《湖北通志》)

阳新:江夏等十五州县大旱。(《江夏县志》同治八年,《兴国州志》民国三十二年)

蒲圻:旱。(《蒲圻县志》) 秋,大旱。(《湖北通志》)

黄冈:大旱。(《黄冈县志》) 秋,大旱。(《湖北通志》)

红安:旱灾。(《黄安县志》)自五月至八月不雨,大旱。(《清史稿》)

麻城:旱灾。(《麻城县志》) 旱。(《麻城县志》) 自五月至八月不雨,大旱。(《清史稿》)

罗田:自五月至八月不雨,大旱。(《清史稿》)

英山:大旱,五月不雨至于八月。(《英山县志》)

浠水:旱。(《浠水县简志》)

蕲春:旱灾。(《蕲州志》)

广济:秋,大旱。(《湖北通志》)

旱涝等级:恩、宜两地区,五级;荆州地区,四级;孝感地区,五级;咸宁地区,四级;黄冈地区,五级。

1680 年　清康熙十九年

南漳:岁大熟。(《南漳县志》)

夏,彝陵、宜都水。(《湖北通志》)

宜昌:峡江大水。(《东湖县志》) 六月大水。七月大水。(《清史稿》)

宜都:六月大水。(《清史稿》) 七月大水。(《荆州府志拾遗》《清史稿》)

钟祥:麦大稔。(《钟祥县志》《湖北通志》)

潜江:水入城,会城楼圮,居民溺死无算。(《湖北通志》)

松滋:大旱,麦禾尽槁。(《松滋县志》《荆州府志拾遗》《湖北通志》)

沔阳:春大饥。夏旱。秋七月大水。(《沔阳州志》)

应山:大旱。(《应山县志》《湖北通志》)

安陆:大饥。(《安陆县志》《湖北通志》)

应城:饥。(《应城县志》《湖北通志》)

黄陂:大饥。(《黄陂县志》)

武昌:春大饥。(《江夏县志》同治八年,《江夏县志》民国七年铅印)饥。(《湖北通志》)

大冶:三月大雨雹,形如砖块,自沼山而东至章山百余里,横五里许。麦陇成泥。击死兽畜无算。夏,民饥。(《大冶县志》)

英山:秋大稔。(《英山县志》)

广济:六月大水。(《清史稿》)

旱涝等级:郧、襄两地区,三级;恩、宜两地区,三级;荆州地区,四级;孝感地区,四级;咸宁地区,三级;黄冈地区,三级。

1681年 清康熙二十年

巴东:夏,五月,麦方熟。阻于霖雨未获。秋七月,县大水,漂没民居。(《湖北通志》《宜昌府志》)

枝江:大水。舟行小东门内。(《枝江县志》《荆州府志拾遗》)

江陵:夏,五月,麦方熟。阻于雨未获。江决黄潭。江陵、监利大水。田庐淹没,人民死者无算。(《江陵县志》《湖北通志》《荆州府志拾遗》) 五月大水。死者无算。(《清史稿》)

钟祥:秋,汉溢入城。(《钟祥县志》《湖北通志》)

沔阳:大水。(《湖北通志》) 夏大旱,六月疫,秋七月大水。(《沔阳州志》)

监利:五月大水。死者无算。(《湖北通志》《清史稿》） 江决黄潭水。(《监利县志》同治十一年)

大冶:十二月初九夜大雷电以雪。(《大冶县志》)

英山:冬,十二月冰雪雷电。(《英山县志》)

旱涝等级:恩、宜两地区,二级;荆州地区,一级;咸宁地区,三级;黄冈地区,三级。

1682 年　清康熙二十一年

枝江:五月,大水入城。(《清史稿》） 大水,舟行小东门内。(《枝江县志》《荆州府志拾遗》)

蒲圻:秋,大水。(《蒲圻县志》《湖北通志》)

鄂城:秋,大水。(《武昌县志》《湖北通志》)

广济:夏旱。(《湖北通志》） 水。(《湖北通志》)

旱涝等级:恩、宜两地区,二级;咸宁地区,三级;黄冈地区,三级。

1683 年　清康熙二十二年

房县:淫雨崩圮甚多。(《房县志》)

宜城:城疫。春夏,汉东山村大疫。(《宜城县志》《襄阳府志》)

武昌:春大雨,城内外俱浸。(《湖北通志》)

鄂城:春大雨,城内外俱浸。(《武昌县志》)

广济:水。(《湖北通志》)

旱涝等级:郧、襄两地区,二级;咸宁地区,二级;黄冈地区,三级。

1684 年　清康熙二十三年

秋,湖北大有年。(《湖北通志》《监利县志》同治十一年)

宜城:秋大稔。(《宜城县志》)

汉阳:六月旱。(《清史稿》)

蒲圻:大稔。(《蒲圻县志》)

鄂城:秋大有年。(《武昌县志》)

广济:水。(《湖北通志》)

旱涝等级:郧、襄两地区,三级;孝感地区,三级;咸宁地区,三级;黄冈地区,三级。

1685 年　清康熙二十四年

恩施:雨雹。(《恩施县志》《增修施南府志》)

荆州:夏大水。(《清史稿》)

江陵、钟祥、监利:夏大水。(《江陵县志》《监利县志》同治十一年,《监利县志》光绪三十四年,《荆州府志拾遗》《湖北通志》《清史稿》)

沔阳:水。(《沔阳州志》《湖北通志》)　夏大水。(《清史稿》)

公安:水。(《公安县志》《荆州府志拾遗》《湖北通志》)　夏大水。(《清史稿》)

孝感:旱。(《孝感县志》)　夏大水。(《湖北通志》《清史稿》)

黄陂:夏大水。(《清史稿》)

阳新:江夏等十六州县水,赈谷。本年钱粮均行蠲免。(《兴国州志》民国三十二年)

武昌:水,赈谷。(《江夏县志》同治八年)　夏大水。(《湖北通志》《清史稿》)

蒲圻:大水。(《蒲圻县志》)　夏大水。(《清史稿》)

通城:夏大水。(《清史稿》)

黄冈:大水。(《黄冈县志》《黄州府志》《湖北通志》)　夏大水。(《清史稿》)

麻城:大水。(《湖北通志》《黄州府志》)　夏大水。(《清史稿》)

罗田:大水。(《湖北通志》《黄州府志》) 夏大水。(《清史稿》)

浠水:水。(《蕲水县志》《浠水县简志》《湖北通志》) 大水。(《麻城县志》) 夏大水。(《清史稿》)

黄梅:大水。(《黄梅县志》《湖北通志》《黄州府志》) 夏大水。(《清史稿》)

广济:大水。(《黄州府志》《湖北通志》) 夏大水。(《清史稿》)

旱涝等级:恩、宜两地区,三级;荆州地区,二级;孝感地区,三级;咸宁地区,二级;黄冈地区,二级。

1686 年　清康熙二十五年

孝感:旱。(《孝感县志》) 七月旱。(《清史稿》)

蒲圻:谷贵。(《蒲圻县志》)

麻城:旱灾。(《麻城县志》) 旱灾诏免租税之半。(《麻城县志》) 七月旱。(《清史稿》)

红安:旱灾。(《黄安县志》) 七月旱。(《清史稿》)

蕲春:旱饥。(《蕲州志》)

旱涝等级:孝感地区,三级;黄冈地区,四级。

1687 年　清康熙二十六年

房县:秋大熟。(《房县志》) 大有年。(《湖北通志》)

沔阳:岁有秋。(《沔阳州志》) 大有年。(《湖北通志》)

英山:夏,蝗入境至秋大盛,忽降霖雨,数日俱尽。(《英山县志》)

旱涝等级:郧、襄两地区,三级;荆州地区,三级;黄冈地区,三级。

1688 年　清康熙二十七年

秋,汉阳、汉川、黄陂、孝感大有年。(《湖北通志》)

汉口:秋,大有年。(《湖北通志》)

黄陂:大有。(《黄陂县志》)

汉阳:秋,大有。(《汉阳县志》)

蒲圻:谷贵。(《蒲圻县志》)

旱涝等级:孝感地区,三级。

1689 年　清康熙二十八年

枝江:大旱。(《枝江县志》《荆州府志拾遗》)　旱,自五月至九月不雨。
(《清史稿》)

俞荆州所属被灾州县卫所本年钱粮未经征收。(《监利县志》光绪三十
四年)

钟祥:大旱。(《钟祥县志》)

潜江:春大饥。(《湖北通志》)

沔阳:岁有秋。(《沔阳州志》《湖北通志》)

石首:春夏旱至九月乃雨。民大饥。(《荆州府志拾遗》)　旱。(《湖北
通志》)　旱,自五月至九月不雨。(《清史稿》)

孝感:旱。(《孝感县志》《湖北通志》)

应城:夏秋大旱,草木俱枯,河水涸。(《应城县志》《安陆府志》《湖北通
志》《清史稿》)

蒲圻:旱。(《蒲圻县志》《湖北通志》)

通山:旱。(《湖北通志》)

通城:大旱,荒。(《通城县志》)

罗田:旱,自五月至九月不雨。(《清史稿》)

旱涝等级:恩、宜两地区,四级;荆州地区,四级;孝感地区,四级;咸宁
地区,四级;黄冈地区,四级。

1690 年　清康熙二十九年

四月,湖北全境旱。(《清史稿》)

郧西:大旱。(《郧西县志》《湖北通志》)

竹溪:大雪,平地四五尺,河水冻。(《清史稿》)　自夏徂秋大旱。(《竹溪县志》《湖北通志》《清史稿》)

房县:夏四月,大风拔木。(《房县志》)

随县:旱,诏赈谷米。(《随州志》)　夏,旱,饥。(《湖北通志》)

长阳:十一月大雪,树木冻绝,飞鸟坠地死。(《长阳县志》)

当阳:旱,饥。(《当阳县志》《湖北通志》)

枝江:大饥。(《枝江县志》)　旱,饥。(《湖北通志》《荆州府志拾遗》)

宜都:冬大雪,树木冻摧,飞鸟坠地死(《宜都县志》)　大雪,飞鸟坠地。(《清史稿》)

荆州、钟祥、荆门、潜江、沔阳、天门、京山、江陵、公安、石首、监利旱,饥。(《湖北通志》)

江陵:旱,饥。(《荆州府志拾遗》)　饥。(《江陵县志》《沔阳州志》)

沔阳:旱。(《江陵县志》《沔阳州志》)

公安、石首:旱,饥。(《公安县志》《荆州府志拾遗》)

钟祥:秋大熟。(《钟祥县志》《湖北通志》)

监利:水。(《监利县志》同治十一年,《监利县志》光绪三十四年)　旱,饥。(《荆州府志拾遗》)

庚午年,安陆旱饥,同武昌等三十五州县,赈济谷米。(《远安县志》《安陆府志》)

孝感:旱。(《孝感县志》《湖北通志》)

应山:大旱。(《应山县志》)　旱,饥。(《湖北通志》)

云梦:旱,饥。(《湖北通志》)

黄陂:旱,饥。(《黄陂县志》《湖北通志》)

汉川:夏旱,饥。(《湖北通志》)

汉阳:旱,饥。(《汉阳县志》)

武昌:夏四月,旱,饥。(《江夏县志》同治八年,《江夏县志》民国七年铅印)

蒲圻:饥。(《蒲圻县志》)

崇阳:夏旱,饥。(《崇阳县志》)

鄂城:旱,饥。(《武昌县志》)

黄冈:旱,饥。(《黄冈县志》《湖北通志》) 饥。(《黄州府志》)

红安:旱。(《黄安县志》) 饥。(《黄州府志》)

麻城:旱灾(诏免租税之半)。(《麻城县志》)

罗田:饥。(《黄州府志》) 旱,饥。(《湖北通志》)

浠水:旱。(《浠水县简志》《湖北通志》) 饥。(《蕲水县志》《黄州府志》)

蕲春:旱灾。(《蕲州志》《湖北通志》) 饥。(《蕲水县志》《黄州府志》)

黄梅:饥。(《黄州府志》) 旱,饥。(《湖北通志》)

广济:饥。(《黄州府志》) 旱,饥。(《湖北通志》)

旱涝等级:郧、襄两地区,四级;恩、宜两地区,四级;荆州地区,四级;孝感地区,四级;咸宁地区,四级;黄冈地区,五级。

1691年 清康熙三十年

郧西:大饥。(《郧西县志》)

房县:冬酷寒,河冰坚,竹木冻死。(《房县志》《湖北通志》《清史稿》)

钟祥:第三工内新庵堤溃。(《钟祥县志》)

沔阳:秋大有年。(《沔阳州志》《黄冈县志》)

潜江:冬桃李华。(《湖北通志》)

水决陈家套、大泽口、万善庵,汉川大水。(《湖北通志》)

孝感:白郭二乡多蝗。(《孝感县志》)

蒲圻:大有年。(《蒲圻县志》《湖北通志》) 三月三日及十三日下雪,

各县小牛多冻死。有一县仅存三头。(《蒲圻县乡土志》)

旱涝等级：郧、襄两地区，三级；荆州地区，三级；孝感地区，三级；咸宁地区，三级。

1692 年 清康熙三十一年

房县：春，三月大雪。四、五月瘟疫大行。(《房县志》)

沔阳：秋，大有年。(《沔阳州志》《湖北通志》)

孝感：旱。(《孝感县志》) 夏旱。(《清史稿》)

黄冈：夏大旱。(《黄冈县志》) 旱。(《黄州府志》)

英山：秋旱，……得雨不成灾。(《英山县志》)

浠水：旱。(《蕲水县志》《浠水县简志》《黄州府志》)

广济：大雪平地三四尺，湖冻弥月不开。(《广济县志》)

旱涝等级：郧、襄两地区，三级；荆州地区，三级；孝感地区，三级；黄冈地区，四级。

1693 年 清康熙三十二年

钟祥：大水溃堤。(《钟祥县志》《湖北通志》)

汉川：万善庵复溃，大水。(《湖北通志》)

大冶：旱。(《大冶县志》《清史稿》)

阳新：秋旱。(《清史稿》)

崇阳：旱，无收。(《崇阳县志》)

鄂城：旱，赈。(《武昌县志》)

黄冈：夏大旱。(《黄冈县志》) 旱。(《黄州府志》)

红安：旱。(《黄安县志》)

浠水：旱。(《蕲水县志》《浠水县简志》《黄州府志》)

蕲春：旱。(《蕲州志》《黄州府志》)

黄梅:旱。(《黄州府志》)

广济:旱。(《黄州府志》)

旱涝等级:荆州地区,三级;孝感地区,三级;咸宁地区,四级;黄冈地区,四级。

1694 年　清康熙三十三年

沔阳:秋,大有年。(《沔阳州志》《湖北通志》)

武昌:秋旱。(《清史稿》)

蒲圻:旱。(《蒲圻县志》)

大冶:秋旱。(《清史稿》)

阳新:秋旱。(《清史稿》)

鄂城:旱。(《武昌县志》)　秋旱。(《清史稿》)

黄冈等州县旱。(《黄州府志》)

黄冈:旱。(《黄冈县志》)　秋旱。(《清史稿》)

红安:秋旱。(《清史稿》)

英山:旱。(《英山县志》)

浠水:旱。(《蕲水县志》《浠水县简志》《黄州府志》)　秋旱。(《清史稿》)

黄梅:旱。(《黄州府志》)

蕲春:旱。(《蕲水县志》《蕲州志》《黄州府志》)

广济:旱。(《黄州府志》)　秋旱。(《清史稿》)

旱涝等级:荆州地区,三级;咸宁地区,四级;黄冈地区,四级。

1695 年　清康熙三十四年

房县:春二月雷电雨雪。夏五月淫雨伤麦。秋大熟。(《房县志》)　五月淫雨伤麦。(《清史稿》)

沔阳:秋大有年。(《沔阳州志》《湖北通志》)

公安:水。(《荆州府志拾遗》《湖北通志》)　五月水。(《清史稿》)

旱涝等级:郧、襄两地区,三级;荆州地区,三级。

1696 年　清康熙三十五年

汉口:秋,大水。(《夏口县志》)

枝江:七月十日大水入城,十五日方退。南北大小堤同日溃决。居民漂荡庐舍如洗。(《枝江县志》《荆州府志拾遗》《清史稿》)

宜都:秋,大雨,江水大涨。(《宜都县志》《荆州府志拾遗》)

江陵:七月,黄潭堤决,江陵大水。(《江陵县志》《荆州府志拾遗》《清史稿》《湖北通志》)　江决黄潭堤。沔阳一带尽淹。(《湖北通志》)

钟祥:大水。(《钟祥县志》《湖北通志》)

沔阳:秋,七月大水。(《沔阳州志》)

监利:秋,水灾。(《监利县志》同治十一年,《监利县志》光绪三十四年,《湖北通志》)

孝感:大水。(《孝感县志》)

黄陂:秋,水。(《湖北通志》《黄陂县志》)　七月大水。(《清史稿》)

汉川:水。(《湖北通志》)

汉阳:秋,大水。(《汉阳县志》《湖北通志》)

武昌:大水。(《江夏县志》同治八年,《江夏县志》民国七年铅印)　七月水决。(《清史稿》)

蒲圻:大水。(《蒲圻县志》《湖北通志》)　七月大水。(《清史稿》)

大冶:大水。(《大冶县志》)

崇阳:七月大水。(《清史稿》)　大雨水三日,四城俱浸。(《湖北通志》)　七月初十日,溪溢四城巨浸,三日始退。(《崇阳县志》)

通城:大水。(《通城县志》《湖北通志》)

鄂城:八月大水。(《武昌县志》《湖北通志》)

黄冈：秋，八月大水。（《黄冈县志》《湖北通志》《清史稿》）

旱涝等级：恩、宜两地区，二级；荆州地区，二级；孝感地区，二级；咸宁地区，二级；黄冈地区，三级。

1697 年　清康熙三十六年

郧西：大饥。（《郧西县志》《湖北通志》）

房县：大熟。（《房县志》《湖北通志》）

宜城：大旱。（《宜城县志》）

远安：饥。（《远安县志》）

长阳：有秋，禾谷倍登。（《长阳县志》《湖北通志》）

枝江：大水。溃东咀堤。（《枝江县志》《湖北通志》《荆州府志拾遗》）

宜都：有秋。（《宜都县志》《湖北通志》）　大熟。（《荆州府志拾遗》）

江陵、沔阳、潜江、监利及荆门、荆左、荆右饥。（《湖北通志》）

江陵、沔阳：饥。（《江陵县志》《沔阳州志》《荆州府志拾遗》）

监利：水。（《监利县志》同治十一年，《监利县志》光绪三十四年）　饥。（《荆州府志拾遗》）

蒲圻：大有年。（《蒲圻县志》《湖北通志》）

红安：闰三月大雨雹。（《黄安县志》）

旱涝等级：郧、襄两地区，四级；恩、宜两地区，三级；荆州地区，三级；咸宁地区，三级；黄冈地区，三级。

1698 年　清康熙三十七年

房县：八月淫雨伤稼。（《清史稿》）　六月旱。秋八月淫雨，人牛俱瘟。（《房县志》《湖北通志》）

松滋：夏五月，旱。（《松滋县志》）　大旱。（《荆州府志拾遗》）

应城：大旱。（《应城县志》《应山县志》《湖北通志》）

旱涝等级:郧、襄两地区,二级;荆州地区,四级;孝感地区,四级。

1699 年　清康熙三十八年

秋,随州、钟祥、荆门、京山、应山、安陆、应城、大冶等州县,武昌、武左、德安等卫所,大旱。(《湖北通志》)

房县:三月旱,夏阴霜,秋雨雪。年饥,人牛瘟更甚。(《房县志》《湖北通志》)

随县:旱。(《随州志》)

钟祥:旱。(《钟祥县志》)

沔阳:八月大水。(《清史稿》《湖北通志》)　水。(《沔阳州志》)

安陆:秋,安陆同钟祥等八州县,武昌等三卫所奉旨赈谷。(《远安县志》《安陆府志》)

黄陂:三月旱。(《清史稿》)

大冶:大旱。(《大冶县志》)

鄂城:秋旱。(《清史稿》)

旱涝等级:郧、襄两地区,四级;荆州地区,四级;孝感地区,四级;咸宁地区,四级。

1700 年　清康熙三十九年

房县:春,三月热旱后得雨,反瘟疫流行。(《房县志》《湖北通志》)

宜昌:大水,入文昌门内。(《宜昌府志》《东湖县志》《湖北通志》)

沔阳:水。(《沔阳州志》)

黄冈:春大雨。(《黄冈县志》)

旱涝等级:郧、襄两地区,三级;恩、宜两地区,二级;荆州地区,三级;黄冈地区,三级。

1701年　清康熙四十年

房县：秋，八月、九月，淫雨损稼。（《房县志》）

钟祥：麦大稔，大有年。（《钟祥县志》《湖北通志》）

沔阳：大有年。（《沔阳州志》《湖北通志》）

蒲圻：大有年。（《蒲圻县志》《湖北通志》）

黄冈：夏六月大水。（《黄冈县志》）

英山：五月大水。（《英山县志》）

旱涝等级：郧、襄两地区，二级；荆州地区，三级；咸宁地区，三级；黄冈地区，三级。

1702年　清康熙四十一年

房县：春雷，雨雪，大寒。人畜灾。（《房县志》）

沔阳：水。（《沔阳州志》《湖北通志》）

英山：五月十八日夜，山水暴涨，死居民二十余人，田地俱为沙渍，至今多成废土。（《英山县志》）　五月大水。（《清史稿》）

罗田：水入城。（《湖北通志》）

旱涝等级：郧、襄两地区，三级；荆州地区，三级；黄冈地区，二级。

1703年　清康熙四十二年

房县：春雨雪，大寒。（《清史稿》）

枝江：五月大风拔树，震屋，雨雹损禾，飘掷禾车数里外。（《枝江县志》《荆州府志拾遗》）

江陵：五月大水。（《湖北通志》《清史稿》）　水。（《江陵县志》《荆州府志拾遗》）

沔阳：水，大饥。（《沔阳州志》）　水。（《湖北通志》）

潜江:水。(《湖北通志》)

监利:秋,水灾。(《监利县志》同治十一年) 五月大水。(《清史稿》《湖北通志》) 水。(《监利县志》光绪三十四年,《荆州府志拾遗》)

旱涝等级:郧、襄两地区,三级;恩、宜两地区,三级;荆州地区,二级。

1704 年　清康熙四十三年

荆襄宜城等处大饥。(《宜城县志》)

兴山:蛟起东关外潭中,坏民舍田禾。(《兴山县志》《宜昌府志》)

二月,潜江、天门、沔阳、监利等州县并沔阳卫水。(《湖北通志》)

天门:二月大水。(《清史稿》)

潜江:甲申楚北诸郡淫雨、降水,互相杀稼,于潜江更甚。流殍载道,死亡至空村舍幸。(《潜江县志续》)

监利:秋,水灾。(《监利县志》同治十一年) 五月大水。(《清史稿》) 水。(《监利县志》光绪三十四年,《荆州府志拾遗》)

沔阳:秋,七、八月淫雨。九月水。(《沔阳州志》) 二月大水。(《清史稿》)

汉川、汉阳:五月大水。(《清史稿》)

武昌:五月旱。(《江夏县志》同治八年,《江夏县志》民国七年铅印,《湖北通志》)

旱涝等级:恩、宜两地区,二级;荆州地区,一级;孝感地区,三级;咸宁地区,三级。

1705 年　清康熙四十四年

汉口:水,旱灾。(《夏口县志》)

随县:涢水溢,入玉波门,坏居民房舍。(《随州志》《湖北通志》《安陆府志》《清史稿》)

宜城:大水。(《宜城县志》)

当阳:大水。(《当阳县志》《湖北通志》《清史稿》)

潜江、天门、沔阳、监利并沔阳、荆州、荆左、荆右四卫水。(《湖北通志》)

天门:十一月大水。(《清史稿》)

潜江:十一月大水。(《清史稿》)

沔阳:水。冬大疫。(《沔阳州志》)　十一月大水。(《清史稿》)

监利:水。(《监利县志》同治十一年,《监利县志》光绪三十四年,《荆州府志拾遗》)　十一月大水。(《清史稿》)

汉川:十一月大水。(《清史稿》)　水。(《湖北通志》)

汉阳:水。(《汉阳县志》《湖北通志》)

武昌:夏,大水淫雨,禾苗生耳。(《江夏县志》民国七年铅印)　水,蠲赋赈谷,夏大水淫雨,禾苗生耳。(《江夏县志》同治八年)　十一月淫雨害稼。大水。(《清史稿》)

蒲圻:大水。(《蒲圻县志》)

崇阳:四月初五雨雹,狂风拔木。(《崇阳县志》)

通城:大水。(《通城县志》)

罗田:四月旱。(《清史稿》)　春旱。(《湖北通志》)

旱涝等级:郧、襄两地区,二级;恩、宜两地区,三级;荆州地区,三级;孝感地区,三级;咸宁地区,二级;黄冈地区,三级。

1706年　清康熙四十五年

郧西、江陵、荆门、钟祥、京山、天门、潜江、沔阳、监利、汉川等州县并沔阳、荆左、荆右三卫饥。(《湖北通志》)

郧县:饥。(《郧县志》)

房县:夏旱秋涝,虫食稻尽。瘟疫大行,居民采蕨而食。钱粮蠲免。(《房县志》)

谷城:大水至城门。(《襄阳府志》) 大水。(《湖北通志》《清史稿》)

江陵:饥。(《江陵县志》)

钟祥:大水决堤。(《钟祥县志》《湖北通志》《清史稿》) 第四工内浪台观及十一工内堤溃。(《钟祥县志》) 大水。(《清史稿》)

监利:水。(《监利县志》同治十一年,《监利县志》光绪三十四年) 饥。(《荆州府志拾遗》)

荆门:荆门州饥。同各州县,赈谷有差。(《荆门直隶州志》)

天门:大水。(《清史稿》)

沔阳:水,大饥,大疫。(《沔阳州志》)

大冶:大水。(《大冶县志》《湖北通志》)

蒲圻:春夏大疫。(《枝江县志》)

崇阳:旱,连岁人多疫。(《崇阳县志》)

鄂城:大水。(《武昌县志》《湖北通志》)

黄冈:夏五月大雨,江水骤涨五尺。西阳河、马家潭蛟见。姚二渡筒堤缺口,西瓜铺、鱼博、但家店、诸山市,民居漂没,有溺者。(《黄冈县志》)

罗田:大水。(《湖北通志》)

旱涝等级:郧、襄两地区,二级;荆州地区,二级;咸宁地区,三级;黄冈地区,二级。

1707 年　清康熙四十六年

宜城:水。(《宜城县志》)

房县:虫荒疫。死甚众。(《房县志》《湖北通志》)

钟祥:大水,决堤。(《钟祥县志》《湖北通志》)

沔阳:春仍疫至夏乃止。秋九月水,河湖溪塘水忽跳跃数尺,半时乃已。(《沔阳州志》)

公安:水,大疫。(《公安县志》《荆州府志拾遗》《湖北通志》)

石首:大水。石墨山庙堤溃,冲决黄金堤,水入城。官舍仓库俱浸。

（《湖北通志》《荆州府志拾遗》）

黄陂：夏旱。（《湖北通志》）

旱涝等级：郧、襄两地区，三级；荆州地区，二级；孝感地区，三级。

1708 年　清康熙四十七年

汉口：水、旱灾。（《夏口县志》）

郧县、郧西、房县、保康等州县水旱灾。（《房县志》）

郧县：饥。（《郧县志》）

保康：大饥。（《保康县志》）

江陵：水旱灾。（《江陵县志》《荆州府志拾遗》）　七月大水。（《清史稿》）

潜江：五月大水。（《清史稿》）

公安：大疫。（《湖北通志》《公安县志》《荆州府志拾遗》）

沔阳：水灾，大饥。（《沔阳州志》）

监利：夏，水灾。（《监利县志》同治十一年）　水。（《监利县志》光绪三十四年）

汉阳：水旱灾。（《汉阳县志》）

武昌：水旱灾。（《江夏县志》同治八年）大水。（《江夏县志》民国七年铅印）

蒲圻：大水。谷贵。民复病疫。（《蒲圻县志》《湖北通志》）

大冶：大水。（《大冶县志》《湖北通志》）

阳新：江夏等十一州县并武昌等四卫水旱灾，蠲赋赈谷。（《兴国州志》民国三十二年）

黄冈：秋旱。（《黄冈县志》《清史稿》）

英山：夏，五月大水。（《英山县志》）

鄂城：大水。（《武昌县志》《湖北通志》）

蕲春：旱灾。（《黄州府志》）

广济、黄梅:旱灾。(《黄州府志》)

旱涝等级:郧、襄两地区,三级;荆州地区,二级;孝感地区,三级;咸宁地区,二级;黄冈地区,四级。

1709 年　清康熙四十八年

汉口:水。(《夏口县志》)

光化:五月大水。(《清史稿》)

江陵、荆门、天门、潜江、沔阳、监利等州县水。京山聂家滩决。(《湖北通志》)

江陵:水。(《江陵县志》《荆州府志拾遗》)　五月大水。(《清史稿》)

荆门:荆门水,同各州县赈谷有差。(《荆门直隶州志》)　五月大水。(《清史稿》)

潜江:聂家滩堤溃,河北大水。(《潜江县志续》)　五月大水。(《清史稿》)

沔阳:水。(《沔阳州志》)

监利:水。(《监利县志》同治十一年,《监利县志》光绪三十四年,《荆州府志拾遗》)　五月大水。(《清史稿》)

汉阳、汉川、孝感、应山水。(《湖北通志》)　孝感、应城、汉阳、汉川五月大水。(《清史稿》)

孝感:大水。(《孝感县志》)

应城:大水。(《应城县志》《应山县志》)　五月大水。(《清史稿》)

汉阳:水。(《汉阳县志》)

鄂城:大水。(《武昌县志》)

黄州:秋旱。(《黄州府志》)

黄冈:秋旱。(《黄州府志》)

旱涝等级:郧、襄两地区,三级;荆州地区,二级;孝感地区,二级;咸宁地区,三级;黄冈地区,三级。

1710 年　清康熙四十九年

谷城:大旱。(《湖北通志》)

枝江:七月旱。(《清史稿》)

潜江:官庄院堤溃。(《潜江县志续》)

德安府:七月旱。(《清史稿》)

崇阳:十一月大水。(《清史稿》)　水。(《湖北通志》)

罗田:七月旱。(《清史稿》)

　　旱涝等级:郧、襄两地区,四级;恩、宜两地区,三级;荆州地区,三级;孝感地区,三级;咸宁地区,三级;黄冈地区,三级。

1711 年　清康熙五十年

宜城:大饥,斗米千钱。(《宜城县志》)

应城:七月旱。(《清史稿》)

　　旱涝等级:郧、襄两地区,三级;孝感地区,三级。

1712 年　清康熙五十一年

宜城:秋飞蝗蔽日,禾苗全尽。岁大饥。(《宜城县志》)

枝江:大旱。(《枝江县志》《荆州府志拾遗》)　旱。(《湖北通志》)

应城:大旱。(《应城县志》《安陆府志》)　旱。(《湖北通志》)

通城:大水。(《通城县志》《湖北通志》)

黄冈:春二月雨雹毙物,大风伐屋。秋大熟。(《黄冈县志》)

罗田:旱。(《湖北通志》)

　　旱涝等级:郧、襄两地区,四级;恩、宜两地区,四级;孝感地区,四级;咸宁地区,三级;黄冈地区,三级。

1713 年　清康熙五十二年

荆门:大有年。(《荆门直隶州志》《湖北通志》)

罗田:大有年。(《湖北通志》)

广济:水。(《湖北通志》)

旱涝等级:荆州地区,三级;黄冈地区,三级。

1714 年　清康熙五十三年

汉口:水旱灾。(《夏口县志》)

郧西:六月戊寅大水,五里汲浪天河水高十余丈,至石门亭潴弥时乃决,飘没民居甚众。(《郧西县志》《湖北通志》)

宜城:夏六月水。(《宜城县志》)

枝江:大水,决下百里洲堤。(《枝江县志》《湖北通志》《荆州府志拾遗》)

江陵:文村堤决。(《江陵县志》《湖北通志》《荆州府志拾遗》)

沔阳:大水。(《沔阳州志》)

监利:江决文村,监利水。(《监利县志》同治十一年,《监利县志》光绪三十四年)

孝感:水旱灾。(《孝感县志》)

黄陂:水旱灾。(《黄陂县志》)

应城:秋旱。(《应城县志》《安陆府志》《湖北通志》)

汉阳:水旱灾。(《汉阳县志》)

蒲圻:秋旱。(《郧县志》《湖北通志》)

阳新:嘉鱼等十四州县,并武昌等六卫水旱灾,蠲赋赈谷。(《兴国州志》民国三十二年)

鄂城:大水。(《武昌县志》)

黄冈:夏旱。(《黄冈县志》)

罗田:水。(《湖北通志》)

旱涝等级:郧、襄两地区,二级;恩、宜两地区,三级;荆州地区,三级;孝感地区,三级;咸宁地区,三级;黄冈地区,三级。

1715年　清康熙五十四年

汉口:水。(《夏口县志》)

枝江:大水。(《枝江县志》《湖北通志》《荆州府志拾遗》《清史稿》)

沔阳:大水。(《沔阳州志》)　沔阳三卫水。(《湖北通志》)

汉阳:水。(《汉阳县志》《湖北通志》)

汉川:水。(《湖北通志》)

武昌:水。蠲赋赈谷。(《江夏县志》同治八年)　春,七州县大水。(《清史稿》)

春,江夏、嘉鱼并武昌、武左两卫水。(《湖北通志》)

蒲圻:秋大熟。(《蒲圻县志》)

鄂城:大水。(《武昌县志》)

黄冈:五十四年至五十九年,秋大熟。(《黄冈县志》)

罗田:旱。(《湖北通志》)

旱涝等级:恩、宜两地区,三级;荆州地区,三级;孝感地区,三级;咸宁地区,二级;黄冈地区,三级。

1716年　清康熙五十五年

汉口:水。(《夏口县志》)

江陵、天门、潜江、沔阳、监利等州县并沔阳、荆州、荆左三卫水。(《湖北通志》)

江陵:三月大水。(《清史稿》)　夏水灾。(《监利县志》同治十一年,

《监利县志》光绪三十四年) 水。(《江陵县志》《荆州府志拾遗》)

　　天门:五月大水。(《清史稿》)

　　监利:夏,水灾。(《监利县志》同治十一年,《监利县志》光绪三十四年)
三月大水。(《清史稿》) 水。(《荆州府志拾遗》)

　　沔阳:大水。(《沔阳州志》)

　　孝感:大水。(《孝感县志》)

　　汉阳:水。(《汉阳县志》《湖北通志》)

　　汉川:水。(《湖北通志》)

　　蒲圻:大水。城市行舟,低田尽淹没。(《蒲圻县志》)

　　武昌:水。蠲赋赈谷。(《江夏县志》同治八年,《湖北通志》)

　　大冶:大水。(《大冶县志》)

　　嘉鱼、蒲圻:水。(《湖北通志》)

　　崇阳:大水冲淤田地。(《崇阳县志》) 五月大水。(《清史稿》)

　　鄂城:大水。(《武昌县志》)

　　罗田:有年。(《湖北通志》)

　　黄梅、广济:水。(《黄州府志》) 三月大水。(《清史稿》)

　　旱涝等级:荆州地区,二级;孝感地区,三级;咸宁地区,二级;黄冈地
区,三级。

1717 年　清康熙五十六年

竹溪:大熟。(《竹溪县志》《湖北通志》)

公安:春,大风伐屋。(《公安县志》《荆州府志拾遗》)

　　旱涝等级:郧、襄两地区,三级;荆州地区,三级。

1718 年　清康熙五十七年

随县、钟祥、荆门、京山、潜江、孝感、应山、安陆、云梦、应城等州县并武

左、德安、荆州、荆左、荆右等卫所旱。（《湖北通志》）

房县：六月大寒如冬。（《清史稿》）

光化：三月大水。（《清史稿》）

随县：旱。（《随州志》）

荆门：旱。（《荆门直隶州志》）

黄陂：旱。（《黄陂县志》） 秋大水。（《清史稿》）

应城：大旱。（《应城县志》《安陆府志》）

蒲圻：大有年。（《蒲圻县志》《湖北通志》）

崇阳：六月十一日雨雹，大木多折。大水。秋旱无收。（《崇阳县志》）
六月大水，秋旱。（《清史稿》）

黄冈：冬十二月雷电雨雪。（《黄冈县志》）

旱涝等级：郧、襄两地区，三级；荆州地区，三级；孝感地区，四级；咸宁
地区，三级；黄冈地区，三级。

1719 年　清康熙五十八年

光化：城北诸山河水大溢，高地数尺。（《光化县志》） 大水。（《湖北
通志》《襄阳府志》）

南漳：蝗。（《湖北通志》）

沔阳：大有年。（《沔阳州志》《黄冈县志》）

旱涝等级：郧、襄两地区，三级；荆州地区，三级。

1720 年　清康熙五十九年

汉口：水。（《夏口县志》）

宜城：夏大水。（《宜城县志》）

沔阳：六月大水。（《沔阳州志》《湖北通志》《清史稿》）

石首：夏六月，大水。墨水庙堤又溃，冲黄金堤，居民漂没无算。（《湖

北通志》《荆州府志拾遗》《清史稿》)

孝感:汉阳等五州县水,蠲。(《孝感县志》)

汉阳:水。(《汉阳县志》《湖北通志》) 六月大水。(《清史稿》)

汉川:六月大水。(《湖北通志》《清史稿》)

蒲圻:六月大水。(《蒲圻县志》《清史稿》)

旱涝等级:郧、襄两地区,三级;荆州地区,二级;孝感地区,二级;咸宁地区,三级。

1721 年　清康熙六十年

竹溪:秋大水。(《湖北通志》)

房县:夏,大旱。河水绝流,五谷苗槁,邑民俱采蕨根食之。(《房县志》《湖北通志》) 七月旱。(《清史稿》)

沔阳:大有年。(《沔阳州志》《湖北通志》)

黄冈:秋旱。(《黄冈县志》) 七月旱。(《清史稿》)

红安:大水,南门内行舟。(《黄安县志》)

旱涝等级:郧、襄两地区,四级;荆州地区,三级;黄冈地区,二级。

1722 年　清康熙六十一年

当阳:旱。(《当阳县志》《湖北通志》)

江陵:旱。(《江陵县志》《荆州府志拾遗》《清史稿》《湖北通志》)

钟祥:旱。(《湖北通志》《清史稿》)

荆门:旱。(《荆门直隶州志》《湖北通志》《清史稿》)

通城:大有年。(《通城县志》《湖北通志》)

黄冈:秋大熟。(《黄冈县志》)

麻城:八月大水。冲城垣百余丈,坏民舍无数。(《麻城县志》)

旱涝等级：恩、宜两地区，三级；荆州地区，三级；咸宁地区，三级；黄冈地区，二级。

1723 年　清雍正元年

房县：大水。自西门入城，平地深数尺，冲没民舍田地，旬日方消，伤人亦多，是岁大饥。瘟疫流行。（《房县志》）　夏大水。（《清史稿》）

保康：水溢。（《保康县志》《湖北通志》）　夏水溢。（《清史稿》）

当阳：大旱。（《当阳县志》《湖北通志》）

宜都：大旱。自四月至六月不雨。（《湖北通志》《荆州府志拾遗》）

沔阳：岁大有秋。（《沔阳州志》）

蒲圻：秋旱。（《蒲圻县志》）　夏旱。（《湖北通志》）

麻城：积雨，无麦苗。（《麻城县志》）　三月淫雨伤麦。（《清史稿》）

旱涝等级：郧、襄两地区，二级；恩、宜两地区，四级；荆州地区，三级；黄冈地区，三级。

1724 年　清雍正二年

五月，郧、襄十三县山水漫堤。（《湖北通志》《宜城县志》）

郧县：夏五月山水漫堤。（《郧县志》）

房县：五月大水入城，漂没民居甚多。（《清史稿》）

光化：夏五月汉水溢，啮城堤，伤人民禾稼。（《光化县志》）　五月汉水溢，伤人畜禾稼。（《清史稿》）

谷城：五月大水，一月始退。（《清史稿》《襄阳府志》）

潜江、天门、沔阳、江陵等州县水。（《湖北通志》）

江陵：水。（《江陵县志》《荆州府志拾遗》）　五月大水。（《湖北通志》《清史稿》）

钟祥：大水溃堤。一工陈家套及四工内堤溃。（《钟祥县志》）　五月大水堤决。（《清史稿》）

潜江:钟邑堤溃,河北大水。(《潜江县志续》) 五月大水入城。(《清史稿》)

沔阳:水。(《沔阳州志》) 五月大水。(《清史稿》)

天门:五月,大水入城。(《清史稿》)

红安:施粥赈饥。(《黄安乡土志》)

英山:饥。(《英山县志》)

旱涝等级:郧、襄两地区,一级;荆州地区,二级;黄冈地区,三级。

1725 年　清雍正三年

汉口:大有年。(《夏口县志》)

竹溪:七月大水,阴雨一月有余。房舍民田皆淹没。(《竹溪县志》)

房县:春,大旱。(《房县志》《湖北通志》)

沔阳:秋水。(《沔阳州志》《湖北通志》)

孝感、黄陂、汉阳、汉川大有年。(《湖北通志》《黄陂县志》《汉阳县志》)

大冶:大有年。(《大冶县志》) 秋大水。(《湖北通志》)

蒲圻:秋旱,谷贵。(《蒲圻县志》)

鄂城:大有年。(《武昌县志》《湖北通志》)

英山:大有年。(《英山县志》)

浠水:旱。(《湖北通志》)

蕲春:大熟。(《蕲州志》)

广济:秋,大有年。(《湖北通志》)

旱涝等级:郧、襄两地区,二级;荆州地区,三级;孝感地区,三级;咸宁地区,三级;黄冈地区,三级。

1726 年　清雍正四年

江陵、潜江、沔阳、监利、黄陂、应城、汉阳、汉川、武昌、嘉鱼、江夏、蕲州

并武昌、武左、沔阳、荆州、荆左、荆右等卫所水。(《湖北通志》)

汉口:大水。(《夏口县志》)

房县:五谷丰收。(《荆州府志拾遗》《清史稿》) 有年。(《湖北通志》)

江陵:六月大水。(《清史稿》《荆州府志拾遗》) 大水。(《江陵县志》《荆州府志拾遗》)

天门:六月大水,陆地行舟。(《清史稿》)

沔阳:夏大水,民大饥。(《沔阳州志》)

监利:大水,夏,水灾。(《监利县志》同治十一年,《监利县志》光绪三十四年,《荆州府志拾遗》) 六月大水。(《清史稿》)

孝感:大水。(《孝感县志》)

应城:夏大水。(《应城县志》《应山县志》) 六月大水。(《清史稿》)

黄陂:大水。(《黄陂县志》) 七月大水。(《清史稿》)

汉阳:七月大水。(《清史稿》)

汉川:七月大水。(《清史稿》)

武昌:大水。(《江夏县志》同治八年,《江夏县志》民国七年铅印) 七月大水。(《清史稿》)

大冶:大水。(《大冶县志》)

阳新:江夏等十二州县并武昌等六卫大水。蠲赋赈米。(《兴国州志》民国三十二年)

蒲圻:大水。(《蒲圻县志》)

崇阳:七月蛟起,水浸入城。(《崇阳县志》《清史稿》)

通城:夏,山水暴涨,淹没民房冲坏朝宗桥,并桥边寺。(《通城县志》)

鄂城:大水。(《武昌县志》)

黄冈:夏大水。(《黄冈县志》) 六月大水。(《清史稿》)

英山:旱,三月不雨至五月。(《英山县志》) 五月旱。(《清史稿》)

蕲春:大水,江水泛滥田亩浸没。(《蕲州志》) 六月江水高起丈余。(《清史稿》)

黄梅:大水。(《黄梅县志》《黄州府志》) 六月大水。(《清史稿》)

旱涝等级:郧、襄两地区,三级;荆州地区,二级;孝感地区,二级;咸宁地区,二级;黄冈地区,二级。

1727 年　清雍正五年

潜江、沔阳并武昌荆州各卫所大水。(《湖北通志》)

汉口:春大雨兼旬,江水溢灾。(《夏口县志》)

郧西:淫雨,自六月至于九月。(《湖北通志》)

当阳:春大雨浃旬,水潦无麦。(《当阳县志》)　大水。(《湖北通志》)

枝江:淫雨三月,二麦泡烂。秋禾莫薪。(《枝江县志》《湖北通志》《荆州府志拾遗》)　逃散四方者,日以千数。斗米值钱五百文。冬大疫,六年春月益甚,道殣相望,尸填沟壑。(《枝江县志》《荆州府志拾遗》)

荆州:堤决。(《清史稿》)

江陵:夏水灾。(《监利县志》光绪三十四年)　饥。米价昂贵。(《江陵县志》《荆州府志拾遗》)

钟祥:二月淫雨至四月不止,坏城郭。居民大疫。竹尽花。(《钟祥县志》)　二月雨至四月交绝。(《清史稿》《湖北通志》)

荆门:大水。(《荆门直隶州志》)　五月大水。(《清史稿》)

潜江:荆门州沙洋铁牛寺堤溃。修筑不时,三湖一带尽淤成田。(《潜江县志续》)　大水。(《清史稿》)

沔阳:春夏淫雨不止,无麦。大水。饥。大疫。(《沔阳州志》)

公安:大水,七月大水。(《公安县志》《荆州府志拾遗》《湖北通志》《清史稿》)

监利:夏,水灾。(《监利县志》同治十一年,《监利县志》光绪三十四年)

石首:大水。(《荆州府志拾遗》)　七月大水。(《清史稿》)

黄陂:雍正四、五年迭遭水患,城复圮。(《黄陂县志》)

安陆:堤决。(《清史稿》)

汉阳:春大雨兼旬,汉江水溢,汉阳县灾。(《汉阳县志》)　大水。(《清史稿》)

咸宁：大水。（《湖北通志》）

大冶：大水。（《大冶县志》）

阳新：兴国等六州县并武昌等八卫大水。蠲赋。（《兴国州志》民国三十二年）

蒲圻：春夏大水，没城，长堤决，麦无收，谷贵，每石一两余。（《蒲圻县志》）　大水。（《湖北通志》）

崇阳：二月谷价腾贵，银一两一石。（《崇阳县志》）

通城：大疫。自五月初五日旱，至九月二十七日始雨。谷贵。（《通城县志》）

鄂城：大水。（《武昌县志》）　堤决。（《清史稿》）

黄冈：夏大水。秋大疫。（《黄冈县志》）　大水。（《黄州府志》）　五月大水。（《清史稿》）

罗田：七月大水。（《清史稿》）

浠水：水。（《蕲水县志》《浠水县简志》）

蕲春：五月大水。七月江水涨。（《清史稿》）　大水。（《黄州府志》）

黄梅：二十八日洪水汛涨。（《黄梅县志》）　水灾。（《湖北通志》《黄州府志》）

广济：大水。（《黄州府志》）　五月大水。七月大水。（《清史稿》）

旱涝等级：郧、襄两地区，二级；恩、宜两地区，二级；荆州地区，一级；孝感地区，二级；咸宁地区，一级；黄冈地区，二级。

1728 年　清雍正六年

春，湖北麦大熟。（《湖北通志》）

郧西：夏六月，淫雨至秋九月乃霁。（《郧西县志》）

宜城：春麦有秋。（《宜城县志》）

宜昌：大疫。（《湖北通志》《宜昌府志》《东湖县志》）

长阳：大疫。（《巴东县志》《湖北通志》《长阳县志》）

荆门:疫。(《湖北通志》) 春,民疫。(《荆门直隶州志》)

潜江:大水。(《潜江县志续》《湖北通志》《清史稿》)

沔阳:夏五月大水,城内行舟。民饥多疫。(《沔阳州志》《湖北通志》)

蒲圻:春夏民病。秋大熟。(《蒲圻县志》) 疫。(《湖北通志》)

崇阳:人畜多灾。(《崇阳县志》) 大水。(《清史稿》)

通城:饥。(《湖北通志》)

鄂城:旱。时疫流行。(《武昌县志》《湖北通志》)

旱涝等级:郧、襄两地区,二级;恩、宜两地区,三级;荆州地区,二级;咸宁地区,三级。

1729 年 清雍正七年

春,湖北麦大熟。(《湖北通志》)

房县:五谷不实。(《房县志》) 秋,谷不实。(《湖北通志》)

宜城:春麦大熟。(《宜城县志》)

沔阳:岁有秋。(《沔阳州志》)

武昌:春麦大熟。(《江夏县志》同治八年,《江夏县志》民国七年铅印)

崇阳:大旱。谷价腾贵。(《崇阳县志》《湖北通志》)

黄冈:夏四月佗鹘州有蝗,官扑灭之。秋大熟。(《黄冈县志》)

旱涝等级:郧、襄两地区,三级;荆州地区,三级;咸宁地区,四级;黄冈地区,三级。

1730 年 清雍正八年

湖北大有年。(《湖北通志》《监利县志》同治十一年,《监利县志》光绪三十四年) 春,湖北大熟。(《湖北通志》)

宜城:大有年。(《宜城县志》)

沔阳:岁有秋。(《沔阳州志》)

旱涝等级:郧、襄两地区,三级;荆州地区,三级。

1731 年　清雍正九年

房县:夏麦不熟。秋成半收。(《房县志》《湖北通志》)

宜昌:四月长桥溪水暴溢,坏民田。(《湖北通志》《宜昌府志》《东湖县志》)

沔阳:秋八月大水。(《沔阳州志》)

罗田:大有年。(《湖北通志》)

黄梅:大有年。(《黄梅县志》《湖北通志》)

旱涝等级:郧、襄两地区,三级;恩、宜两地区,三级;荆州地区,三级;黄冈地区,三级。

1732 年　清雍正十年

湖北大有年。(《湖北通志》《监利县志》同治十一年,《监利县志》光绪三十四年)

光化:秋大有。(《光化县志》)

随县:大有年。(《随州志》《安陆府志》)

宜城:秋,大有年。(《宜城县志》)

监利:湖北大有年。(《监利县志》同治十一年,《监利县志》光绪三十四年,《湖北通志》)

武昌:秋有年。(《江夏县志》同治八年,《江夏县志》民国七年铅印)

蒲圻:大有年。(《蒲圻县志》)

黄冈:夏六月大水。(《黄冈县志》《清史稿》)

旱涝等级:郧、襄两地区,三级;荆州地区,三级;咸宁地区,三级;黄冈地区,三级。

1733 年　清雍正十一年

湖北大有年。(《监利县志》同治十一年,《监利县志》光绪三十四年,《湖北通志》)

光化:秋大有。(《光化县志》)

南漳:春三月雨雪子,大如杏,小如白果。(《南漳县志》《襄阳府志》)

宜城:有年。(《宜城县志》)

荆州各属有秋。江陵三里司堤决。(《江陵县志》《湖北通志》《荆州府志拾遗》)

钟祥:有午。(《钟祥县志》)

沔阳:春淫雨,夏大水。(《沔阳州志》《湖北通志》《清史稿》)

监利:湖北大有年。(《监利县志》同治十一年,《监利县志》光绪三十四年)

蒲圻:麦大熟。(《蒲圻县志》)

黄冈:五月大雨,江水溢,但店出蛟,水淹民居。(《黄冈县志》)

旱涝等级:郧、襄两地区,三级;荆州地区,三级;咸宁地区,三级;黄冈地区,三级。

1734 年　清雍正十二年

沔阳:岁有秋。(《沔阳州志》)

蒲圻:三月八日大雷电雨雹,土砳团腾蛟,坏民田庐。(《蒲圻县志》)

鄂城:乡村疫。(《武昌县志》《湖北通志》)

黄冈:秋大熟。(《黄冈县志》)

旱涝等级:荆州地区,三级;咸宁地区,三级;黄冈地区,三级。

1735 年　清雍正十三年

郧西:六月雨雹,是岁饥。(《郧西县志》)

房县:夏秋淫雨,五谷不熟。(《房县志》)

当阳、宜都旱。(《湖北通志》)

当阳:大旱。(《当阳县志》) 七月旱。(《清史稿》)

宜都:旱,自五月至八月不雨。民大饥。(《荆州府志拾遗》《清史稿》)

钟祥:大旱。(《钟祥县志》) 七月旱。(《清史稿》)

沔阳:大有年。(《沔阳州志》《湖北通志》)

武昌:大旱。(《江夏县志》民国七年铅印) 七月旱。(《湖北通志》《清史稿》)

崇阳:夏六月旱,秋熟,谷价稍平。(《崇阳县志》) 七月旱。(《清史稿》)

蒲圻:旱。(《蒲圻县志》《湖北通志》) 旱,蝗。(《蒲圻县乡土志》)七月旱。(《清史稿》)

黄冈:春旱。夏六月雨。(《黄冈县志》)

浠水:旱。(《蕲水县志》《浠水县简志》) 七月旱。(《清史稿》)

旱涝等级:郧、襄两地区,三级;恩、宜两地区,四级;荆州地区,四级;咸宁地区,四级;黄冈地区,三级。

1736 年　清乾隆元年

江陵、汉川二县荆州等三卫水灾。饥民。(《清实录》)

八月,潜江、荆门等五州县,沔阳、荆州等四卫水灾。饥民。(《清实录》)

江陵:水。(《江陵县志》《荆州府志拾遗》) 大水。(《清史稿》)

监利:江陵、监利夏水灾。(《监利县志》同治十一年,《监利县志》光绪三十四年)

钟祥:五月,汉江溢,至曾家桥,夜忽水鸣,普济庵后殿冲决成潭,大木尽拔。(《钟祥县志》《湖北通志》) 汉水溢。(《清史稿》)

沔阳:春淫雨,夏水。(《沔阳州志》) 大水。(《湖北通志》《清史稿》)

天门:大水。(《湖北通志》《清史稿》)

松滋:旱。(《松滋县志》)

汉川:大水。(《清史稿》)

蒲圻:大有年。(《蒲圻县志》《湖北通志》)

大冶:水。(《大冶县志》)

鄂城:大水。(《湖北通志》)

黄冈:秋大熟。(《黄冈县志》) 大有秋。(《黄州府志》)

罗田:大有秋。(《黄州府志》)

黄梅:大有年。(《黄梅县志》) 大有秋。(《黄州府志》)

旱涝等级:荆州地区,二级;孝感地区,三级;咸宁地区,三级;黄冈地区,三级。

1737 年 清乾隆二年

汉口:麦有秋。(《夏口县志》《湖北通志》)

郧西:五月戊申大雨雹,大者六七寸,平地深尺余六分。六月戊辰雨雹、大风,鸟兽击死。(《郧西县志》)

兴山:三月,高兰河、磨溪、青山等处雨雹,伤麦。(《兴山县志》《宜昌府志》)

钟祥:牛大疫。(《钟祥县志》)

孝感、黄陂、汉阳水。(《湖北通志》) 孝感、黄陂六月旱。(《清史稿》)

黄陂:龙水暴至,水入城。(《黄陂县志》)

汉阳:麦有秋。(《汉阳县志》) 六月旱。(《清史稿》)

蒲圻:大有年。(《蒲圻县志》《湖北通志》)

大冶:蝗。(《大冶县志》)

鄂城:蝗,有司扑之尽。是年熟。(《武昌县志》)

黄冈、麻城皆水。(《湖北通志》)

黄冈:五月大水。(《清史稿》) 夏大水。(《黄冈县志》) 六月旱。

《清史稿》）

麻城：六月旱。（《清史稿》）

旱涝等级：郧、襄两地区，三级；恩、宜两地区，三级；孝感地区，二级；咸宁地区，三级；黄冈地区，三级。

1738 年　清乾隆三年

宜城、钟祥、京山、孝感、黄安并襄阳卫旱。（《湖北通志》《清实录》）

九月，免湖北钟祥、江陵、云梦等三县被水冲决田地，无征额赋有差。（《清实录》）

宜城：旱。（《宜城县志》）

钟祥：牛大疫。七月邑西雨雹，大风拔树。（《钟祥县志》）

沔阳：岁有秋。（《沔阳州志》《湖北通志》）

应山：旱灾。（《清实录》）

黄陂：旱。（《黄陂县志》）

蒲圻：秋七月旱。（《蒲圻县志》）

黄冈：大水。（《黄州府志》）　七月大水。（《湖北通志》《清史稿》）

麻城：大水。（《黄州府志》）　七月大水。（《湖北通志》《清史稿》）

旱涝等级：郧、襄两地区，三级；荆州地区，三级；孝感地区，四级；咸宁地区，三级；黄冈地区，三级。

1739 年　清乾隆四年

湖北今岁麦秋丰稔。（《清实录》）

汉口：秋旱。（《夏口县志》）

荆州大有年。（《监利县志》同治十一年，《监利县志》光绪三十四年，《湖北通志》）　荆州稔。（《江陵县志》《荆州府志拾遗》）　钟祥、京山、天门秋旱。（《清史稿》）

钟祥:麦大稔。(《钟祥县志》)

沔阳:春夏旱,河水皆涸,五月水。(《沔阳州志》)

秋,孝感、黄陂、汉阳旱。(《湖北通志》《清实录》《清史稿》)

孝感:旱。(《孝感县志》)

汉阳:秋旱。(《汉阳县志》《清史稿》)

蒲圻:五月旱。(《蒲圻县志》)

黄州卫旱。(《湖北通志》)

鄂城:春大水。(《湖北通志》) 秋旱。(《清史稿》)

浠水:春旱。五月始雨,农乃插秧。(《蕲水县志》《浠水县简志》) 春旱。(《清史稿》)

旱涝等级:荆州地区,四级;孝感地区,三级;咸宁地区,三级;黄冈地区,三级。

1740 年 清乾隆五年

南漳:岁大熟。(《南漳县志》)

枝江:春麦大熟。(《湖北通志》《荆州府志拾遗》)

宜都:大有年。(《湖北通志》)

秋,钟祥、京山、天门三县并武昌卫水,决三官殿,真君庙堤。(《湖北通志》)

免湖北钟祥、京山、天门三县并武昌卫被灾田亩。(《清实录》)

钟祥:大水决堤,十一工内堤决。(《钟祥县志》)

大冶:水。(《大冶县志》)

嘉鱼:大水。(《嘉鱼县志》)

旱涝等级:郧、襄两地区,三级;恩、宜两地区,三级;荆州地区,二级;咸宁地区,三级。

1741年　清乾隆六年

湖北雨水沾足,晚稻丰收。(《清实录》)

宜都:大有年。(《荆州府志拾遗》)

钟祥:四月,三官庙内外水鸣,连日随溃。八月又大水。(《钟祥县志》《湖北通志》)　四月大水。八月南郊大水。(《清史稿》)

荆门:铁坪产嘉禾,岁大有。(《荆门直隶州志》)

天门:四月大水。(《湖北通志》《清史稿》)

沔阳:春淫雨,夏秋大水。(《沔阳州志》)　四月大水。(《湖北通志》《清史稿》)

汉川并汉阳卫水。(《湖北通志》)

汉川:水灾。(《清实录》)

嘉鱼:二麦大收。五谷丰登。(《嘉鱼县志》)

黄冈:秋大熟。(《黄冈县志》)

旱涝等级:恩、宜两地区,三级;荆州地区,三级;孝感地区,三级;咸宁地区,三级;黄冈地区,三级。

1742年　清乾隆七年

宜城、枝江、江陵、钟祥、天门、潜江、沔阳、孝感、黄陂、汉川、汉阳、江夏、武昌、嘉鱼、蒲圻、黄梅、广济并武左、蕲州、荆州、荆左、沔阳六卫,夏秋皆水。(《湖北通志》)

十一月停征湖北黄梅、广济等十二州县水灾额赋。(《清实录》)

襄阳、江陵、荆门、天门、潜江、沔阳、监利、云梦、汉川于本年五、六月或因河水泛涨或因雨水漫溢,低洼田地禾苗多淹没,庐舍人口也有损伤。(《清实录》)

赈恤湖北……武昌……三卫被水灾军民,并缓征额赋。(《清实录》)

汉口:水灾。(《夏口县志》)　七月大水。(《清史稿》)

房县:五谷不实。(《房县志》)

光化:夏秋大水。(《光化县志》)　六月大水。(《清实录》《清史稿》)

枣阳:夏秋水灾。(《枣阳县志》)

宜城:夏秋水灾。(《宜城县志》)

枝江:大水。(《枝江县志》《荆州府志拾遗》)　六月大水。(《清史稿》)

宜都:春大饥。(《湖北通志》)

江陵、监利二县,荆州卫秋水灾。(《监利县志》同治十一年,《监利县志》光绪三十四年)

江陵:大水。(《江陵县志》《荆州府志拾遗》)　六月大水。(《清史稿》)

钟祥:大水。(《钟祥县志》)　七月大水。(《清史稿》)

荆门:六月十四日,新城下郑家潭堤决,田庐淹没。(《荆门直隶州志》《湖北通志》)

沔阳:夏水。五六月淫雨。秋八月复淫雨。冬十月桃花大放。(《沔阳州志》)

孝感:七月大水。(《清史稿》)　汉阳等州县水。蠲。(《孝感县志》)

黄陂:七月大水。(《清史稿》)

汉川:七月大水。(《清史稿》)

汉阳:七月大水。(《清史稿》)

武昌:夏秋水灾。(《江夏县志》同治八年)　大水。(《江夏县志》民国七年铅印)　七月大水。(《清史稿》)

大冶:大水,江湖为一。(《大冶县志》)

嘉鱼:二麦大收,五谷丰登。(《嘉鱼县志》)　七月大水。(《清史稿》)

蒲圻:大水。(《蒲圻县志》)

阳新:夏秋江夏等二十州县并武昌等六卫水灾。蠲赋免南米赈谷有差。(《兴国州志》民国三十二年)

鄂城:大水。江湖为一。(《武昌县志》)

旱涝等级:郧、襄两地区,二级;恩、宜两地区,三级;荆州地区,二级;孝感地区,二级;咸宁地区,二级。

1743 年　清乾隆八年

光化:春饥,人相食。五月县东大雨雹。伤禾稼民居,人畜多死。又有大风拔木。河口覆船甚众。(《光化县志》)　大雨雹。(《襄阳府志》)

宜都:大水。(《湖北通志》《荆州府志拾遗》)　夏大水。(《清史稿》)

潜江:春雨雪连月。米贵。夏复苦雨。(《潜江县志续》)

赈恤……兴国等八州县旱灾。(《清史稿》)

嘉鱼:江水泛滥,堤外颗粒无存,一望汪洋,秋苗淹没。房屋颓倾。(《嘉鱼县志》)

阳新:夏大水。(《清史稿》)　兴国、黄冈二州县水灾。蠲免南米。(《兴国州志》民国三十二年)

八月,赈恤黄冈、麻城等三州县水灾。饥民分别蠲缓本年额赋。(《清实录》)

黄冈:夏大水。(《黄冈县志》《湖北通志》《清史稿》)

黄梅:正月苦雨。米贵。人多掘土而食。(《黄梅县志》)

旱涝等级:郧、襄两地区,三级;恩、宜两地区,三级;荆州地区,三级;咸宁地区,二级;黄冈地区,二级。

1744 年　清乾隆九年

房县:夏麦不熟,秋成半收。(《房县志》)

荆州有秋。(《湖北通志》)

嘉鱼:江水泛溢,堤外颗粒无存,同八年。(《嘉鱼县志》)

通城:七月十八日旱至十年五月始雨,民方浸种。(《通城县志》《湖北通志》)

旱涝等级:郧、襄两地区,三级;荆州地区,三级;咸宁地区,四级。

1745 年　清乾隆十年

枣阳、当阳、枝江、荆州、天门、潜江、沔阳、汉川等州县并沔阳、荆州、荆左四卫水。(《湖北通志》)

当阳、枝江、江陵、潜江、汉川等县水灾。赈贷襄阳、枣阳被水灾民,郧县被雹灾民。(《清实录》)

枣阳:夏秋,水灾,大疫。(《枣阳县志》)　五月大水。(《清史稿》)

当阳:夏秋大水。(《当阳县志》)

荆州有秋。(《监利县志》同治十一年,《监利县志》光绪三十四年,《荆州府志拾遗》)

江陵:水。(《江陵县志》《荆州府志拾遗》)　五月大水。(《清史稿》)

潜江:四月,潜江等九州县大水。(《清史稿》)

沔阳:夏秋大水。(《沔阳州志》)　四月,沔阳等九州县大水。(《清史稿》)

监利:有秋。(《监利县志》同治十一年)

汉川:水灾。(《清实录》)

嘉鱼:江水泛涨,堤外颗粒无存,同八年。(《嘉鱼县志》)

崇阳:冬十一月大雪。冰厚尺余。文庙县署大柏树多冻死。(《崇阳县志》)

英山:冬,十一月大雪。树竹冻死甚多。(《英山县志》)

广济:冬,大雪。平地数尺。途人有冻裂断其足指者。(《广济县志》)

旱涝等级:郧、襄两地区,二级;恩、宜两地区,三级;荆州地区,三级;孝感地区,三级;咸宁地区,三级;黄冈地区,三级。

1746 年　清乾隆十一年

当阳、枝江、江陵、荆门、天门、潜江、沔阳、汉川等八州县,荆州、荆左、荆右三卫上年夏秋被水成灾。(《湖北通志》《清实录》)

郧县:赈贷被雹灾民。(《清实录》)

枣阳:五月初九日,大水。坏民庐舍,城垣倒塌十余处。(《枣阳县志》《清史稿》)　夏六月大水,坏民田庐舍。(《襄阳府志》)　大水。(《清史稿》)　水。(《湖北通志》)

荆州:麦倍收。(《荆州府志拾遗》《监利县志》同治十一年,《监利县志》光绪三十四年)

江陵:水。(《江陵县志》)　十月溃堤。(《清史稿》)

潜江:江陵万城堤溃。邑西南乡皆淹没。(《潜江县志续》)　十月,被水灾甚重。大水。(《清史稿》)

沔阳:大水。(《沔阳州志》《清史稿》)

云梦、应城、汉川赈贷被水灾民。(《清实录》)

嘉鱼:江水泛涨,堤外颗粒无存。(《嘉鱼县志》)

旱涝等级:郧、襄两地区,二级;荆州地区,二级;孝感地区,二级;咸宁地区,三级。

1747 年　清乾隆十二年

枣阳:七月大水。淹没田禾。(《清史稿》)　缓征枣阳十一年水灾赋额。(《清实录》)

荆州大稔年。(《江陵县志》《监利县志》同治十一年,《监利县志》光绪三十四年,《荆州府志拾遗》)

江陵:大稔。(《江陵县志》《荆州府志拾遗》)　十月被水灾甚重。(《清史稿》)

嘉鱼:江水泛涨,堤外颗粒无成。(《嘉鱼县志》)

蕲春:三月大风,东关城楼毁。石器俱移置他所。屋瓦飞如燕。古木拔折无算。(《蕲州志》)

旱涝等级:郧、襄两地区,三级;荆州地区,三级;咸宁地区,三级;黄冈地区,三级。

1748 年　清乾隆十三年

秋,江陵、天门、潜江、沔阳、监利、汉川并荆州卫水。(《湖北通志》)

江陵、天门、潜江、沔阳、监利五月大水。(《清史稿》)

郧西:五月戊子雨雹。九月大水。漂没稼禾。西南诸乡沿河田地冲压。(《郧西县志》)　大水。(《湖北通志》)　九月大水。(《清史稿》)

房县:九月大水。(《清实录》《清史稿》)

利川:大旱。民多饿死。(《利川县志》)

荆州:人稔年。(《江陵县志》《监利县志》同治十一年,《监利县志》光绪三十四年,《荆州府志拾遗》)

沔阳:水。(《沔阳州志》)

监利:是年江陵、监利、荆州卫秋水灾。(《监利县志》同治十一年,《监利县志》光绪三十四年)

孝感:汉阳等州县水。蠲。(《孝感县志》)

汉川:五月大水。(《清史稿》)

蒲圻:大有年。(《蒲圻县志》《湖北通志》)

鄂城:夏,雨雪块。暴风拔树。(《武昌县志》)

旱涝等级:郧、襄两地区,三级;恩、宜两地区,四级;荆州地区,二级;孝感地区,二级;咸宁地区,三级。

1749 年　清乾隆十四年

当阳:大水。(《当阳县志》《湖北通志》)

宜都:沧茫溪水骤涨,冲没居民百余家,田禾漂没无算。(《湖北通志》《荆州府志拾遗》《清史稿》)

天门、潜江、沔阳、监利八月大水。(《清史稿》)

天门、潜江、监利水。(《湖北通志》)

沔阳：夏大水。（《沔阳州志》）

监利：水。荆州卫、荆左卫，秋水灾。（《监利县志》同治十一年，《监利县志》光绪三十四年，《湖北通志》）

汉川：五月大水。八月大水。（《清史稿》）

大冶：大熟。（《大冶县志》）

鄂城：大有年。（《武昌县志》《湖北通志》）

旱涝等级：恩、宜两地区，二级；荆州地区，二级；孝感地区，三级；咸宁地区，三级。

1750 年　清乾隆十五年

郧西：八月乙未大雨雹。（《郧西县志》）

随县：六月，涢水溢，入玉波门，坏居民庐舍。（《随州志》《安陆府志》《清史稿》）

宜昌：五月初四大雨雹。（《宜昌府志》《东湖县志》）

长阳：五月初四大雨雹。（《长阳县志》）

沔阳：夏旱。（《沔阳州志》）

大冶：三月初六日暴风自西南来，江湖舟覆无算。（《大冶县志》）

鄂城：三月初六日暴风自西来，江中复舟无算。（《武昌县志》）

英山：五月大水。蛟起山石崩裂，伤没田畴。（《英山县志》）

麻城：六月连旬大雨，山坠洪石，近居多被冲压。（《麻城县志》）　六月大雨连旬，冲塌民房。（《清史稿》）

浠水：自四月至五月不雨。（《大冶县志续编》）　旱。（《浠水县简志》）

旱涝等级：郧、襄两地区，二级；恩、宜两地区，三级；咸宁地区，三级；黄冈地区，二级。

1751 年　清乾隆十六年

荆州、钟祥旱。（《湖北通志》）

钟祥:大旱。(《钟祥县志》)

荆门:六月旱。(《荆门直隶州志》)

旱涝等级:荆州地区,四级。

1752 年　清乾隆十七年

郧西、郧县、竹溪、随州、东湖、当阳、枝江、荆州、江陵、钟祥、京山并武昌、荆州、荆左、荆右、襄阳五卫水。(《湖北通志》)

襄阳、谷城、枣阳、宜城、均州俱旱。(《襄阳府志》)

襄阳、谷城、枣阳、宜城、均州皆大旱。秋又大水。(《宜城县志》)

郧县:春正月大水。(《郧县志》)　正月,郧县等十六州县大水。(《清史稿》)

光化:大雨雹,自八月二十日至十月初,伤禾稼殆尽。(《光化县志》)

均县:水。(《均州志》)　八月大水。(《清史稿》)

房县:大旱。秋饥。(《房县志》)

襄阳:旱。(《襄阳县志》)　八月大水。(《清史稿》)

谷城、枣阳、宜城:八月大水。(《清史稿》)

当阳:大旱无禾。(《当阳县志》)

江陵:水。(《江陵县志》)

钟祥:旱。(《钟祥县志》《湖北通志》)　正月,钟祥等十六州县大水。(《清史稿》)

京山:正月,京山等十六州县大水。(《清史稿》)

荆门:山乡秋禾被旱。(《荆门直隶州志》)　旱。(《湖北通志》)

通城:谷贵。(《通城县志》)

鄂城:大水。(《武昌县志》)

旱涝等级:郧、襄两地区,四级;恩、宜两地区,四级;荆州地区,四级;咸宁地区,三级。

1753 年　清乾隆十八年

郧西：饥。(《郧西县志》《湖北通志》)

宜都：大风雨雷电。(《荆州府志拾遗》)

天门、潜江、沔阳二月大水。(《湖北通志》《清史稿》)

天门：十二月江溢。(《清史稿》)

沔阳：大水。(《沔阳州志》)

鄂城：秋大水。(《武昌县志》)　水。(《湖北通志》)

浠水：大水。破民居屋。(《大冶县志续编》《浠水县简志》)　二月大水。(《清史稿》)

蕲春：水漂居民。(《蕲州志》《湖北通志》)

旱涝等级：郧、襄两地区，三级；恩、宜两地区，三级；荆州地区，三级；咸宁地区，三级；黄冈地区，二级。

1754 年　清乾隆十九年

秋，施南大有年。(《湖北通志》)

恩施：秋大熟。(《恩施县志》《增修施南府志》)

江陵：十二月，荆州大雨雪、雷电。(《江陵县志》《荆州府志拾遗》)

罗田：饥。(《湖北通志》)

黄梅：大有年。(《黄梅县志》)

旱涝等级：恩、宜两地区，三级；荆州地区，三级；黄冈地区，三级。

1755 年　清乾隆二十年

光化：十二月大水。(《清史稿》)

荆州淫雨，自三月至五月。江水骤涨，下乡麦禾尽淹。(《江陵县志》《湖北通志》《荆州府志拾遗》)

江陵:六月襄水涨,决口……。春夏淫雨,水涨,先后漫决……。(《江陵县志》) 大水。(《清史稿》)

荆门:三月淫雨两月不绝,大水。(《清史稿》)

潜江:十二月团湖堤溃。大水。(《清史稿》)

沔阳:大水。(《清史稿》)

监利:江陵、监利二县、荆州卫、荆左卫秋水灾。(《监利县志》同治十一年,《监利县志》光绪三十四年) 大水。(《清史稿》)

大冶:大水。早禾尽淹没。(《大冶县志》)

鄂城:大水。早禾尽没。(《武昌县志》)

黄冈:春,三月雨雹。自铁冶至柳林三十余里。大者盈尺。(《黄冈县志》)

蕲春:三月二十八日大风雨,坏居民三百余间,压死十余人。(《蕲州志》《清史稿》) 大风为灾。(《黄州府志》)

罗田:春饥。(《湖北通志》)

旱涝等级:郧、襄两地区,三级;荆州地区,二级;咸宁地区,二级;黄冈地区,三级。

1756 年　清乾隆二十一年

光化:城北山水陡发,侵城郭,害田庐。旧城河漂没船只无数。(《光化县志》) 大水。(《湖北通志》《襄阳府志》)

枝江:饥。谷米腾贵。(《枝江县志》《荆州府志拾遗》)

夏,荆州、江陵、潜江、沔阳、监利并荆州、荆左二卫水。(《湖北通志》)

江陵:水。(《江陵县志》)

天门:五月旱。(《清史稿》)

潜江:团湖垸堤溃。(《潜江县志续》)

沔阳:大水。自春徂夏,阴雨近二百日。六月着棉,不闻蝉鸣。(《沔阳州志》)

监利:水。(《监利县志》同治十一年,《监利县志》光绪三十四年)

汉川:大有年。(《湖北通志》)

鄂城:春饥。斗米五百文。(《武昌县志》)

黄冈:秋大熟。(《黄冈县志》)

旱涝等级:郧、襄两地区,二级;恩、宜两地区,三级;荆州地区,二级;孝感地区,三级;咸宁地区,三级;黄冈地区,三级。

1757 年　清乾隆二十二年

钟祥:积雨坏城。(《钟祥县志》)

沔阳:秋苦雨。(《沔阳州志》)

通城:四月十八日夜,白云山蛟起,山沟水深十余丈,山下民房漂尽。(《通城县志》《湖北通志》)

黄冈:秋大熟。(《黄冈县志》)

旱涝等级:荆州地区,二级;咸宁地区,三级;黄冈地区,三级。

1758 年　清乾隆二十三年

当阳:大有年。(《当阳县志》《湖北通志》)

通城:五月蛟起,水亦如之。(《通城县志》)

黄冈:秋大熟。(《黄冈县志》)

旱涝等级:恩、宜两地区,三级;咸宁地区,三级;黄冈地区,三级。

1759 年　清乾隆二十四年

保康:水溢。(《保康县志》)　三岇峪水,淹民房无算。(《湖北通志》)

枝江:六月旱。(《清史稿》)

荆门:自前岁不雨至于夏五月十六日得雨。(《荆门直隶州志》)　大有

年。(《荆门直隶州志》《湖北通志》)

潜江:永丰垸、枝枝塘溃堤,田州堤崩塌。(《潜江县志续》)

石首:大旱。(《荆州府志拾遗》)

崇阳:六月大雨,隽水大溢,又六月复溢,高于前三尺。(《崇阳县志》)

通城:六月烈风暴雨,蛟发辛安里云溪洞上峰山。(《通城县志》《湖北通志》)

英山:闰六月大水。县署科房仓廒倒坏。仓谷霉烂。淹没田畴甚多。(《英山县志》)

麻城:六月二十七日大水,高阜尽淹。(《麻城县志》)

罗田:大水。(《湖北通志》)

旱涝等级:郧、襄两地区,三级;恩、宜两地区,三级;荆州地区,四级;咸宁地区,二级;黄冈地区,二级。

1760 年 清乾隆二十五年

竹溪:冬,雪深五六尺。河水冻冰成梁。(《竹溪县志》)

宜昌:三月初十日,双泉铺朔风骤起,雨雹大如卵,积地盈尺。十余里昼晦。伤禾稼庐舍人畜甚众。(《宜昌府志》《东湖县志》)

大冶:大熟。(《大冶县志》)

鄂城:大熟。(《武昌县志》)

旱涝等级:郧、襄两地区,三级;恩、宜两地区,三级;咸宁地区,三级。

1761 年 清乾隆二十六年

随县:饥。(《随州志》《湖北通志》《安陆府志》)

宜昌:峡江大水,溢文昌门岸。秋稔。(《东湖县志》)

枝江:饥。(《枝江县志》)

天门、潜江、沔阳、汉川并沔阳、荆右、荆左三卫水。(《湖北通志》)

江陵:水。(《江陵县志》)　大水。(《荆州府志拾遗》)　六月大水。(《清史稿》)

潜江:五月,潜江等七州县大水。(《清史稿》)

沔阳:大水。(《沔阳州志》)　五月,沔阳等七州县大水。(《清史稿》)

监利:水。(《监利县志》同治十一年,《监利县志》光绪三十四年)

云梦:六月云梦城外,河水泛涨,高涌丈余,冲突而下,隔蒲潭一带,庐舍尽扫,死者无算。(《安陆府志》《清史稿》)

武昌:饥。(《江夏县志》同治八年,《江夏县志》民国七年铅印,《湖北通志》)

旱涝等级:郧、襄两地区,三级;恩、宜两地区,三级;荆州地区,二级;孝感地区,二级;咸宁地区,三级。

1762 年　清乾隆二十七年

宜昌:秋大稔。(《宜昌府志》《东湖县志》)

长阳:秋大稔。(《长阳县志》)

大冶:大熟。(《大冶县志》)

鄂城:大有年。(《武昌县志》)

旱涝等级:恩、宜两地区,三级;咸宁地区,三级。

1763 年　清乾隆二十八年

来凤:七月大水。是年七月初十日,霖雨三昼夜至十二日午未时,各处水涨,漂没树木。(《来凤县志》)　七月大水(《增修施南府志》)　大雨三昼夜。(《湖北通志》)

宜昌:有年。(《湖北通志》)

天门、沔阳并沔阳卫水。(《湖北通志》)

沔阳:大水。(《沔阳州志》)

鄂城:早禾熟。(《武昌县志》) 有年。(《湖北通志》) 旱。(《清史稿》)

旱涝等级:恩、宜两地区,二级;荆州地区,三级;咸宁地区,三级。

1764 年 清乾隆二十九年

枝江、荆门、沔阳、监利、石首、汉川、汉阳、江夏、蒲圻、黄梅、广济并荆州、沔阳、武昌、武左、蕲州五卫大水。(《湖北通志》)

汉口:水。(《夏口县志》)

枝江:大水。(《枝江县志》《荆州府志拾遗》)

沔阳:大水。(《沔阳州志》)

监利:水。(《监利县志》同治十一年,《监利县志》光绪三十四年)

石首:洞庭水涨,漂没石首居民无算。(《荆州府志拾遗》) 四月大水。(《清史稿》)

孝感:大水。汉阳等七州县水。蠲。(《孝感县志》)

汉川:二月大水。(《清史稿》)

汉阳:水。(《汉阳县志》) 二月大水。(《清史稿》)

武昌:大水。(《江夏县志》同治八年,《江夏县志》民国七年铅印) 二月大水。(《清史稿》)

蒲圻:水。(《蒲圻县志》)

鄂城:大水。(《武昌县志》) 二月大水。(《清史稿》)

黄州:大水。(《黄州府志》) 四月大水。(《清史稿》)

黄冈:大水。(《黄州府志》) 四月大水。(《清史稿》)

红安:大水,坏七里坪。(《黄安县志》) 四月大水。(《清史稿》)

浠水:大水。(《蕲水县志》《浠水县简志》《黄州府志》) 四月大水。(《清史稿》)

蕲春:大水。(《蕲州志》)

黄梅:大水。(《黄梅县志》)

广济：四月大水。(《清史稿》)

旱涝等级：恩、宜两地区，三级；荆州地区，二级；孝感地区，二级；咸宁地区，三级；黄冈地区，二级。

1765年　清乾隆三十年

江陵：水。(《江陵县志》)　夏，大水。(《湖北通志》《荆州府志拾遗》)
潜江：春三月大风一昼夜。(《潜江县志续》)
沔阳：春久雨。(《沔阳州志》)
汉川：夏，大水。(《湖北通志》)
红安：夏，飞蝗屡入境。(《黄安县志》)

旱涝等级：荆州地区，三级；孝感地区，三级；黄冈地区，三级。

1766年　清乾隆三十一年

江陵：水。(《江陵县志》《湖北通志》《荆州府志拾遗》)
黄梅：大水。(《黄梅县志》)

旱涝等级：荆州地区，三级；黄冈地区，三级。

1767年　清乾隆三十二年

汉口：水。(《夏口县志》)
随县：七月涢水泛滥，坏庐舍。(《随州志》《安陆府志》)
枝江：大水。(《枝江县志》《湖北通志》《荆州府志拾遗》《清史稿》)
江陵、沔阳、监利等州县并荆州、荆左二卫水。(《湖北通志》)
江陵：大水。(《江陵县志》《荆州府志拾遗》《清史稿》)
监利：水。(《监利县志》光绪三十四年)
钟祥：积雨坏城。(《钟祥县志》)

荆门：阖州大水，城南北大桥三闸俱圮。(《荆门直隶州志》) 大水。(《清史稿》)

沔阳：水。(《沔阳州志》)

孝感：汉阳等州县水。蠲。(《孝感县志》)

云梦、汉川、汉阳水。(《湖北通志》)

黄陂：水。(《黄陂县志》) 大水。(《清史稿》)

汉阳：水。(《汉阳县志》)

武昌：水。(《江夏县志》同治八年，《湖北通志》) 大水。(《江夏县志》同治八年，《江夏县志》民国七年铅印，《清史稿》)

鄂城：人水。(《清史稿》)

嘉鱼：水。(《湖北通志》)

阳新：江夏等十三州县并武昌等七卫水。蠲赋免南米赈谷有差。(《兴国州志》民国三十二年)

蒲圻：水。(《蒲圻县志》)

黄冈、武昌、黄梅、广济并黄州、蕲州两卫水。(《湖北通志》)

黄冈：大水。(《黄冈县志》《黄州府志》《清史稿》)

罗田：大水。(《黄州府志》《清史稿》)

浠水：大水。(《大冶县志续编》《浠水县简志》《黄州府志》《清史稿》)

蕲春：水溢田屯。(《蕲州志》) 大水。(《黄州府志》)

黄梅：大雨。堤溃。(《黄梅县志》)

广济：大水。(《清史稿》)

旱涝等级：郧、襄两地区，三级；恩、宜两地区，三级；荆州地区，二级；孝感地区，二级；咸宁地区，二级；黄冈地区，二级。

1768 年　清乾隆三十三年

枣阳：旱。民多饿死。(《枣阳县志》《襄阳府志》) 七月旱。(《清史稿》)

当阳:旱。(《当阳县志》《湖北通志》)

江陵、荆州旱。(《湖北通志》)

江陵:旱。(《江陵县志》)　冬旱。(《荆州府志拾遗》)

钟祥:大旱。(《钟祥县志》)　七月旱。(《清史稿》)

荆门:旱。(《荆门直隶州志》)

沔阳:夏大旱。(《沔阳州志》)

公安:旱,五谷不登。道殣相望,民多逃亡。(《公安县志》《荆州府志拾遗》)

汉阳等县旱,蠲赋……十二月蠲免次年地丁钱粮十分之二。(《孝感县志》)

德安旱。汉川大疫,人民损伤无算。(《湖北通志》)

孝感:旱。(《孝感县志》《湖北通志》)　七月旱。(《清史稿》)

应山:旱。(《湖北通志》)　七月旱。(《清史稿》)

安陆:旱,同孝感等五县并武昌等三卫所奉旨蠲赋并赈谷。(《安陆县志》《安陆府志》)　旱。(《湖北通志》)　七月旱。(《清史稿》)

云梦:大旱。(《云梦县志略》)　七月旱。(《清史稿》)

应城:旱。(《应城县志》《湖北通志》)　七月旱。(《清史稿》)

汉阳:大水。(《清史稿》)　旱。(《湖北通志》)

鄂城:旱。(《武昌县志》)　七月旱。(《清史稿》)

大冶:旱。(《大冶县志》)

旱涝等级:郧、襄两地区,四级;恩、宜两地区,三级;荆州地区,五级;孝感地区,四级;咸宁地区,三级。

1769年　清乾隆三十四年

汉口:水。(《夏口县志》)

枝江:大水。(《枝江县志》《荆州府志拾遗》)　十月大水。(《清史稿》)

江陵、沔阳、监利并荆州、沔阳两卫水。石首大水。(《湖北通志》)

江陵:十月大水。(《清史稿》)

沔阳:大水。民多流亡。(《沔阳州志》)

监利:水。(《监利县志》同治十一年,《监利县志》光绪三十四年)

云梦、汉川、汉阳水。(《湖北通志》)

黄陂:水。(《黄陂县志》) 十月大水。(《清史稿》)

汉阳:水。(《汉阳县志》) 十月大水。(《清史稿》)

江夏、嘉鱼并武昌、武左两卫水。蒲圻大水。(《湖北通志》)

武昌:大水。(《江夏县志》同治八年,《江夏县志》民国七年铅印) 十月大水。(《清史稿》)

大冶:水。(《大冶县志》)

蒲圻:水。(《蒲圻县志》)

崇阳:大疫。(《崇阳县志》) 十月大水。(《清史稿》)

鄂城:大水。(《武昌县志》) 十月大水。(《清史稿》)

黄冈、蕲水、蕲州、黄梅、广济并黄州、蕲水两卫水。(《湖北通志》)

黄冈:水。(《浠水县简志》) 大水。(《黄冈县志》) 十月大水。(《清史稿》)

浠水:水。(《浠水县简志》)

蕲春:大水。城内可泊舟。(《蕲州志》)

黄梅:夏,大水。堤尽溃。(《黄梅县志》)

广济:十月大水。(《清史稿》)

旱涝等级:郧、襄两地区,三级;荆州地区,二级;孝感地区,三级;咸宁地区,三级;黄冈地区,二级。

1770 年　清乾隆三十五年

郧西:夏,汉水溢。(《清史稿》《郧西县志》) 沿河田庐冲坏。(《郧西县志》)

光化:汉水溢。(《光化县志》)

崇阳:大熟。(《崇阳县志》)

鄂城:饥。(《武昌县志》)

麻城:七月,县东北飞蝗入境,力扑之,患剧息。(《麻城县志》)

旱涝等级:郧、襄两地区,二级;咸宁地区,三级;黄冈地区,三级。

1771 年　清乾隆三十六年

宜城:大旱。(《襄阳府志》)　冬旱。(《清史稿》)

宜昌:亦旱。(《湖北通志》)

当阳:先水后旱。(《湖北通志》)　水。(《当阳县志》)　冬旱。(《清史稿》)

崇阳:有年。(《崇阳县志》)

黄梅:秋冬大旱,井多涸。(《黄梅县志》)

旱涝等级:郧、襄两地区,四级;恩、宜两地区,三级;咸宁地区,三级;黄冈地区,四级。

1772 年　清乾隆三十七年

随县:涢水泛溢。坏民庐舍。(《湖北通志》)

旱涝等级:郧、襄两地区,三级。

1773 年　清乾隆三十八年

郧西:夏,山水陡发,沿河田地新垦者皆坏。(《湖北通志》《郧西县志》)

沔阳:春久雨,三月十一日雪。(《沔阳州志》)

崇阳:有年。(《崇阳县志》)

竹溪:山水发,田土多冲淤。(《竹溪县志》)

旱涝等级:郧、襄两地区,二级;荆州地区,三级;咸宁地区,三级。

1774 年　清乾隆三十九年

襄阳:旱。(《湖北通志》《襄阳县志》)

荆州:旱。(《湖北通志》)

荆门:七月旱。(《清史稿》)　旱。(《荆门直隶州志》)

钟祥:大旱,赈灾。(《钟祥县志》)　七月旱。(《清史稿》)　旱。(《湖北通志》)

孝感:汉阳等十五州县大旱,赈谷……。(《孝感县志》)

云梦:旱,赈恤。(《云梦县志略》)

应城:大旱,饥民食树皮殆尽。(《安陆府志》《应城县志》)　七月旱。(《清史稿》)　旱。(《湖北通志》)

崇阳:秋,七月大风拔木。(《崇阳县志》)

红安:大旱。(《黄安县志》)　饥。(《黄安乡土志》)　七月旱。(《清史稿》)

旱涝等级:郧、襄两地区,三级;荆州地区,四级;孝感地区,五级;咸宁地区,三级;黄冈地区,四级。

1775 年　清乾隆四十年

房县:旱。(《清史稿》)　旱,斗米八百文。(《湖北通志》《房县志》)

枝江:有秋。(《枝江县志》)

崇阳:春夏旱。(《崇阳县志》)

通城:旱。(《湖北通志》)　旱荒。(《通城县志》)

罗田:有年。(《湖北通志》)

旱涝等级:郧、襄两地区,四级;恩、宜两地区,三级;咸宁地区,四级;黄冈地区,三级。

1776 年　清乾隆四十一年

沔阳:夏大旱。(《沔阳州志》)

汉阳等各府被旱灾,又因汉江盛涨被淹……。(《沔阳州志》)

旱涝等级:荆州地区,四级;孝感地区,四级。

1777 年　清乾隆四十二年

谷城:大旱。(《襄阳府志》)　夏旱。(《湖北通志》《清史稿》)

秭归:大旱。(《归州志》《清史稿》)　夏旱。(《湖北通志》)

沔阳:夏,大旱。(《沔阳州志》)

蒲圻:有年。(本年入春雨水匀调,麦苗杂粮,俱极畅茂,……各属禀报,二麦现在先后刈获,收成均有八九分,通省丰稔。)(《枣阳县志》)

旱涝等级:郧、襄两地区,四级;恩、宜两地区,四级;荆州地区,四级;咸宁地区,三级。

1778 年　清乾隆四十三年

竹溪、襄阳、保康、来凤、宜昌、荆州饥。利川大饥。襄阳、枣阳、宜城、枝江、江陵、松滋、公安、监利、石首、应山、安陆、云梦、汉阳、汉川、咸宁、江夏、大冶、武昌、嘉鱼、蒲圻、黄州等州县并襄阳、荆州、沔阳、荆左、荆右、德安、武昌、武左、黄州等九卫旱灾。(《湖北通志》)

枝江、宜都、江陵、松滋、公安、石首大旱,五谷不登,道殣相望,民多逃亡。(《荆州府志拾遗》)

荆州、安陆、汉阳各府夏禾被旱,入秋汉江盛涨,被淹浸灾分较重……。(《沔阳州志》)

汉口:旱灾。(《夏口县志》)

房县:五月雹,平地积四五寸,山中有大如碗方如砖者,劈树穿屋伤人

畜无算。苗稼皆平,秋大饥……。(《房县志》)

竹溪:大旱。(《竹溪县志》)

襄阳、枣阳、宜城旱灾。(《襄阳府志》)

襄阳:旱。(《襄阳县志》)

光化:春三月大风拔木,沙飞石走。(《光化县志》《襄阳府志》)

谷城:大旱。(《襄阳府志》) 夏旱。(《清史稿》)

枣阳:旱灾。(《枣阳县志》)

保康:大旱,秋大饥。(《保康县志》) 秋旱。(《清史稿》)

南漳:麦有秋。(《南漳县志》《襄阳府志》)

来凤:邑大饥。(《来凤县志》) 大饥。(《增修施南府志》)

利川:久旱不雨,大饥。(《增修施南府志》)

兴山:大旱,自五月不雨至于八月,明年饥。(《兴山县志》)

当阳:麦大熟,夏大旱,次年大饥,民食树皮殆尽。(《当阳县志》)

长阳:大旱,民食树皮草根观音土,死亡相踵。(《长阳县志》)

枝江:六月至闰六月大旱四十八日,秋粮颗粒无收。九月二十二、三大风雨水冰。(《枝江县志》) 大旱。九月二十三日大风雨水冰。(《荆州府志拾遗》) 秋旱。(《清史稿》)

宜都:大旱。岁饥,民食树皮。(《宜都县志》)

江陵:大旱,禾无收。九月大霜,荞麦俱尽。冬,荆州饥。(《江陵县志》) 二月大雪,六月雨雹。(《江陵县志》《荆州府志拾遗》)

钟祥:大旱赈灾。(《钟祥县志》) 秋旱。(《清史稿》)

荆门:大旱,民食树皮。(《荆门直隶州志》)

潜江:夏秋大旱,飞蝗遍野。(《潜江县志续》) 秋旱。(《清史稿》)

松滋:夏五月,旱。(《松滋县志》)

沔阳:大旱。(《沔阳州志》)

公安:旱。(《公安县志》)

孝感:旱。汉阳等县旱,蠲赋。(《孝感县志》)

应山:大旱。(《应山县志》《安陆府志》)

安陆:旱,同江夏等三十一州县并武昌等九卫蠲赋赈谷。(《安陆县志》《安陆府志》)

云梦:旱,赈恤。(《云梦县志略》)

应城:旱灾。(《应城县志》)

黄陂:旱灾。(《黄陂县志》)　秋旱。(《清史稿》)

汉阳:旱灾。(《汉阳县志》)　秋旱。(《清史稿》)

武昌:夏旱。(《江夏县志》同治八年)　大旱,蝗。(《江夏县志》同治八年,《江夏县志》民国七年铅印)　秋旱。(《清史稿》)

阳新:江夏等三十一州县并武昌等九卫所夏旱,蠲免,南米赈谷。(《兴国州志》民国三十二年)

蒲圻:旱灾。(《蒲圻县志》)

崇阳:五月、六月大水,坏民屋,田多被淤,邑西南尤甚。(《崇阳县志》)秋旱。(《清史稿》)

通城:大旱奇荒,稻绝收。秋荞菜熟。(《通城县志》)

武昌:秋旱。(《清史稿》)

鄂城:大旱。蝗。(《武昌县志》)　秋旱。(《清史稿》)

黄冈:旱。(《黄冈县志》)　大旱。(《黄州府志》)

红安:大旱偏灾,飞蝗入境。(《黄安县志》)　大旱。(《黄州府志》)岁洊饥。(《黄安乡土志》)

麻城:大旱。诏蠲赈缓征,是年太平仙居二乡五十三区被灾七分田地、塘六千二百六十二顷七十亩五分……。(《麻城县志》《黄州府志》)

罗田:有年。(《黄州府志》)

旱涝等级:郧、襄两地区,五级;恩、宜两地区,五级;荆州地区,五级;孝感地区,五级;咸宁地区,五级;黄冈地区,四级。

1779年　清乾隆四十四年

竹溪:大饥。(《竹溪县志》)

竹山：郭家桥……被水冲缺，仅存基址。(《竹山县志》)

房县：春饥。(《房县志》) 大有年。(《湖北通志》)

光化：大饥。(《光化县志》《襄阳府志》)

宜城：大水。(《襄阳府志》) 亦水。(《湖北通志》)

南漳：春饥。(《南漳县志》) 大饥。(《襄阳府志》)

随县：饥。(《随州志》)

恩施：清江水溢。(《恩施县志》《湖北通志》《增修施南府志》)

巴东：大水，舟入街心。(《宜昌府志》)

枝江：春阴雨，三月饥民冻死无算，民掘观音土及椰树皮、葛根充食，然赖以存活者仅十之一二三。(《枝江县志》《荆州府志拾遗》)

宜都：六月大水。(《清史稿》) 秋，大有年。(《湖北通志》)

江陵：春淫雨弥月，夏大水，溃泰山庙，逆流围城，下乡田禾俱淹。(《荆州府志拾遗》《江陵县志》《湖北通志》) 六月大水，田禾尽淹。春淫雨弥月。(《清史稿》)

钟祥：汉水溢，草庙浪台堤决。(《湖北通志》) 江涨入城，坏民田庐，堤决，六工堤决。(《钟祥县志》) 六月汉水溢，入城坏民庐。(《清史稿》)

孝感：汉阳等十八州县，夏禾被旱，入秋江涨水淹。(《孝感县志》)

武昌：夏禾被旱，入秋江涨水淹。(《江夏县志》同治八年)

大冶：夏旱。秋江涨水淹。(《大冶县志》)

阳新：江夏等十八州县及九卫所夏旱。秋水……。(《兴国州志》民国三十二年)

崇阳：大旱，是年闰六月，自夏四月不雨至九月，苗尽槁，谷价腾贵，次年尤甚，山中葛蕨掘食殆尽。(《崇阳县志》)

鄂城：夏旱，秋水江涨。(《武昌县志》) 六月大水。(《清史稿》)

红安：饥。(《黄安乡土志》)

旱涝等级：郧、襄两地区，三级；恩、宜两地区，二级；荆州地区，二级；孝感地区，四级；咸宁地区，五级；黄冈地区，三级。

1780年　清乾隆四十五年

竹溪:饥。(《竹溪县志》)

保康:大饥。(《保康县志》)

随县:麦大有秋。(《随州志》《湖北通志》)

江陵、荆门、潜江、沔阳、监利并荆州、荆左、荆右三卫水。(《湖北通志》)

荆州:五月三卫大水。(《清史稿》)

江陵:春大饥,斗米五百文,道殣相望。水。(《江陵县志》)

钟祥:大水。(《钟祥县志》《湖北通志》)

监利:水。(《监利县志》同治十一年)

沔阳:大水。(《沔阳州志》)

应城:五月旱。(《清史稿》)

旱涝等级:郧、襄两地区,三级;荆州地区,二级;孝感地区,三级。

1781年　清乾隆四十六年

潜江等五州县并荆州等三卫水,云梦、应城二县并武昌等三卫旱,赈谷共一百一万二千五百十七石三升五合。(《云梦县志略》)

宜城:大水。(《湖北通志》《襄阳府志》)　十二月大水。(《清史稿》)

江陵:大水。(《江陵县志》《荆州府志拾遗》《湖北通志》)　十二月大水。(《清史稿》)

钟祥:大水溃堤赈灾。十一工内堤溃。(《钟祥县志》)　大水。(《湖北通志》)

沔阳、监利:水。(《沔阳州志》《监利县志》同治十一年,《监利县志》光绪三十四年)

安陆大水。汉川、云梦、应城并德安卫水。(《湖北通志》)

德安府旱,同潜江等五州县云梦、应城二县并荆州、武昌等卫赈谷。

（《安陆县志》《安陆府志》）

云梦、应城：旱。（《云梦县志略》《应城县志》）

蒲圻：旱。（《蒲圻县志》） 大水。（《湖北通志》）

鄂城：旱。（《武昌县志》）

罗田：水。（《湖北通志》）

旱涝等级：郧、襄两地区，三级；荆州地区，二级；孝感地区，二级；咸宁地区，二级；黄冈地区，三级。

1782 年 清乾隆四十七年

六月江夏、武昌、黄陂、汉阳、安陆、德安大水。（《清史稿》）

汉口：水。（《夏口县志》）

江陵：水。（《江陵县志》） 大水。（《荆州府志拾遗》）

钟祥：旱。（《钟祥县志》）

监利：水。（《监利县志》同治十一年，《监利县志》光绪三十四年）

德安府水，同江夏等十四州县并荆州等六卫蠲赋赈谷。（《安陆县志》《安陆府志》）

应城：大旱。（《应城县志》）

黄陂、汉阳：水。（《黄陂县志》《汉阳县志》）

武昌：水。（《江夏县志》同治八年） 六月大水。（《清史稿》）

蒲圻：水。（《蒲圻县志》）

鄂城：水。（《武昌县志》）

蕲春：四月望后暮夜大风，屋瓦纷飞无算。（《蕲州志》）

罗田：六月旱。（《清史稿》）

黄梅：秋大水，堤尽溃。（《黄梅县志》）

旱涝等级：荆州地区，三级；孝感地区，二级；咸宁地区，三级；黄冈地区，二级。

1783 年　清乾隆四十八年

六月,江夏、武昌、黄梅三卫大水。六月黄冈、广济大水。(《清史稿》)

房县:六、七月不雨。(《房县志》)

武昌:水。(《江夏县志》同治八年,《江夏县志》民国七年铅印)　江夏并武昌卫水。(《湖北通志》)

鄂城:大水。(《武昌县志》)

大冶:水。(《大冶县志》)

黄梅、广济、黄冈并黄州、蕲州三卫水。(《湖北通志》)

黄冈:大水。(《黄冈县志》《武昌县志》)

红安:奇荒。(《黄安乡土志》)

黄梅:秋大水,堤尽溃。(《黄梅县志》)

旱涝等级:郧、襄两地区,四级;咸宁地区,三级;黄冈地区,二级。

1784 年　清乾隆四十九年

竹溪:旱。(《竹溪县志》)

来凤:邑大饥。(《增修施南府志》《来凤县志》)　饥。(《湖北通志》)

荆门:五月二十八日迅雷疾雨,东堡塔倾。(《荆门直隶州志》)

应城:大旱,斗米钱八百,次年民半饥死。(《应城县志》《安陆府志》)五月旱。(《清史稿》《湖北通志》)

旱涝等级:郧、襄两地区,三级;恩、宜两地区,三级;荆州地区,三级;孝感地区,四级。

1785 年　清乾隆五十年

随州、蕲州、宜城、枝江饥。夏,武昌、汉阳、黄州、德安、安陆、荆州、襄阳及郧阳之郧、房等四十六个州县,并武昌、武左、沔阳、黄州、蕲水、德安、

荆州、荆左、荆右、襄阳等十卫所旱。(《湖北通志》)

襄阳、光化、谷城、枣阳、宜城、均州旱。(《襄阳府志》)

郧县:大旱。(《郧县志》)

均县:旱。(《均州志》)

竹溪:大旱,溪流皆断,民饥。(《竹溪县志》)

房县:大旱,河流皆断,有数十里汲水不得者,流民屯集,饿殍相望。(《房县志》)

襄阳、光化:旱。(《襄阳县志》《光化县志》)

枣阳:旱。(《枣阳县志》)

随县:旱,大饥。(《随州志》)

南漳:夏旱。(《南漳县志》)

当阳:大旱无禾。(《当阳县志》)

枝江:大旱,饥,斗米值钱八百文。(《枝江县志》《荆州府志拾遗》)

荆州:饥。(《江陵县志》)

江陵:旱。(《江陵县志》) 旱,饥。(《荆州府志拾遗》)

钟祥:大旱,赈灾。(《钟祥县志》)

荆门:大旱。(《荆门直隶州志》)

潜江:三月雨雹,昼晦,夏大旱。四、五、六月大旱,湖北省昼夜无故火,潜城内外尤甚,居人尽迁。(《潜江县志续》)

沔阳:大旱。(《沔阳州志》)

公安:旱,饥。(《荆州府志拾遗》) 旱。(《公安县志》)

监利:水。(《监利县志》同治十一年,《监利县志》光绪三十四年)

孝感:汉阳等县旱。(《孝感县简志》)

安陆:旱,同江夏等四十六州县并武昌等十卫蠲赋赈谷。(《安陆县志》《安陆府志》)

云梦:大旱,蠲赋外赈谷共八百九十万六千八百六十石二斗二升。(《云梦县志略》)

黄陂:旱,发赈。流殍无数。(《黄陂县志》)

武昌：大旱。(《江夏县志》同治八年,《江夏县志》民国七年铅印)　旱。(《江夏县志》同治八年)　二月自春徂夏不雨。(《清史稿》)

大冶：大旱,湖涸可通行人,谷菜不登,斗米五百余文,饥民采食草木根皮,甚有食白土名观音粉,道殣相望。(《大冶县志》)

阳新：大旱。(《兴国州志》光绪十五年)

蒲圻：旱。(《蒲圻县志》)

崇阳：大水。(《崇阳县志》)　春大水。(《清史稿》)

鄂城：大旱。(《武昌县志》)　二月,自春徂夏不雨。(《清史稿》)

黄州：大旱。(《黄州府志》)

黄冈：大旱。……黄冈湖涸,生自然谷采食者众。(《黄冈县志》《黄州府志》)

红安：大祲,流民死者堆积,里人掘坑埋之,名万人坑。(《黄安县志》)　岁洊饥,奇荒。(《黄安乡土志》)

麻城：旱灾。有诏赈恤,蠲缓是年太平仙居亭川乡一百二十区,被灾八分九分,田地塘八千五百二十七顷五十三亩九分……。(《麻城县志》)

英山：大旱,数月不雨,贫民饿毙者甚多,至五十一年夏麦熟,如稳。(《英山县志》)

浠水：大旱。(《大冶县志续编》《浠水县简志》)

蕲春：大旱,秋冬,道殣相望。(《蕲州志》)

黄梅：夏大旱,石米六千有奇。人多流亡,道殣相望。(《黄梅县志》)

旱涝等级：郧、襄两地区,五级;恩、宜两地区,四级;荆州地区,五级;孝感地区,五级;咸宁地区,五级;黄冈地区,五级。

1786年　清乾隆五十一年

房县：春三月,大雪。夏五月,麦大熟。秋淫雨而伤稼。闰七月蝗,自谷城来。(《房县志》)

宜城：飞蝗蔽天,禾苗全无,冬大饥。(《襄阳府志》)

枣阳:春,饥民采树皮石面为食,夏麦有秋。大疫流行。秋七月飞蝗蔽日,未成灾。(《枣阳县志》《襄阳府志》)

当阳:麦大熟,夏大水。(《当阳县志》)

枝江:有麦。(《枝江县志》)

江陵:水,上乡有秋。(《江陵县志》《当阳县补续志》) 八月大水。(《清史稿》)

荆门:春旱。五月二十二日甚雨,枣园淹。(《荆门直隶州志》) 七月旱。(《清史稿》)

沔阳:饥。(《沔阳州志》)

松滋:七月旱。(《清史稿》) 旱。(《松滋县志》《荆州府志拾遗》《湖北通志》)

大冶:二麦大熟。(《大冶县志》)

崇阳:大旱。(《崇阳县志》) 春大水。(《清史稿》)

麻城:大旱,八月飞蝗弥空,半月乃止。(《麻城县志》)

罗田:蝗。(《湖北通志》)

蕲春:麦有秋。(《蕲州志》《湖北通志》)

旱涝等级:郧、襄两地区,三级;恩、宜两地区,三级;荆州地区,三级;咸宁地区,四级;黄冈地区,四级。

1787 年　清乾隆五十二年

郧县:大有年。(《湖北通志》《郧县志》)

房县:秋大熟。(《房县志》)

随县:大有年。(《湖北通志》《随州志》)

当阳:大有年,斗米百钱。(《当阳县志》)

枝江:有秋。(《枝江县志》《黄州府志拾遗》《湖北通志》《荆州府志拾遗》)

荆州皆蝗,不为灾。(《湖北通志》)

荆门：七月十二日，飞蝗蔽天至十七、八日。（《荆门直隶州志》）

黄冈：是岁大熟。（《黄冈县志》）　蝗，不为灾，有年。（《黄州府志》）大有年。（《湖北通志》）

麻城：四月初二日飞蝗遍野，集地厚寸许，旋毙。（《麻城县志》）

罗田：皆蝗。（《湖北通志》）

旱涝等级：郧、襄两地区，三级；恩、宜两地区，三级；荆州地区，三级；黄冈地区，三级。

1788 年　清乾隆五十三年

五月，江夏、汉阳、汉川、沔阳、黄冈、黄梅、广济、潜江、江陵、公安、石首、监利、松滋、枝江、长阳等州县并武昌、武左、沔阳、黄州、蕲州、荆州、荆左、荆右、襄阳等九卫水。六月，荆州江决万城至宝玉路江堤十二处，冲西门、水津门两路入城，水深丈余，两月方退，官舍仓库俱没，兵民淹毙无算。登城者得活，四乡田庐人畜淹溺不可胜纪。（《湖北通志》）

六月，武昌、黄陂、襄阳、宜城、光化、应城、黄冈、蕲水、罗田、广济、黄梅、公安、石首、松滋、宜都大水。（《清史稿》）　夏六月，襄阳、宜城、光化水。（《襄阳府志》）

汉口：大水。（《夏口县志》）

竹溪：大水。（《竹溪县志》）

襄阳、光化：水。（《襄阳县志》《光化县志》）

鹤峰：五月二十二日，水溢郭外西街冲去民舍数十间，历来未有。（《鹤峰州志》《宜昌府志》）

宜昌：五月大水，冲去民舍数十间。（《清史稿》）

长阳：清江大水，坏城郭，漂没沿江田庐无算。（《长阳县志》）

枝江：六月十九日，大水入城，深丈余，漂流民舍无数，各州堤垸俱溃。（《枝江县志》《荆州府志拾遗》《清史稿》）

宜都：大水，临川门石磴，不没者十余级。（《宜都县志》）

江陵:六月,江决万城至玉路口堤二十余处,冲西门、水津门两路入城,水深丈余,两月方退,官舍仓库俱没,兵民淹毙无算。登城者得全活,四乡田庐尽淹,溺人畜不可胜纪。(《江陵县志》《荆州府志拾遗》) 七月,万城堤溃。(《清史稿》)

沔阳:大水。(《沔阳州志》)

松滋、公安、石首:大水。(《松滋县志》《公安县志》《荆州府志拾遗》)

潜江:七月,被灾甚重。(《清史稿》)

监利:水。(《监利县志》同治十一年,《监利县志》光绪三十四年)

孝感:大水。(《孝感县志》) 夏六月水,蠲赋……。(《孝感县志》)

云梦:水,蠲缓本年及旧欠钱粮。(《云梦县志略》)

应城:大水。(《应城县志》《安陆府志》)

黄陂:水,七月十四日,大风。漂溺无数,南乡民居几尽。(《黄陂县志》)

汉阳:大水。(《汉阳县志》) 七月大水。(《清史稿》)

咸宁:大水,进北城直抵中城。(《咸宁县志》)

武昌:大水。(《江夏县志》同治八年,《江夏县志》民国七年铅印) 夏六月水。(《江夏县志》同治八年)

大冶:大水。(《大冶县志》)

阳新:夏六月,江夏等十五州县并武昌等九卫所水,蠲免南米赈谷。(《兴国州志》民国三十二年)

蒲圻:水。(《蒲圻县志》)

鄂城:大水入城,江湖汇。(《武昌县志》)

黄冈:大水,近清源门,幕义乡人,见江心涌出破船,浪高数丈,声如雷,逾时没。(《黄冈县志》) 大水。(《黄州府志》)

罗田:大水。(《黄州府志》) 六月大水,城垣倾圮,人多溺死。(《清史稿》)

英山:五月大水,伤没田畴甚多。(《英山县志》)

蕲春:大水,市巷行船,庐舍田屯,俱被漂没。(《蕲州志》) 大水。

《黄州府志》)

浠水、广济:大水。(《大冶县志续编》《浠水县简志》《黄州府志》)

黄梅:秋,大水,堤尽溃。积雨三月,民房多倒塌。(《黄梅县志》) 大水。(《黄州府志》)

旱涝等级:郧、襄两地区,二级;恩、宜两地区,一级;荆州地区,一级;孝感地区,一级;咸宁地区,一级;黄冈地区,一级。

1789 年　清乾隆五十四年

巴东:水入城。(《湖北通志》) 大水舟入街心。(《宜昌府志》)

宜昌:五月大水。(《清史稿》)

宜都:大旱,自三月不雨至五月,岁大饥。(《宜都县志》《荆州府志拾遗》《清史稿》)

荆州、江陵、监利并荆州、荆左二卫水。(《湖北通志》) 荆州水。(《荆州府志拾遗》)

江陵、监利:水。(《江陵县志》《荆州府志拾遗》《监利县志》同治十一年,《监利县志》光绪三十四年)

崇阳:大水。(《崇阳县志》)

罗田:有年。(《湖北通志》)

旱涝等级:恩、宜两地区,二级;荆州地区,三级;咸宁地区,三级;黄冈地区,三级。

1790 年　清乾隆五十五年

江陵:二月大雨雹。(《江陵县志》) 大雨雹。(《荆州府志拾遗》)

旱涝等级:荆州地区,三级。

1791 年　清乾隆五十六年

汉口:水。(《夏口县志》)

房县:五月十五日大雨,水,冲没田庐,溺死人无算。(《房县志》《湖北通志》)

保康:蒋口水溢,田庐多冲刷。(《保康县志》《湖北通志》)　五月大雨,水冲没田庐,溺人无算。十一月大水,田庐多没。(《清史稿》)

沔阳:水。(《沔阳州志》)

松滋:朱家坪堤溃。(《湖北通志》)

应山:五月大旱。(《清史稿》)

云梦:七、八月疫症大作。(《安陆府志》)

汉阳:水。(《汉阳县志》)　夏,水。(《湖北通志》)

罗田:有年。(《湖北通志》)

旱涝等级:郧、襄两地区,二级;荆州地区,三级;孝感地区,四级;黄冈地区,三级。

1792 年　清乾隆五十七年

房县:六月淫雨至九月始止。(《清史稿》)　六月阴雨连绵至九月止,晴后大寒,秋稼无成,岁饥。(《房县志》)　六月大寒如冬。(《清史稿》)

当阳:旱。(《当阳县志》《湖北通志》)

钟祥:旱。(《钟祥县志》《湖北通志》)

罗田:有年。(《湖北通志》)

黄梅:夏,大水。疫。(《黄梅县志》)　大水。疫。(《黄州府志》)

旱涝等级:郧、襄两地区,二级;恩、宜两地区,三级;荆州地区,三级;黄冈地区,三级。

1793年　清乾隆五十八年

随县:四月二十一日大水。(《随州志》)　四月大水。(《清史稿》)

当阳:夏大水。罗家湾堤决,沙倒、滋泥等处,淹没殆尽,有庄姓民人举家数十口同溺死。(《当阳县志》)

钟祥:夏无麦,秋稻大熟。(《钟祥县志》)

红安:四月大水。(《清史稿》)

旱涝等级:郧、襄两地区,二级;恩、宜两地区,二级;荆州地区,三级;黄冈地区,二级。

1794年　清乾隆五十九年

汉口:早稻大熟。(《夏口县志》)

三月襄阳、光化、宜城大水。(《清史稿》《湖北通志》)

竹溪:五月大雨,溪涨,沿河市房屋漂没。(《竹溪县志》《湖北通志》)

竹山:夏,四月大雨,溪涨,有巨木数百顺流下。(《竹山县志》)

房县:秋,淋寒甚。(《房县志》)

襄阳:夏,大水。(《襄阳府志》《襄阳县志》)

光化:大水。(《光化县志》)

钟祥:秋大水,决堤,民有饥溺,……一工内及三工……堤溃。(《钟祥县志》)　大水。(《湖北通志》)

沔阳:水。(《沔阳州志》)

云梦:旱,蠲缓。(《云梦县志略》)

黄陂:早稻大熟。(《黄陂县志》)

汉川:大水。(《湖北通志》)

汉阳:早稻大熟。(《汉阳县志》《湖北通志》)

武昌:早稻大熟。(《江夏县志》同治八年,《江夏县志》民国七年铅印)

蒲圻:岁大熟。(《蒲圻县志》)

鄂城:早稻大熟。(《武昌县志》《湖北通志》)

红安:大水,浸没文昌阁东墙并仙湖书院。(《黄安县志》) 大水。
(《黄州府志》)

旱涝等级:郧、襄两地区,一级;荆州地区,二级;孝感地区,三级;咸宁
地区,三级;黄冈地区,二级。

1795 年　清乾隆六十年

房县:夏麦不熟。(《房县志》)

谷城:大旱。(《襄阳府志》)

七月,蠲免施南府属六县应征各款正项及杂课钱粮。(《宣恩县志》)

宣恩:八月蠲免宣恩县本年地丁钱粮。(《宣恩县志》)

湖北荆门、天门二州县,因本年五月间连雨,汉水大涨……。(《沔阳州
志》)

夏五月,荆门、天门大雨,汉水泛溢。潜江、沔阳亦水。(《湖北通志》)

潜江:五月大水。(《清史稿》)

沔阳:五月大水。(《清史稿》)

松滋:水,朱家埠堤溃。(《松滋县志》《荆州府志拾遗》) 五月大水。
(《清史稿》)

麻城:大旱,民多饥死。(《麻城县志》《黄州府志》)

旱涝等级:郧、襄两地区,四级;恩、宜两地区,三级;荆州地区,二级;黄
冈地区,四级。

1796 年　清嘉庆元年

汉口:旱。(《夏口县志》)

郧县:春二月汉水涨,有巨木百余漂下。秋大熟。(《郧县志》)

襄阳:秋大水。(《襄阳府志》)

光化:秋大水。(《光化县志》)

谷城:五月旱。(《清史稿》)

保康:五月疫。秋大熟。(《保康县志》)

宜城:秋大有。(《襄阳府志》)

……又蠲缓恩施、来凤、咸丰、利川、建始、宣恩等县应汇同被水等州县共四十三州县,应以嘉庆丙辰至戊午年共蠲免三次。(《宣恩县志》)

恩施、利川、建始以旱乏食。(《利川县志》《增修施南府志》)

枝江:六月十三日大水与戊申年(乾隆五十三年)同。(《枝江县志》)六月十三日大水灌城,深丈余。(《荆州府志拾遗》)

秋,荆州等府属州县水。江堤决。(《湖北通志》)

江陵:水。木城渊、杨二月堤溃。(《江陵县志》《荆州府志拾遗》)

沔阳:秋,八月水。(《沔阳州志》)

松滋:江堤决。(《松滋县志》《荆州府志拾遗》)

孝感:旱。(《孝感县志》)

黄陂:麦大熟。(《黄陂县志》)

汉阳:旱。(《汉阳县志》) 春旱。(《湖北通志》)

蒲圻:大有年。(《蒲圻县志》)

麻城:五月旱。(《清史稿》)

旱涝等级:郧、襄两地区,三级;恩、宜两地区,四级;荆州地区,二级;孝感地区,三级;咸宁地区,三级;黄冈地区,三级。

1797 年　清嘉庆二年

秋九月抚恤被旱乏食之宜城、襄阳、南漳、谷城、均州。(《南漳县志》)

南漳:秋七月初九日,满天赤霞大雨如注。(《襄阳府志》《南漳县志》)

恩、利、建三县以旱乏食,普行给赈三月。(《建始县志》)

恩施:九月,以旱乏食。(《恩施县志》)

咸丰:有年。(《增修施南府志》)

当阳:秋七月,各州县被旱乏食,给赈三月。(《当阳县志》)

枝江:六月十七日夜,雨雹,大如鹅卵,禽鸟死伤积野。(《枝江县志》《荆州府志拾遗》)

江陵、荆州等卫旱。(《湖北通志》)

江陵:旱。(《江陵县志》《荆州府志拾遗》) 五月旱。(《清史稿》)

监利:旱。(《监利县志》同治十一年,《监利县志》光绪三十四年)

崇阳:冬十一月,木冰,被折过半。(《崇阳县志》)

黄梅:秋七月,飞蝗入境。(《黄梅县志》)

旱涝等级:郧、襄两地区,五级;恩、宜两地区,五级;荆州地区,四级;咸宁地区,三级;黄冈地区,三级。

1798 年　清嘉庆三年

竹山:十二月二十六日大雪。(《竹山县志》)

宜城:四月二十三日夜,大风拔木、摧屋,雨雹大如鸡卵。(《宜城县志》《襄阳府志》) 秋禾稔。(《宜城县志》)

恩施:秋有年。(《恩施县志》) 有年。(《增修施南府志》)

建始:有年。(《增修施南府志》)

咸丰:有年。(《增修施南府志》)

利川:秋有年。(《利川县志》)

武昌:麦有秋。(《江夏县志》民国七年铅印)

蒲圻:岁有秋。(《蒲圻县志》)

鄂城:麦有秋,夏大水,秋有。(《武昌县志》) 夏大水。(《清史稿》)

红安:旱。(《黄安县志》)

旱涝等级:郧、襄两地区,三级;恩、宜两地区,三级;咸宁地区,三级;黄冈地区,三级。

1799 年　清嘉庆四年

监利:二月大雨如注,平地水深数尺。(《荆州府志拾遗》《监利县志》同治十一年,《监利县志》光绪三十四年,《清史稿》)

旱涝等级:荆州地区,三级。

1800 年　清嘉庆五年

汉口:岁饥。(《夏口县志》)

恩施:麦有秋,有年。(《恩施县志》《增修施南府志》)

建始:有年。(《增修施南府志》)

枝江:大旱。饥,斗米值钱八百文。(《宜城县志》《荆州府志拾遗》)有秋。(《荆州府志拾遗》)　春旱。(《清史稿》)　旱。(《湖北通志》)

汉阳:岁饥。(《汉阳县志》《湖北通志》)

旱涝等级:恩、宜两地区,三级;孝感地区,三级。

1801 年　清嘉庆六年

恩施:麦有秋,有年。(《恩施县志》)　秋有年。(《增修施南府志》)

宣恩:麦有秋。(《增修施南府志》)

钟祥:十六工内,钟京交界之堤溃。(《钟祥县志》)　麦有秋。(《湖北通志》)

大冶:大熟。(《大冶县志》)

通城:正月,荒,谷一石钱二千余。(《通城县志》)

黄梅:正月大雪,平地深数尺。秋有年。(《黄梅县志》)

旱涝等级:恩、宜两地区,三级;荆州地区,三级;咸宁地区,三级;黄冈地区,三级。

1802 年　清嘉庆七年

春、夏，武昌、汉阳、黄州、德安四府属州县旱。(《湖北通志》)

六月，汉川、沔阳、钟祥、京山、潜江、天门、江陵、公安、监利、松滋等州县，连日大雨，江水骤发。松滋、江陵城内水深丈余，公安尤甚，衙署民房城垣，仓廒均有倒塌，而人畜无损。(《清史稿》《湖北通志》)

郧西：甲河大水。(《郧西县志》)

钟祥：大水，溃新庵堤。三工新庵堤溃。(《钟祥县志》)　九月大水，堤决。(《清史稿》)

沔阳：水。(《沔阳州志》)　秋，沔阳之潭湾等垸，水复涨，田不淹。(《湖北通志》)

松滋：大水，高家套堤决。(《应山县志》《荆州府志拾遗》)

公安：水，衙署民房、城垣、仓廒均有倒塌，人口无损。(《公安县志》《荆州府志拾遗》)

监利：夏，连日大雨，江水骤涨，堤陆漫淹。(《监利县志》同治十一年，《监利县志》光绪三十四年)

德安府：六月旱。(《清史稿》)

孝感：旱。秋八月，蠲被水之汉阳十一县。(《孝感县志》)

安陆：旱，同江夏等十一县蠲缓。(《安陆县志》《安陆府志》)　六月旱。(《清史稿》)

应城：大旱。(《应城县志》)

黄陂：旱。(《黄陂县志》)

汉阳：六月旱。(《清史稿》)

咸宁：大旱。(《咸宁县志》)　六月旱。(《清史稿》)

大冶：大旱。(《大冶县志》)

鄂城：夏旱。缓带节、年钱粮等项。(《武昌县志》)　六月旱。(《清史稿》)

蒲圻：大旱。(《蒲圻县志》)

崇阳:旱。(《崇阳县志》)

通城:大旱。自五月初旬至七月十五日始雨。(《通城县志》)

黄州:大旱。(《黄州府志》)

黄冈:夏旱。(《黄冈县志》)　六月旱。(《应城县志》《清史稿》)

红安:大旱。(《黄安县志》)　岁洊饥。(嘉庆壬戌岁歉。)(《黄安乡土志》)

麻城:大旱。(《麻城县志》)

英山:大旱。(《英山县志》)

浠水:旱。(《大冶县志续编》《浠水县简志》)

蕲春:旱。(《蕲州志》)

黄梅:夏大旱,百日不雨,岁大歉,石米五千有奇。(《黄梅县志》)

旱涝等级:郧、襄两地区,三级;荆州地区,一级;孝感地区,四级;咸宁地区,四级;黄冈地区,五级。

1803 年　清嘉庆八年

湖北大有年。(《湖北通志》)

郧县:大有年。(《郧县志》)

随县:五月初四日夜,大水。(《随州志》)　五月大水。(《清史稿》)

宜城:岁熟。(《宜城县志》)

沔阳:春,大饥。(《沔阳州志》)

安陆:河水大涨。(《安陆县志》《安陆府志》)　大水。(《湖北通志》)

云梦:冬大水。(《清史稿》)

麻城:旱饥,赈济。(《麻城县志》)

旱涝等级:郧、襄两地区,三级;荆州地区,三级;孝感地区,三级;黄冈地区,三级。

1804 年　清嘉庆九年

汉阳:夏旱。(《清史稿》)

旱涝等级:孝感地区,三级。

1805 年　清嘉庆十年

枣阳:冬,十二月,大雪。洹寒冰厚五尺。(《枣阳县志》《清史稿》)
钟祥:大水,溃堤。(《钟祥县志》《湖北通志》)
潜江:丁公庙堤溃,河北大水。(《潜江县志续》《湖北通志》)
汉川:大水。(《湖北通志》)
通城:大熟。(《通城县志》)

旱涝等级:郧、襄两地区,三级;荆州地区,三级;孝感地区,三级;咸宁
地区,三级。

1806 年　清嘉庆十一年

枣阳:大有年。(《枣阳县志》)
钟祥:七月,大水。(《清史稿》)
安陆:岁大歉。(《安陆县志》) 饥。(《湖北通志》)
黄梅:大有年。(《黄梅县志》《黄州府志》)

旱涝等级:郧、襄两地区,三级;荆州地区,三级;孝感地区,三级;黄冈
地区,三级。

1807 年　清嘉庆十二年

郧县:秋,西乡大水,冲刷田稼民房无算。(《湖北通志》《郧县志》)
房县:春沉寒,麦歉收。秋,低田熟,山地差减。(《房县志》)

枝江:三月十二日,雨雹。(《枝江县志》《荆州府志拾遗》)

石首:夏大旱。(《荆州府志拾遗》) 五月旱。(《清史稿》) 旱。(《湖北通志》)

应山:大旱,饥。是岁(丁卯)至甲戌,连荒者八年,先菜食,继草根树皮亦尽,饿殍异乡者无算。(《监利县志》同治十一年,《安陆府志》) 旱。饥。民食草根树皮殆尽。(《湖北通志》)

应城:秋旱。(《应城县志》) 旱。(《湖北通志》)

黄陂:是年旱。(《黄陂县志》)

崇阳:夏大旱。(《崇阳县志》) 五月旱。(《清史稿》)

通城:春、夏旱,自四月至八月始大雨,谷贵。(《通城县志》)

红安:岁荒。(《黄安乡土志》)

黄梅:大有年,谷价贱,石米不及千钱。(《黄梅县志》《黄州府志》)

旱涝等级:郧、襄两地区,三级;恩、宜两地区,三级;荆州地区,三级;孝感地区,四级;咸宁地区,四级;黄冈地区,三级。

1808 年 清嘉庆十三年

潜江:翟家滩冲溃一口成潭。(《潜江县志续》)

汉阳:秋,淫雨弥月。(《清史稿》)

武昌:麦有秋。(《江夏县志》同治八年)

通城:谷贵。(《通城县志》) 饥。(《湖北通志》)

红安:十三年至二十三年,夏多旱。(《黄安县志》) 春、夏旱。(《清史稿》)

英山:夏、秋大疫。(《英山县志》)

蕲春:旱,谷米腾贵。(《蕲州志》) 饥。(《湖北通志》)

黄梅:大水。(《黄梅县志》)

旱涝等级:荆州地区,三级;孝感地区,三级;咸宁地区,三级;黄冈地区,四级。

1809 年　清嘉庆十四年

房县:四月大水。(《清史稿》)　西门水涨发,冲圮西北城角并冲西关街十数家,堤防毁尽。(《房县志》《湖北通志》)

襄阳:大雨雹。(《襄阳县志》)　夏四月,襄阳大雨雹。(《襄阳府志》)

南漳:夏六月,西山雨雪子,大如鸡子,小如胡桃,伤禾。大水。(《南漳县志》《襄阳府志》)

荆门:四月初四日,大雨雹。(《荆门直隶州志》)

应山:四月旱。(《清史稿》)

咸宁:大旱。(《咸宁县志》)

崇阳:旱。(《崇阳县志》)

旱涝等级:郧、襄两地区,二级;荆州地区,三级;孝感地区,三级;咸宁地区,四级。

1810 年　清嘉庆十五年

房县:四月初,大雪折树。(《房县志》)

襄阳:麦有秋。(《襄阳府志》《襄阳县志》《湖北通志》)

宜城:大水,贯城,平地行舟。乡村镇市塌没屋舍、人、畜、禾稼无算。(《襄阳府志》《宜城县志》)　四月大水,十月大水。(《清史稿》)

枝江:有秋。(《枝江县志》《荆州府志拾遗》)

宜都:三月大雪,雨雹伤麦。(《宜都县志》《荆州府志拾遗》)

钟祥:大旱。(《钟祥县志》《湖北通志》)

大冶:元旦大雪。(《大冶县志》)

蒲圻:大旱。(《蒲圻县志》)

黄梅:夏,积雨弥月,深山蛟起,大雨如注,平地水深数尺。田庐冲塌无数。平原有年。(《黄梅县志》)

旱涝等级：郧、襄两地区，二级；恩、宜两地区，三级；荆州地区，四级；咸宁地区，四级；黄冈地区，二级。

1811年　清嘉庆十六年

房县：五月旱。(《清史稿》)　大旱，伤禾无收，岁大饥。(《房县志》《湖北通志》)

枝江：三月二十八日雨雹。(《枝江县志》《荆州府志拾遗》)

宜都：旱。(《宜都县志》《荆州府志拾遗》)　五月旱。(《清史稿》)

夏，监利杨林关堤溃，潜江水。(《湖北通志》)

江陵：夏旱。(《江陵县志》《荆州府志拾遗》)　五月旱。(《清史稿》)

钟祥：大旱。(《钟祥县志》)　五月旱。(《清史稿》)

潜江：监利杨林关溃，邑东南乡被淹。(《汉阳府志》)

蒲圻：大旱。(《蒲圻县志》)

旱涝等级：郧、襄两地区，四级；恩、宜两地区，三级；荆州地区，四级；咸宁地区，四级。

1812年　清嘉庆十七年

竹溪：五月三十日大水入城，六月初三日复溢，三日方退。(《湖北通志》《竹溪县志》)

房县：六月大水。(《湖北通志》《房县志》《清史稿》)

宜都：三月雨雹，禾尽偃。(《宜都县志》《荆州府志拾遗》)

潜江：有年。(《潜江县志续》《湖北通志》)

公安：双石碑决。(《公安县志》《荆州府志拾遗》《湖北通志》)

应山：大旱。(《应山县志》《湖北通志》)

大冶：大有年。(《大冶县志》)

崇阳：旱。(《崇阳县志》)

旱涝等级：郧、襄两地区，二级；恩、宜两地区，三级；荆州地区，三级；孝感地区，四级；咸宁地区，三级。

1813 年　清嘉庆十八年

春，随州、谷城、宜城、郧西、房县、竹溪饥。夏，襄阳、钟祥、远安大旱。（《湖北通志》）

襄阳、枣阳旱。（《襄阳府志》）

郧县：冬无雪，大旱。（《郧县志》）　八月旱。（《清史稿》）

郧西：饥。（《郧西县志》）

均县：大旱，饥。民采木皮为食，道殣相望。（《均州志》）

房县：夏旱四十八日。秋雨四十八日。大饥。（《房县志》）

襄阳：旱。（《襄阳县志》）　八月旱。（《清史稿》）

枣阳：大旱。（《枣阳县志》）　八月旱。（《清史稿》）

保康：夏，大旱四十日。复淫雨四十二日。岁大饥，斗米千钱。（《保康县志》）

随县：大饥。（《随州志》）

宜城：秋大饥。斗米千钱。（《宜城县志》）

恩施：清江水溢。枝江堤溃。（《湖北通志》）

远安：大旱。（《远安县志》）

枝江：八月十六日，大水入城，各州堤溃。（《枝江县志》《荆州府志拾遗》）

宜都：夏，大水。（《宜都县志》）　大水。（《荆州府志拾遗》）

钟祥：大旱。（《钟祥县志》）　八月旱。（《清史稿》）

潜江：大有年。（《潜江县志续》）

公安：八月朔，安弥陀寺堤决，浸及石首西院，堤俱决。（《荆州府志拾遗》《湖北通志》）

蒲圻：大有年。（《蒲圻县志》）

麻城：大旱。斗米千钱。（《麻城县志》《黄州府志》）　八月旱。（《清史

稿》)

黄梅：夏大水，秋冬不雨，有掘地丈余不得泉，汲水数里外者。(《黄梅县志》)

旱涝等级：郧、襄两地区，五级；恩、宜两地区，二级；荆州地区，四级；咸宁地区，三级；黄冈地区，四级。

1814 年　清嘉庆十九年

春，应城、郧县、蕲水、罗田旱。汉阳、麻城、安陆、襄阳、南漳、竹溪、房县饥。(《湖北通志》)

汉口：岁饥。(《夏口县志》)

襄阳、枣阳、南漳：饥。(《襄阳府志》)

郧县：大旱，大饥。(《郧县志》)　春旱。(《清史稿》)

竹溪：大饥。草木食尽，民多饿死。(《竹溪县志》)

房县：春，斗米钱三千二百。饿殍无算。(《房县志》)

襄阳：饥。(《襄阳县志》)

枣阳：饥疫，斗米千钱，次年冬大雪。(《枣阳县志》)

保康：春大饥，秋大熟。(《保康县志》)

南漳：春饥。(《南漳县志》)

宜城：春大饥，斗米千钱。(《宜城县志》)

枝江：春大疫，四月十三日大雨雹。(《枝江县志》《荆州府志拾遗》)

江陵：闰二月二十九日，大雨雹。伤损菜麦、飞禽无算。(《荆州府志拾遗》)

钟祥：大旱。(《钟祥县志》)　夏大旱，河尽涸。(《清史稿》)

沔阳：夏旱。(《沔阳州志》)

孝感：大旱。(《孝感县志》)

安陆：岁大歉。(《安陆县志》《安陆府志》)

应城：大旱。(《应城县志》《安陆府志》)　春旱。(《清史稿》)

汉阳:岁饥。(《汉阳县志》) 秋淫雨伤稼。(《清史稿》)

蒲圻:大有年。(《湖北通志》) 有秋。(《蒲圻县志》)

麻城:饥。(《黄州府志》)

罗田:大旱。(《黄州府志》) 春旱。(《清史稿》)

英山:大旱。(《英山县志》)

浠水:大旱。(《大冶县志续编》《黄州府志》) 春旱。(《清史稿》)

蕲春:大水。(《蕲州志》《黄州府志》《湖北通志》)

黄梅:正月大冰冻,树木多折。岁大歉,石米四千有奇。冬大雪,湖冰胶舟,人多饿毙。(《黄梅县志》) 大冰雪。(《黄州府志》)

旱涝等级:郧、襄两地区,四级;恩、宜两地区,三级;荆州地区,四级;孝感地区,四级;咸宁地区,三级;黄冈地区,四级。

1815 年 清嘉庆二十年

郧县:大有年。(《郧县志》)

谷城:大水。(《清史稿》)

枣阳:冬十一月大雪。(《襄阳府志》)

宜城:大水。(《清史稿》) 有年。(《宜城县志》)

鄂城:水。(《武昌县志》)

黄冈:柳子港蛟水,被害人百四十余口,冲没庐墓无数。(《黄冈县志》《黄州府志》)

麻城:大水,冲压田地无算。(《麻城县志》《黄州府志》)

旱涝等级:郧、襄两地区,三级;咸宁地区,三级;黄冈地区,二级。

1816 年 清嘉庆二十一年

宜城:有年。(《襄阳府志》《宜城县志》)

远安:大水,没西城。(《远安县志》《湖北通志》)

当阳:大水。(《当阳县志》《湖北通志》)

沔阳:大水。(《沔阳州志》)

监利:秋,南北垸水。(《监利县志》同治十一年,《监利县志》光绪三十四年)

大冶:水。(《大冶县志》)

鄂城:大水,县北市灾。(《武昌县志》)

蒲圻:除夕大雪。(《蒲圻县志》)

崇阳:二月大雪。(《崇阳县志》)

黄冈:大水。(《黄冈县志》)

旱涝等级:郧、襄两地区,三级;恩、宜两地区,二级;荆州地区,三级;咸宁地区,三级;黄冈地区,三级。

1817 年　清嘉庆二十二年

汉口:六月十三日,汉口大江中暴风,漂没船只千余,死者无算。(《湖北通志》)

宜城、谷城七月大水。(《清史稿》)　夏六月枣阳大雷电以风,伐屋拔木。蛟见鹦鹉水,宜城、谷城水。(《襄阳府志》)　冬十月,宜城,果木重华重实。(《襄阳府志》《湖北通志》)　汉水溢谷城两岸。(《湖北通志》)

房县:七月二十一日,烈风雨雹,禾稼入泥者,周围数里,大木多拔,庙宇民房,塌毁者数十家。(《房县志》)

宜城:七月二十七、八日大水漫城脚。冬十月水,果重华重实。(《宜城县志》)

鄂城:大熟。(《武昌县志》)

旱涝等级:郧、襄两地区,二级;咸宁地区,三级。

1818 年　清嘉庆二十三年

郧县:夏六月水涨,县治东关赵河,漂没人家菜园、男妇三百余人。

（《郧县志》《湖北通志》）

宜城：是岁有年。（《宜城县志》）

枝江：麦大熟。（《枝江县志》）

潜江：有年。（《潜江县志续》《湖北通志》）

通城：龙水近港，居民多被水淹。（《通城县志》） 水。（《湖北通志》）

黄梅：大水。（《黄梅县志》）

旱涝等级：郧、襄两地区，二级；恩、宜两地区，三级；荆州地区，三级；咸宁地区，三级；黄冈地区，三级。

1819 年　清嘉庆二十四年

襄阳：秋，堤溃，漂没民居。（《襄阳县志》）

随县：大水，坏田、民房无算。（《湖北通志》）

宜城：八月初八日大水。（《宜城县志》） 大水。（《湖北通志》）

恩施：邑大疫。（《恩施县志》） 大疫。（《增修施南府志》）

潜江：永丰垸、舒家榨堤溃，水淹五邑三卫二次。（《潜江县志续》《湖北通志》）

应山：大旱。（《应山县志》） 八月旱。（《清史稿》） 旱。（《湖北通志》）

黄陂：又旱。（《黄陂县志》） 九月旱。（《清史稿》）

麻城：旱。（《麻城县志》） 八月旱。（《清史稿》）

旱涝等级：郧、襄两地区，二级；恩、宜两地区，三级；荆州地区，三级；孝感地区，四级；黄冈地区，三级。

1820 年　清嘉庆二十五年

均县：善安里塘三……嘉庆二十五年，山水冲决几废。（《均州志》）

随县：五月初七日大水，坏田产民房无数。（《随州志》《安陆府志》）

潜江:有年。(《潜江县志续》《湖北通志》)

咸宁:大旱。(《咸宁县志》)　八月旱。(《清史稿》)

崇阳:夏秋旱。(《崇阳县志》)　八月旱。(《清史稿》)

通城:夏旱,秋荞菜熟。(《通城县志》)

鄂城:秋旱。(《武昌县志》)　八月旱。(《清史稿》)

蕲春:大旱。自四月不雨至明年首,夏始通田可耕插。(《蕲州志》)大旱。(《黄州府志》)

黄梅:大旱,禾多槁。(《黄梅县志》《黄州府志》)　五月大旱。(《清史稿》)

旱涝等级:郧、襄两地区,二级;荆州地区,三级;咸宁地区,四级;黄冈地区,五级。

1821 年　清道光元年

保康:五月大水。(《湖北通志》《清史稿》)　东沟大水,南门外居民多冲刷,街道亦淤。(《保康县志》)

随县:五月十二日大水。(《随州志》《安陆府志》《湖北通志》《清史稿》)

宜城:六月水。(《宜城县志》)

恩施:大饥,民采蕨食。(《恩施县志》《增修施南府志》)

潜江:水漫骑马堤,直注柴林滩,冲断柴市里许。(《潜江县志续》《湖北通志》)　秋大水。(《清史稿》)

沔阳:大水。(《沔阳州志》)

大冶:辛日,雨雹伤麦。(《大冶县志》)

蒲圻:有秋。(《蒲圻县志》)

崇阳:正月大雪。秋有年。(《崇阳县志》)

通城:荒。(《通城县志》)

蕲春:岁大稔。(《蕲州志》)　大有年。(《黄州府志》)

黄梅:夏蝗。(《黄梅县志》)

旱涝等级:郧、襄两地区,二级;恩、宜两地区,三级;荆州地区,三级;咸宁地区,三级;黄冈地区,三级。

1822 年　清道光二年

竹山、郧县五月大水,光化五月汉水溢。(《清史稿》)

房县、郧西大水。(《湖北通志》)

郧西:大水。(《郧西县志》)

竹溪:五月大水。(《竹溪县志》)

光化:自夏徂秋,汉水三涨,漂没禾麦无算。(《光化县志》)

宜城:是岁自夏徂秋,汉水涨,漂没禾麦,城乡大疫。(《宜城县志》)秋大熟。(《襄阳府志》)

恩施:饥。(《湖北通志》)

宜都:春旱。(《清史稿》)　大旱。(《宜都县志》《荆州府志拾遗》《湖北通志》)

钟祥:大水溃王家营堤。(《湖北通志》)　十六工王家营堤连溃。(《钟祥县志》)　正月,大水决堤。(《清史稿》)

潜江:钟邑、王家营堤溃。河北大水。(《潜江县志续》)　正月大水。(《清史稿》)

沔阳:大水。(《沔阳州志》)

监利:北垸水。(《监利县志》同治十一年,《监利县志》光绪三十四年)

孝感:大水。(《孝感县志》)

应城:大水。(《应城县志》《安陆府志》)　七月大水。(《清史稿》)

汉川:大水。(《湖北通志》)

崇阳:二月大雪。(《崇阳县志》)

通城:饥。(《湖北通志》)

鄂城:大熟。(《武昌县志》)

红安:秋禾大熟。(《黄安县志》)　大有年。(《黄州府志》)

蕲春:六月大风,拔木,坏民居无数。(《蕲州志》)　夏大风,拔木,坏民

舍。(《黄州府志》)

旱涝等级:郧、襄两地区,二级;恩、宜两地区,四级;荆州地区,二级;孝感地区,三级;咸宁地区,三级;黄冈地区,三级。

1823年　清道光三年

宜城:秋大熟。自九月不雨至十月。(《宜城县志》)

江陵:水,郝穴堤溃。(《江陵县志》《荆州府志拾遗》《湖北通志》)　三月大水。(《清史稿》)

钟祥:十六工、王家营堤连溃。(《钟祥县志》)

潜江:南江蒋家埠堤溃,邑西南乡被淹。(《潜江县志续》)　饥。(《湖北通志》)

监利:北垸水。(《监利县志》同治十一年,《监利县志》光绪三十四年)

石首:大水,各堤垸俱溃。(《湖北通志》《荆州府志拾遗》)　三月大水。(《清史稿》)

通山、蒲圻:有年。(《湖北通志》)

大冶:水。多淫雨。(《大冶县志》)

蒲圻:大稔。(《蒲圻县志》)

崇阳:溪水常溢。(《崇阳县志》)

黄冈:大水。(《黄冈县志》)

鄂城:大水。(《武昌县志》)

黄梅:夏大水,堤尽溃。谷价腾贵,灾民聚城候赈,栖息祠庙死者相枕藉。(《黄梅县志》)　大水,饥。(《湖北通志》)　六月大水。(《清史稿》)饥。(《湖北通志》)

旱涝等级:郧、襄两地区,三级;荆州地区,二级;咸宁地区,三级;黄冈地区,二级。

1824 年　清道光四年

房县:旱。(《清史稿》)　大旱。(《房县志》)

保康:夏,大水。(《保康县志》)

宜城:自四月不雨至六月,闰七月初八、九日大水,没秋禾。(《宜城县志》《襄阳府志》)

沔阳:夏四月朔日,晡雷雨暴。(《沔阳州志》)

潜江:西荆河西岸周家矶堤溃,王家营复溃,河北大水。(《潜江县志续》)

鄂城:旱。(《武昌县志》)

麻城:旱。(《麻城县志》《黄州府志》)　秋旱。(《清史稿》)

蕲春:六月间大旱,荒,斗米钱五百,流民四起。九月间雨雪。(《蕲州志》)　秋九月雨雪。(《黄州府志》)

黄梅:正月望,大雨雹,疾风迅雷,木多拔,夜大雪盈尺。秋有年。(《黄梅县志》)

旱涝等级:郧、襄两地区,四级;荆州地区,三级;咸宁地区,三级;黄冈地区,四级。

1825 年　清道光五年

枝江:正月八日大雨雹,江南北损豆麦无数。(《枝江县志》《荆州府志拾遗》)

潜江:王家营旋筑旋溃,河北大水。(《潜江县志续》)

监利:北垸水。(《监利县志》同治十一年,《监利县志》光绪三十四年)

应山:秋大旱。(《应山县志》《安陆府志》)　六月旱。(《清史稿》)

大冶:大有年。(《大冶县志》)

罗田:春,大风拔木。(《黄州府志》)

英山:春,大风,坏民房,拔竹木无算。(《英山县志》)

浠水:春,大风拔木。(《大冶县志续编》《黄州府志》《浠水县简志》)

蕲春:麦大稔。(《湖北通志》《蕲州志》)　麦大熟。(《黄州府志》)

旱涝等级:恩、宜两地区,三级;荆州地区,三级;孝感地区,四级;咸宁地区,三级;黄冈地区,三级。

1826年　清道光六年

竹溪:大水。(《湖北通志》)　六月水涨溢,近河民居屋舍倾圮,禾稼皆冲淤。(《竹溪县志》)

谷城:大旱。(《襄阳府志》《湖北通志》)

宜城:夏,六月初四日,蛟水,东西山蛮水、南泉河皆涨,坍塌田房无算。(《湖北通志》《襄阳府志》《宜城县志》)

宜都、远安、枝江大水。(《湖北通志》)

利川:八月县西八十里,龙洞沟起蛟,山崩、水涨,坏民田无算。(《利川县志》)

宜昌:六月大雨,连十日不止,三隅铺山溪大涨,崩岩裂石,田产多为积沙所损。(《东湖县志》《宜昌府志》《湖北通志》《孝感县志》)　六月大雨连绵,十日不止,损田禾。(《清史稿》)

远安:大水,没西城砖二十块。(《远安县志》)

当阳:夏,六月大水,东南堤防皆决,居民多溺死者。(《当阳县志》)

枝江:麦熟。大水,溃下百里周堤。(《枝江县志》《荆州府志拾遗》)麦大稔。(《湖北通志》)

宜都:六月初五日夜,大雨有蛟,出当阳玉泉山,县北玛瑙河涨,坏民居溺死人畜无算。(《宜都县志》《荆州府志拾遗》)

江陵:水,文村下吴家湾堤溃。(《江陵县志》《荆州府志拾遗》)　大水。(《湖北通志》)

钟祥:大水,张壁口以上堤溃。(《钟祥县志》《湖北通志》)

荆门:夏,六月大水,东南堤防皆决,民多溺死。(《荆门直隶州志》)

潜江：东荆河郑浦垸，朱家湾堤溃，是年王家营又决，河北大水。（《潜江县志续》《湖北通志》）

沔阳：夏，五月九日夜，雨甚烈，风迅雷，平地水数尺，房屋倾塌。（《湖北通志》《沔阳州志》） 秋七月水。（《沔阳州志》）

云梦：四月十七日午，风雷雨雹，大者如拳。（《安陆府志》）

汉川：大水。（《湖北通志》）

旱涝等级：郧、襄两地区，二级；恩、宜两地区，一级；荆州地区，二级；孝感地区，三级。

1827 年　清道光七年

房县：五月汪家河水溢，坏田庐无算。（《湖北通志》《清史稿》） 五月初十日西乡汪家河大水，……冲没田庐无算，西河水进西门。（《房县志》）

襄阳府秋禾稔。（《襄阳府志》）

宜城：秋禾稔。（《宜城县志》）

恩施：夏淫雨，麦未获生芽。（《恩施县志》《增修施南府志》《湖北通志》） 夏淫雨伤稼。（《清史稿》）

枝江：六月十三日大水，入城，各处堤决，仅保全上百里洲及澌洋洲。（《枝江县志》《荆州府志拾遗》《湖北通志》） 六月大水入城。（《清史稿》）

江陵：大水，蒋家埠、吴家湾堤溃。（《江陵县志》《荆州府志拾遗》《湖北通志》） 五月大水。（《清史稿》）

潜江：南江卡子口堤溃，邑红庄等垸皆被淹，……河北王家营未筑，大水。（《湖北通志》《潜江县志续》） 八月大水溃堤。（《清史稿》）

监利：北垸水。（《监利县志》同治十一年） 南北垸水。（《监利县志》光绪三十四年）

应山：秋蝗。大有年。（《应山县志》《湖北通志》）

汉川：大水。（《湖北通志》）

崇阳：山水暴涨，城中水深数尺。（《崇阳县志》） 八月山水陡发，城中

水深数尺。(《清史稿》)

通城:六月初一日,大雨水溢,沿河田地民房冲坏者无数,居民多被淹没。(《通城县志》《湖北通志》)

蕲春:五月霖雨,山水大发,漂没田庐、人畜无算。(《蕲州志》) 水,坏田庐伤人畜。(《黄州府志》) 五月大水,漂没田庐人畜。(《湖北通志》《清史稿》)

旱涝等级:郧、襄两地区,三级;恩、宜两地区,二级;荆州地区,二级;孝感地区,三级;咸宁地区,二级;黄冈地区,二级。

1828 年　清道光八年

长阳:大疫。(《长阳县志》《湖北通志》)

京山:巴家厂、潜江蚌湖堤决。荆河西岸褚家场堤亦溃。(《湖北通志》)

潜江:蚌湖堤复溃,……连淹三年,岁大荒。(《潜江县志续》)

监利:北垸水。(《监利县志》同治十一年,《监利县志》光绪三十四年)

汉川:水。(《湖北通志》)

崇阳:冬十二月,大雨、雷电。(《崇阳县志》)

旱涝等级:恩、宜两地区,三级;荆州地区,三级;孝感地区,三级;咸宁地区,三级。

1829 年　清道光九年

宜城:八月不雨至于十月。(《清史稿》《宜城县志》) 冬十月,桃李华且实。(《襄阳府志》《宜城县志》《湖北通志》)

公安:许刘周堤决。(《公安县志》《荆州府志拾遗》《湖北通志》)

监利:北垸水。(《监利县志》同治十一年,《监利县志》光绪三十四年)

鄂城:大熟。(《武昌县志》)

罗田:水。(《湖北通志》)

旱涝等级:郧、襄两地区,三级;荆州地区,三级;咸宁地区,三级;黄冈地区,三级。

1830 年　清道光十年

襄阳:冬十月桃李秀。(《湖北通志》《襄阳府志》《襄阳县志》)

谷城:夏六月,大水绕城,沿河禾稼多损。(《襄阳府志》) 大水。损田禾,溃堤。(《湖北通志》)

恩施:六月淫雨,伤稼,饥。(《清史稿》《恩施县志》《增修施南府志》)淫雨伤稼。(《湖北通志》)

兴山:大水,浸至城根而止。(《兴山县志》) 六月大水。(《清史稿》)

枝江:江水大涨,入城诸州堤皆决,庐舍漂流,人民淹毙无算,良田多为沙淤。(《枝江县志》《荆州府志拾遗》) 六月大水入城,漂没田庐。(《清史稿》) 大水。(《湖北通志》)

宜都:夏大水,沿江田庐漂没。(《宜都县志》《荆州府志拾遗》) 六月大水。(《清史稿》) 大水。(《湖北通志》)

江陵:大饥。(《江陵县志》《荆州府志拾遗》《湖北通志》)

钟祥:十二月二十三日,大雪大风酷寒,冰坚可渡。(《钟祥县志》《湖北通志》)

松滋:大水,朱家埠堤溃。(《松滋县志》《荆州府志拾遗》)

公安:大河湾决。(《公安县志》《荆州府志拾遗》) 大水,损田禾,溃堤。(《湖北通志》)

监利:南北垸水。(《监利县志》同治十一年,《监利县志》光绪三十四年)

石首:堤垸俱溃。(《荆州府志拾遗》) 大水,损田禾,溃堤。(《湖北通志》)

通山:淫雨伤稼。(《湖北通志》)

崇阳:大水,淫雨连旬,狂涛汹涌,漂溺者众。(《崇阳县志》) 五月淫雨连旬,漂没田庐甚多。五月大水。(《清史稿》)

鄂城:秋大水。冬雷。(《武昌县志》)

黄冈:冬震雷。(《黄冈县志》)

英山:夏,大风拔木复屋。(《英山县志》)

旱涝等级:郧、襄两地区,三级;恩、宜两地区,一级;荆州地区,二级;咸宁地区,二级;黄冈地区,三级。

1831 年　清道光十一年

汉口:大水。(《夏口县志》)

谷城、宜城:六月淫雨二十余日,伤稼。(《清史稿》《湖北通志》) 夏,宜城淫雨害稼。六月水。谷城六月初旬至七月阴雨二十余日,三河之水同日涨溢,东南城门俱闭,稼禾伤损。(《襄阳府志》)

房县:十一月大水。(《清史稿》) 六月大水。(《清史稿》《湖北通志》)北乡大水,坏民房田地无算,西乡同。(《房县志》)

宜城:夏,淫雨害稼,六月水。(《宜城县志》)

来凤:大饥。(《来凤县志》《增修施南府志》)

当阳:水,大饥。(《当阳县志》)

宜都:春,汉洋铺雨雹。夏大水。(《宜都县志》《荆州府志拾遗》) 冬大雪,树木冻折。(《宜都县志》《荆州府志拾遗》《湖北通志》) 大水。(《清史稿》)

钟祥:大水溃堤。(《钟祥县志》《湖北通志》) 八月大水漫堤。(《清史稿》)

京山:六月大水。(《湖北通志》)

潜江:火府庙旁冲溃一口成潭。(《潜江县志续》)

沔阳:夏秋大水。冬大饥。(《沔阳州志》)

松滋:饥。冬赈。(《松滋县志》《荆州府志拾遗》)

公安:吕江口、窑头埠决。(《公安县志》《荆州府志拾遗》) 大水。(《湖北通志》《清史稿》)

监利:南北垸水。(《监利县志》同治十一年,《监利县志》光绪三十四年)

石首:江堤溃,饿死者大半。(《荆州府志拾遗》) 堤溃。(《清史稿》) 六月大水溃堤。(《湖北通志》)

六月,江汉暴涨,应城、应山、汉阳、汉川等县大水。(《湖北通志》)

孝感:大水。(《孝感县志》)

应山:大水,汉沔就食者踵相接,邑仓庾立尽,是年冬至次年春大饥。(《应山县志》) 十一月大水。(《清史稿》)

安陆:夏,河水大涨。(《安陆县志》《安陆府志》) 六月大水。(《清史稿》)

云梦:被水,奉文缓征钱漕。(《清史稿》《云梦县志略》) 是年(六月),河堤尽溃,田庐漂没。(《清史稿》《德安府志》)

应城:大水。冬十一月桃实。(《应城县志》《安陆府志》)

黄陂:大水,泛城,野多饿殍,文昌阁大水后倾圮……。(《黄陂县志》) 八月大水。(《清史稿》)

汉阳:大水。(《汉阳县志》) 八月大水。(《清史稿》)

咸宁:夏大水,进北城门。(《咸宁县志》)

武昌:夏大水,淫雨弥月,城西北隅民居皆没于水。(《江夏县志》同治八年,《江夏县志》民国七年铅印) 五月淫雨弥月。(《清史稿》)

大冶:大水。(过乾隆五十三年八寸。五月江水暴涨五日超丈余,居庐漂没者无数,是时民鲜蓄积猝遇大灾,流离载道,至冬多殍死者。)(《大冶县志》)

阳新:大水入城。(《兴国州志》光绪十五年)

蒲圻:大水。(《蒲圻县志》) 六月大水。(《湖北通志》)

崇阳:夏,五月大水,平地深丈余,田多冲决,升米钱四十文,贫民率老幼男女向大户索米。(《崇阳县志》)

通城：春多雨,五月初五日水如丁亥年(一八二七年),谷石钱二千余,发常平仓贷。(《通城县志》)　六月大水。(《湖北通志》)

鄂城：大水,江湖水合,民多流亡。(《武昌县志》)　十一月大水。(《清史稿》)

六月,江汉暴涨,黄冈、黄安、蕲州……等州县,大水溃堤。(《湖北通志》)黄州大水至清源门。(《黄州府志》)　十一月大水。(《清史稿》)

黄冈：大水至清源门。(《黄冈县志》)　水灾。(《黄州府志》)　大水。(《清史稿》)

红安：五月大水,侵入南城,坏城隍庙泥马,淹城外民房甚多。(《黄安县志》)

麻城：大水冲压田房无算。(《麻城县志》)　大水。(《清史稿》)

浠水：大水。(《大冶县志续编》《浠水县简志》《清史稿》)

蕲春：大水,城内市巷水深数尺,漂没田庐无算。(《蕲州志》)

黄梅：夏大水,逾三年六尺,堤尽溃,米价腾贵,民多流亡。(《黄梅县志》)

旱涝等级：郧、襄两地区,二级;恩、宜两地区,二级;荆州地区,二级;孝感地区,二级;咸宁地区,一级;黄冈地区,一级。

1832 年　清道光十二年

汉口：大疫,死者无算,有沿途倒毙者,有阖门不起,货财充斥而尚待族郧故旧收埋者,自春徂夏几半年届秋始止。(《夏口县志》)

郧阳府七月大雨七昼夜,坏官署民房大半。(《清史稿》)

郧县、郧西、襄阳、宜城大水。房县、郧县自春徂冬,淫雨害稼。(《湖北通志》)

郧县：秋八月,汉水、堵水溢,漂没禾稼人畜无算,城内民房大半倾圮,西乡溪涧冲决甚多。(《郧县志》)　夏大水,民房多坏。(《清史稿》)

郧西：八月汉水溢,漂流民物庐舍无算。(《郧西县志》)

均县：秋八月，汉水溢，入城，深七尺许，民宅坍圮无算。(《均州志》《清史稿》)

竹溪：七月大雨七昼夜，田地无收。(《竹溪县志》)

房县：自夏及冬淫雨害稼，四山无收，麦不下种。(《房县志》)　冬淫雨害稼。(《清史稿》)

襄阳：七月雨伤稼，汉溢堤决，船入樊城，八月复溢，冬大饥。(《襄阳县志》)　七月大水。(《襄阳府志》《清史稿》)

光化：淫雨自六月迄八月，禾苗尽伤，河口冲而水高数尺。(《光化县志》)　淫雨，自六月至八月，禾苗尽伤。(《清史稿》)

保康：六月淫雨二月。(《清史稿》)　夏淫雨月余，禾不熟。(《保康县志》)

宜城：六月大雨，昼夜不绝。七月大水。(《清史稿》)　夏秋大水，溃城垣，坏乡邑庐舍、人畜、禾稼无算，槐木山石崩裂。(《襄阳府志》)　六月十六日，大雨淫霖昼夜不绝，至七月初一日，汉江暴涨，蛟水四合，文昌门操军场、泰山湖皆有起蛟迹，决护城堤十余处，溃东南北城垣二百四十余丈，坏塌溺乡邑庐舍、人畜、禾稼无算。历六日始退。自后炎旱，……八月十三日至十七日又大水，伤谷菜、田房、人畜甚众。七月至九月积阴少霁，木棉无花，岁秒数雪严寒，米薪大贵，饿莩载道。(《宜城县志》)　六月大雨，昼夜不绝。七月大水。(《清史稿》)

恩施：冬大雪，深三尺，积月不化。(《恩施县志》《增修施南府志》)

来凤：大饥。(《来凤县志》《增修施南府志》)

宜昌：八月朔，飞蝗过西坝，食禾稼殆尽。(《东湖县志》《湖北通志》《宜昌府志》)

当阳：水，大饥。(《当阳县志》)

长阳：蝗。(《长阳县志》《湖北通志》)

宜都：春大疫，夏大水。(《宜都县志》《荆州府志拾遗》《湖北通志》)

汉江水溢，铁牛寺以下，溃口十三处。江陵白庙子、松滋朱家埠堤亦决。潜江、公安、沔阳、石首皆大水。松滋、石首、监利大疫。(《湖北通志》)

江陵:大饥。(《江陵县志》《荆州府志拾遗》)

钟祥:七月大水溃堤。八月桃花开甚茂。二十一日大风拔树。是年冬大饥,民多饿莩。一工刘家桥、李公桥、八工草庙,十公刘公巷堤溃。(《钟祥县志》) 七月大水,堤决。(《清史稿》)

潜江:春,饥,大疫。夏秋上游铁牛关以下连溃十三口,河北大水。(《潜江县志续》)

沔阳:春大疫。秋大水。(《沔阳州志》)

松滋:大饥。瘟疫流行。(《松滋县志》《荆州府志拾遗》) 夏,堤决。(《清史稿》)

公安:夏,疫,大水,江陵江堤白庙子、松滋江堤朱家埠堤同决。秋八月十九至二十一日昼夜风拔树伐屋,人民溺死无算,……斗米价钱五百余文,人相食。(《公安县志》) 春夏大疫。秋水决堤。大风昼夜拔树伐屋,人民溺死者无算……。(《荆州府志拾遗》) 五月大水。(《清史稿》)

监利:春夏之间大疫,死人无算,是年惊蛰闻雷。谷大稔。(《监利县志》光绪三十四年,《荆州府志拾遗》)

石首:止澜堤溃。夏大疫,死者无算。(《荆州府志拾遗》)

孝感:大疫,死者无算,自春徂夏几半年,秋始止。(《孝感县志》)

应山:大水,绅民饶裕者各分会赈之。(《应山县志》) 夏大水,民房多坏。(《清史稿》《湖北通志》)

云梦:被水,奉文缓征银米。(《云梦县志略》)

应城:旱。水溢。瘟疫大作,死者相藉。(《应城县志》《安陆府志》)八月水溢。(《清史稿》)

黄陂:大疫。(《黄陂县志》)

汉川:大水。(《湖北通志》)

汉阳:大疫,民死者无算。(《汉阳县志》)

江夏、蒲圻、通城、通山大疫。(《湖北通志》)

咸宁:大疫,疫行自辛卯(即一八三一年)冬始至是年秋止。(《咸宁县志》)

武昌：夏大水，是岁大疫。（《江夏县志》同治八年，《江夏县志》民国七年铅印）　夏大水，民房多坏。（《清史稿》）

大冶：秋大水，米价翔贵。（《大冶县志》）

蒲圻：水，大疫。（《蒲圻县志》）

崇阳：大疫，病者十八九，死者十五六，田多草，谷石价二千二文。（《崇阳县志》）

鄂城：大疫，春饥，蠲赈。（《武昌县志》）

麻城：大水，乡民乏食。（《麻城县志》）　大水，乡民乏食，竞为抢夺。（《麻城县志》）　夏大水，民房多坏。（《清史稿》）

蕲春：饥，大疫。（《蕲州志》《黄州府志》《湖北通志》）

黄梅：春夏大饥，病疫传染。（《黄梅县志》《黄州府志》《湖北通志》）

旱涝等级：郧、襄两地区，一级；恩、宜两地区，二级；荆州地区，一级；孝感地区，二级；咸宁地区，二级；黄冈地区，二级。

1833 年　清道光十三年

房县、光化饥。（《湖北通志》）

冬十月二十四日，宜城雷电雨雹，二十六日震电雨雪，光化大饥。（《襄阳府志》）

郧县：春大饥，斗米需二千文，人相食。（《郧县志》）　三月雨雹。（《湖北通志》）

郧西：三月雨雹，麦不熟，秋旱蝗，斗米钱二千四百文，死者枕藉。（《郧西县志》）

均县：秋潦，岁大饥，野多饿殍。（《均州志》）

竹溪：春大饥，人相食，死者无算。（《竹溪县志》）

房县：春，斗米钱千八百，年余，民相食。（《房县志》）

光化：雨尤甚，复大饥，饿殍遍路。（《光化县志》）

保康：大饥。（《保康县志》）

宜城：十月二十四日二鼓，雷电雨雹，二十六日震电雨雪，自五月至十月积阴少霁，瘟疟流行，人及六畜多死，是年五月、六月汉江水涨。（《宜城县志》）

恩施：饥。（《湖北通志》）

秭归：大水。岁大歉。（《归州志》）　五月大水。（《清史稿》）

宜都：大水。（《荆州府志拾遗》）　五月大水。十月雨雹。（《清史稿》）

钟祥：七月大水溃堤。九月桂花重开，盛如八月。（《钟祥县志》）

京山：大旱。次年蝗。（《京山县志》）

潜江：春大疫。秋大水。饥……。（《潜江县志续》）

沔阳：夏大水。（《沔阳州志》）

松滋：大水。（《清史稿》）

公安：夏五月，大水……。（《公安县志》《荆州府志拾遗》）　五月大水。（《清史稿》）

石首：江堤溃。（《荆州府志拾遗》）　大水，江堤溃。（《清史稿》）

云梦：被水，奉文缓征银米。（《云梦县志略》）

黄陂：秋大水。（《黄陂县志》）　四月大水。（《清史稿》）

咸宁：四月大水。（《清史稿》）

武昌：夏大水。（《江夏县志》同治八年，《江夏县志》民国七年铅印）四月大水。（《清史稿》）

鄂城：夏大水。（《武昌县志》）　四月大水至城下。（《清史稿》）

六月黄冈、蕲州、黄梅大水。（《清史稿》）

黄冈：大水。（《黄冈县志》《黄州府志》）

蕲春：大水。（《蕲州志》《黄州府志》）

黄梅：大水，堤尽溃，较十一年稍减。（《黄梅县志》《黄州府志》）

旱涝等级：郧、襄两地区，二级；恩、宜两地区，二级；荆州地区，二级；孝感地区，二级；咸宁地区，二级；黄冈地区，二级。

1834 年　清道光十四年

房县:春,斗米钱千四百,至麦熟价渐减。秋大熟。(《房县志》)

襄阳:三月,雹伤稼。四月,大雨雹,鸟雀死。(《襄阳县志》)

枣阳:旱,蝗。(《襄阳府志》《枣阳县志》)　大旱。(《湖北通志》)

保康:春大饥,人相食,斗米一千三百文。秋大熟。(《保康县志》)

随县:蝗。(《随州志》《湖北通志》)

兴山:饥,人相食。(《兴山县志》)

秭归:春大饥,道殣相望,户多流亡,人相食。秋大熟。(《归州志》)

宜都:大水。(《宜都县志》《荆州府志拾遗》)

钟祥:四月初三,大风拔树,坏民室庐。雨雹。六月大寒。(《钟祥县志》)

潜江:葛柘崔家滩又决。(《潜江县志续》)

沔阳:夏四月三日夜,……烈风暴雨大雷电,雨雹大如砖,老树拔,麦蔬尽萎,屋多倾倒,坏人畜无算。(《沔阳州志》)

松滋:大饥,又大水,涴市下堤决。(《松滋县志》《荆州府志拾遗》)

公安:大水,江陵九节工决。(《公安县志》)　大水溃堤。(《荆州府志拾遗》)

石首:大水,溃堤。(《荆州府志拾遗》)

应山:甲午雪,大冻,冰结地为块,树木委地,鸟栖无食死。(《应山县志》)

应城:旱。(《应城县志》)

咸宁:四月大水。四月,大风雨拔木坏房。(《清史稿》)

大冶:水,不及癸未(即一八二三年)尺许。(《大冶县志》)

崇阳:夏四月,大风拔木。(《崇阳县志》)

鄂城:旱。(《武昌县志》)

旱涝等级:郧、襄两地区,四级;恩、宜两地区,三级;荆州地区,二级;孝感地区,三级;咸宁地区,二级。

1835 年　清道光十五年

通城、应城、恩施、长阳、房县、咸丰、江陵、石首、公安、松滋、枝江、宜都、宜城、谷城大旱。(《湖北通志》)

汉口:蝗。(《夏口县志》)

房县:大旱,平畴减收。(《房县志》)　七月旱。(《清史稿》)

均县:秋蝗入境,大浸无禾。(《均州志》)

光化:四月蝗。秋七月蝗,西乡更甚。(《光化县志》)

谷城:夏旱。(《清史稿》)　大旱。秋七月,飞蝗蔽天。(《湖北通志》《襄阳府志》)

随县:蝗。(《随州志》)

宜城:八月阴雨伤稼。夏旱。(《清史稿》)　五月旱,六七月虫,八月淫雨,岁歉。(《宜城县志》)　夏,五月旱。(《襄阳府志》)

恩施:夏旱。(《恩施县志》《增修施南府志》)

宜昌:大旱,六月雨,禾复丰收。(《宜昌府志》《东湖县志》)　春旱。(《清史稿》)

兴山:大饥。(《兴山县志》)

远安:飞蝗蔽天不为害。(《远安县志》)

当阳:旱,蝗,至十六年冬始止。(《当阳县志》)

长阳:大旱。(《长阳县志》)

枝江:大旱,六月十九日得雨,禾复丰收。(《枝江县志》)　春旱。(《清史稿》)　旱。(《荆州府志拾遗》)

宜都:春旱。(《清史稿》)　大旱自三月不雨至于六月,有蝗不为灾。(《宜都县志》)　旱。(《荆州府志拾遗》)

秋,江陵、公安、石首、松滋大旱,蝗。(《荆州府志拾遗》)

钟祥:五月、六月大旱,七月飞蝗蔽日,大水溃堤,十工刘家庵堤溃。(《钟祥县志》)　五月大水。(《清史稿》)

潜江:夏五月蝗。秋大水,荆河西岸,……堤溃,襄河邱家拐……等处堤也溃。(《潜江县志续》《湖北通志》)

沔阳:秋七月,飞蝗蔽天,啮小儿有死者。(《沔阳州志》) 五月,汉水溢,漂没田庐。(《清史稿》) 七月,蝗。(《湖北通志》)

松滋:秋大旱,蝗。(《荆州府志拾遗》) 夏大旱,蝗。(《松滋县志》)

公安:大旱,蝗蝻蔽天,害稼殆尽,瓜蒂复结实如贯珠。(《公安县志》) 秋大旱,蝗。(《荆州府志拾遗》)

监利:大旱,飞蝗蔽天,久之乃灭。(《监利县志》同治十一年,《监利县志》光绪三十四年)

石首:秋,大旱,蝗。(《荆州府志拾遗》)

孝感:蝗。(《孝感县志》)

应山:春,大水。(《应山县志》)

安陆:七月旱。(《清史稿》) 夏蝗不为灾。(《安陆县志》《安陆府志》)

云梦:旱,蝗。兼有人民饿死。十一月四日大风疾雨,木冰树多冻折,次年黄萎。(同一八三一年记述)(《安陆府志》) 受旱,奉文缓征银米。(《云梦县志略》)

应城:夏旱。秋蝗。(《应城县志》《安陆府志》)

黄陂:大旱,蝗蔽日,米昂贵,野有饿殍。(《黄陂县志》)

汉川:大水。(《湖北通志》)

汉阳:蝗。(《汉阳县志》)

大冶:春夏大旱。……井涸,道殣相望,山民食蕨根。闰六月十五日,西阳星大风雹拔木倾屋。(《大冶县志》)

蒲圻:旱。秋有蝗。冬大雪。(《蒲圻县志》)

崇阳:旱,飞蝗入境。(《崇阳县志》)

通城:五月旱至八月始雨。(《通城县志》)

鄂城:大旱,蝗。(《武昌县志》) 冬旱。(《清史稿》)

黄州:大旱,蝗。岁大饥。(《黄州府志》) 七月旱。(《清史稿》)

黄冈:旱,蝗。(《黄冈县志》)

红安：六月，飞蝗遍野。(《黄安县志》)

麻城：旱，蝗。因春麦大熟，民无饥色。(《麻城县志》)

英山：秋，蝗蔽天而来。(《英山县志》)

浠水：大旱，人食木皮，途多饿殍。(《大冶县志续编》《浠水县简志》)

蕲春：大旱，蝗。(《蕲州志》)

黄梅：大旱，自五月初八至六月二十雨后，逾闰六月至七月中旬乃雨。秋，七月飞蝗蔽天，所过竹木叶立尽。(《黄梅县志》)

旱涝等级：郧、襄两地区，四级；恩、宜两地区，四级；荆州地区，四级；孝感地区，四级；咸宁地区，四级；黄冈地区，四级。

1836年　清道光十六年

春，谷城、郧县、郧西蝗。(《湖北通志》)

郧县：夏六月，飞蝗蔽日。(《郧县志》)

郧西：旱，蝗。大饥。(《郧西县志》)

均县：春蝗，夏为灾，食麦苗殆尽……扑而蒸亡，两旬始灭。(《均州志》)

襄阳：夏旱，蝗害稼。(《襄阳县志》)

光化：夏四月初二日，邑东大雨雹。(《光化县志》)

谷城：飞蝗食麦。(《襄阳府志》)

随县：蝗。(《随州志》)

宜都：夏蝗食苗尽。(《宜都县志》《荆州府志拾遗》《湖北通志》)

夏，京山、潜江堤决。沔阳大水。(《湖北通志》)

钟祥：七月飞蝗蔽日，野草俱尽，大水溃堤。刘家庵又溃。(《钟祥县志》)　七月大水溃堤。(《清史稿》)

潜江：黄獐垸、谢氏湾堤溃，监邑杨林关溃，邑东南被淹，不被淹者有年。(《潜江县志续》)

沔阳：大水。(《沔阳州志》)

监利:南北垸水。(《监利县志》光绪三十四年)

应城:夏大旱。(《应城县志》《安陆府志》《清史稿》)

汉川:大水。(《湖北通志》)

咸宁:夏旱,蝗,大饥。(《咸宁县志》)

大冶:水。(不及辛卯四尺许。)(《大冶县志》)

蒲圻:大有年。(《蒲圻县志》《湖北通志》)

崇阳:秋有年,冬少雪。(《崇阳县志》)

通城:春谷贵。(《通城县志》)

鄂城:蝗,不为灾。(《武昌县志》)

黄冈:蝗。(《黄冈县志》)

蕲春:大有年。(《蕲州志》《湖北通志》)

旱涝等级:郧、襄两地区,四级;恩、宜两地区,三级;荆州地区,二级;孝感地区,四级;咸宁地区,三级;黄冈地区,三级。

1837 年　清道光十七年

郧县:秋,旱,蝗。(《郧县志》《湖北通志》)

宜城:春夏淫雨,害麦。(《宜城县志》《湖北通志》)　五月淫雨害稼。(《清史稿》)

钟祥:二月初三日,大雷电,大风雨。(《钟祥县志》)

潜江:义丰垸溃。(《潜江县志续》)

汉川:水。(《湖北通志》)

崇阳:五月,淫雨害稼。(《清史稿》)　夏麦熟,五月寒。自正月至五月淫雨不止。六月雨少止犹寒。(《崇阳县志》)

通城:荒。(《通城县志》)　饥。(《湖北通志》)

旱涝等级:郧、襄两地区,二级;荆州地区,三级;孝感地区,三级;咸宁地区,二级。

1838 年　清道光十八年

郧县:夏,蝗蝻入境。(《湖北通志》《郧县志》)

竹溪:五月至六月不雨。七月至八月连雨四十日,高下无收。(《竹溪县志》)

随县:十二月除日,大雷,雪数尺深。(《随州志》《安陆府志》)

恩施:秋七月,清江水溢。(《湖北通志》《清史稿》《恩施县志》《增修施南府志》)

宜都:六月水溢。(《清史稿》)

潜江:夏,谢家祠堤溃。(《潜江县志续》《湖北通志》)

应山:夏大旱,……高贵山雨大降。秋蝗蔽日。是岁大有年。(《应山县志》)　夏旱。(《清史稿》)

大冶:七月十六日大风雹。(《大冶县志》)

旱涝等级:郧、襄两地区,四级;恩、宜两地区,三级;荆州地区,三级;孝感地区,三级;咸宁地区,三级。

1839 年　清道光十九年

三月,公安、松滋、郧西大水。(《清史稿》)

郧西:旱。秋大水。(《郧西县志》《湖北通志》)

枣阳:元旦雷震。(《襄阳府志》)

恩施:秋,八月朔,霜,岁大祲。(《恩施县志》)

宜都:六月大水。(《清史稿》)

兴山:大水。(《湖北通志》)

枝江:三月,大水入城。(《荆州府志拾遗》《枝江县志》)　六月大水。(《清史稿》)

钟祥:四月大水,溃堤。(《钟祥县志》《清史稿》)

天门:六月大水。(《清史稿》)

潜江:襄河北岸,……堤亦溃。(《潜江县志续》) 大水,高家拐等处,浣市大堤并溃。(《湖北通志》)

沔阳:大水。(《沔阳州志》《湖北通志》)

松滋:大水,浣市下堤溃。(《松滋县志》《荆州府志拾遗》) 六月大水。(《清史稿》)

公安:大水,江陵五节二萧二垸、五道庙同决。(《公安县志》) 大水。(《荆州府志拾遗》) 六月大水。(《清史稿》)

监利:南北垸水。(《监利县志》光绪三十四年)

应山:大有年。(《应山县志》)

云梦:元旦雪,鸣雷,二月三日大雪深三四尺余。七月五日大水泛滥,前后九次皆漂没田禾。九月九日又大水,农民所种荞麦、蔬菜、大豆俱尽。自七月瘟疫大行至九月中旬止,损人甚多,八月二十六、七、八等日雨,九月五日雨至十三日始止,大水又溢。(《云梦县志略》《安陆府志》)

汉川:大水。(《湖北通志》)

大冶:水与癸未(即一八二三年)同。八月初三日辰刻大风,复舟溺者甚众。(《大冶县志》)

阳新:大水入城。(《兴国州志》光绪十五年)

鄂城:大水。冬大雪,湖冰坚。(《武昌县志》) 六月大水。(《清史稿》)

黄冈:十九至二十二年大水。(《黄冈县志》)

黄梅:大水溃堤。(《黄梅县志》)

旱涝等级:郧、襄两地区,三级;恩、宜两地区,二级;荆州地区,二级;孝感地区,二级;咸宁地区,二级;黄冈地区,二级。

1840 年　清道光二十年

宜昌:大水,水进文昌门。(《宜昌府志》《东湖县志》) 大水。(《湖北通志》)

枝江:大水入城。(《枝江县志》)　大水。(《湖北通志》《荆州府志拾遗》)

宜都:夏大水。(《宜都县志》)　大水。(《荆州府志拾遗》《湖北通志》)

潜江、公安、沔阳、江陵大水。(《湖北通志》)

钟祥:一工堤溃。(《钟祥县志》)

沔阳:大水。(《沔阳州志》)　六月汉水溢。(《清史稿》)

潜江:大雨连旬,襄河北岸高家拐堤复溃,张截港、县河东禅堂口王宅旁亦溃。岁大荒。(《潜江县志续》)

松滋:大水,涴市堤溃。(《松滋县志》《荆州府志拾遗》)

公安:水,江陵八节工决。(《公安县志》)　大水。(《荆州府志拾遗》)

监利:北垸水。(《监利县志》同治十一年,《监利县志》光绪三十四年)

汉川:大水。(《湖北通志》)

大冶:春,涝、虫伤麦,水不及辛卯(即一八三一年),仅三尺许。秋旱。(《大冶县志》)

崇阳:春,黄雾四塞,昼夜不见日月,凡数十日。冬十一月摧耕鸟鸣,十二月十五日夜大雷电。(《崇阳县志》)

鄂城:大水。(《武昌县志》)

红安:四月,大雨雹,多伤禾稼。(《黄安县志》)

麻城:三月二十六日,雨雹。(《麻城县志》)

旱涝等级:恩、宜两地区,二级;荆州地区,二级;孝感地区,三级;咸宁地区,三级;黄冈地区,三级。

1841年　清道光二十一年

汉口:大水。(《夏口县志》)

当阳:春,大雨浃旬,饥。(《当阳县志》)

长阳:春、夏淫雨伤稼,大饥。(《长阳县志》)

枝江:春三月,阴雨不绝,民大饥,斗米值钱八百文。(《枝江县志》《荆

州府志拾遗》)

江陵、潜江、松滋、公安大水。(《湖北通志》)

钟祥:旱。大水溃堤,十五工罗家脑堤溃。(《钟祥县志》) 大水。(《清史稿》)

潜江:夏大水,冬大雪,堤溃。(《潜江县志续》)

沔阳:疫。冬大雪,冰凝四十五日不解。(《沔阳州志》)

松滋:大水,浣市下江堤溃。(《松滋县志》《荆州府志拾遗》《清史稿》)

公安:大水,堤溃。(《荆州府志拾遗》) 江陵八节工溃。(《公安县志》)

监利:北垸水。(《监利县志》同治十一年,《监利县志》光绪三十四年)

孝感:大水。(《孝感县志》)

黄陂:水。(《黄陂县志》) 夏大水。(《清史稿》)

汉川:大水。(《湖北通志》)

汉阳:大水。(《湖北通志》《汉阳县志》) 夏大水。(《清史稿》)

咸宁:冬大雪,平地数尺,冰坚如石。(《咸宁县志》)

大冶:六、七月大风拔木,灾眚洊臻,民卖妻女,饿殍相藉。(《大冶县志》)

崇阳:春淫雨,夏麦熟,五月乌吴山龙,塘堰同日蛟起。十一月雪连月不消。(《崇阳县志》)

通山:十一月,大雪三昼夜,深数尺。(《湖北通志》)

鄂城:大水,秋,神山乡新店诸山起蛟。冬大雪,饥,蠲赈。(《武昌县志》) 夏大水。(《清史稿》)

黄冈:十一月,大雪三昼夜,深数尺。(《湖北通志》)

麻城:大水,冬大雪,深数尺。(《麻城县志》)

罗田:大雪深丈余,民多冻馁。(《清史稿》) 十一月,大雪三昼夜,深数尺。(《湖北通志》)

英山:五月十一日,蛟水暴发,平地深数尺,县署科房倒坏,东西二河庐墓市镇多被冲压,溺毙居民数十余人,河边田畴沃坏,悉变为沙碛,穷民开垦甚难。是年冬十一月大雪,平地数尺,阴洼处深丈余,至次年二月雪始消,民多冻馁死,竹木亦多冻坏。二十一年大荒。(《英山县志》)

浠水:春饥。冬大雪,平地深数尺,人多冻毙。(《大冶县志续编》) 大雪,平地深数尺,人多冻死。(《浠水县简志》)

蕲春:大水,饥。(《蕲州志》) 十一月大雪,平地深数尺,四十余日未消,人畜树木多冻死。(《蕲州志》《湖北通志》)

广济:十一月大雪,木冰枯死。(《广济县志》)

黄梅:春积雨。秋大水,溃堤。十一月朔,大雪六昼夜,平地厚三四尺,甚者五六尺,屋多封户或压倒,深山僻壤有缺粮断火而举家冻饿自毙。(《黄梅县志》)

旱涝等级:恩、宜两地区,二级;荆州地区,二级;孝感地区,二级;咸宁地区,二级;黄冈地区,二级。

1842 年　清道光二十二年

郧西:是年冬月胡桃实。(《郧西县志》《湖北通志》)

潜江、陵江、松滋、公安、沔阳大水。潜江梅家咀,……各处堤溃。江陵水入城,城崩。(《湖北通志》)

江陵:江水溃太平堤……。(《江陵县志》) 五月大水入城。(《清史稿》) 五月二十五日张家场堤溃,大水灌城,西门口冲决成潭……。(《江陵县志》《荆州府志拾遗》) 五月,大水入城。(《清史稿》)

潜江:南江文城堤……等堤俱溃,平地水深二丈余。(《潜江县志续》)

沔阳:大水。(《沔阳州志》)

松滋:大水。(《松滋县志》《荆州府志拾遗》) 五月大水。(《清史稿》)

公安:江陵张家工决。(《公安县志》)

监利:南北垸水。(《监利县志》同治十一年,《荆州府志拾遗》)

汉川:大水。(《湖北通志》)

大冶:水。(不及辛卯年四尺许,荒疫民相劫夺。)(《大冶县志》)

崇阳:夏大饥,贫民采草根木皮以食。八月桐华。十月桃李华。十一月蛙鸣虹见,大雷电。(《崇阳县志》)

通城:夏五月谷贵,发常平仓贷。(《通城县志》) 饥。(《湖北通志》)

鄂城:大水,夏大疫。(《武昌县志》)

麻城:大水。春三月雨雹,大如鸡子,墩阳一带,麦菜尽伤。(《麻城县志》) 大雨雹,损麦。(《黄州府志》)

英山:麦生虫,……谷价昂贵,升麦钱五十六文,饥疫交作,民采草根树皮为食,死者无算,至秋禾熟始苏。(《英山县志》)

蕲春:春大饥,民取草根树皮以食,夏秋大疫。(《蕲州志》) 饥,大疫。(《黄州府志》) 饥。(《湖北通志》)

旱涝等级:郧、襄两地区,三级;荆州地区,二级;孝感地区,三级;咸宁地区,三级;黄冈地区,三级。

1843 年 清道光二十三年

七月,郧县、房县、郧西旱。蝗害稼。(《湖北通志》)

郧西:旱,蝗。(《郧西县志》)

随县:七月二十六日,大雷雨雹,禾稼多伤。(《随州志》《安陆府志》)

枝江:麦大熟。(《枝江县志》《荆州府志拾遗》《湖北通志》)

潜江:春三月初八日,……狂风大作,飞沙走石拔大木,坏民居无算。秋大水,襄河邬家店……等堤俱溃。许口莫家潭水潮一丈有零。(《潜江县志续》)

公安:旱。(《公安县志》《荆州府志拾遗》《湖北通志》)

应城:春暖少雨,六月旱。(《应城县志》《安陆府志》)

崇阳:春麦熟,秋有年。(《崇阳县志》)

鄂城:大有年。(《武昌县志》)

麻城:春大疫,其年大有。(《麻城县志》) 大疫。(《湖北通志》《黄州府志》)

罗田:大有秋。(《黄州府志》《湖北通志》)

英山:夏秋大熟。(《英山县志》)

旱涝等级:郧、襄两地区,四级;恩、宜两地区,三级;荆州地区,三级;孝感地区,三级;咸宁地区,三级;黄冈地区,三级。

1844年　清道光二十四年

郧县:旱。(《湖北通志》)

郧西:夏旱。(《郧西县志》) 旱。(《湖北通志》)

光化:秋冬旱。(《清史稿》) 秋冬旱,腊月十三始雨。(《光化县志》)

恩施:有年。(《恩施县志》《湖北通志》)

枝江:大水入城。(《枝江县志》《荆州府志拾遗》) 七月大水入城。(《清史稿》)

江陵:李家埠堤溃,大水灌城,西门口冲成潭,白马坑城崩。(《江陵县志》《荆州府志拾遗》) 七月大水城圮。(《清史稿》) 大水。(《湖北通志》)

潜江:院东黄垞旁冲成潭。(《潜江县志续》)

松滋:大水,黄木岭江堤溃。(《松滋县志》《荆州府志拾遗》) 大水。(《湖北通志》) 大水入城。(《清史稿》)

公安:大水,淞邑江堤浣市决。(《公安县志》《湖北通志》) 水。(《荆州府志拾遗》)

孝感:七月雨雹。(《孝感县志》)

应城:旱。(《应城县志》《湖北通志》)

汉川:大水。(《湖北通志》)

大冶:水。(不及辛卯二尺三寸。)(《大冶县志》)

蒲圻:有年。(《蒲圻县志》《湖北通志》)

鄂城:大有年。(《武昌县志》)

黄州:大疫,民多死。(《黄冈县志》《湖北通志》)

麻城:大风雨雹,七家庙一带无麦。(《麻城县志》)

红安:大疫,民多死。(《黄安县志》)

英山:大熟。(《英山县志》)

蕲春:有年。秋水。(《蕲州志》) 大水。(《湖北通志》)

旱涝等级:郧、襄两地区,四级;恩、宜两地区,二级;荆州地区,二级;孝感地区,三级;咸宁地区,三级;黄冈地区,三级。

1845 年 清道光二十五年

襄阳:十月桃李华,是岁大疫。(《湖北通志》)

光化:大疫,大饥。秋七月望,飞蝗蔽天。(《光化县志》《襄阳府志》)

枣阳:春淫雨八十余日。(《清史稿》《枣阳县志》《襄阳府志》《湖北通志》)

钟祥:十月桃花开。(《钟祥县志》)

潜江:狮子脑溃。(《潜江县志续》) 夏,水。(《湖北通志》)

公安:水,西支文龙习决。(《公安县志》《荆州府志拾遗》) 七月大水。(《清史稿》) 水。(《湖北通志》)

蒲圻:大有,米价平。(《蒲圻县志》《湖北通志》)

崇阳:正月大雨雹、雷电皆至。(《崇阳县志》)

鄂城:大有年。(《武昌县志》)

麻城:蝗。(《麻城县志》《黄州府志》)

蕲春:有年。(《蕲州志》《湖北通志》)

旱涝等级:郧、襄两地区,二级;荆州地区,三级;咸宁地区,三级;黄冈地区,三级。

1846 年 清道光二十六年

枝江:大水入城。(《枝江县志》《荆州府志拾遗》) 五月大水入城。(《清史稿》)

潜江:狮子脑复溃,太平垸高家拐堤溃。(《潜江县志续》)

公安:水,何家潭决。(《公安县志》《荆州府志拾遗》)

监利:大稔,斗米百余钱。(《监利县志》同治十一年,《监利县志》光绪三十四年)

石首:五月大雨,平地水深数尺。(《湖北通志》《荆州府志拾遗》)

黄陂:二月十九日,大风,双凤亭倾。(《黄陂县志》)

蒲圻:有年。(《蒲圻县志》)

通山:大有年。(《湖北通志》)

浠水:旱。(《大冶县志续编》《浠水县简志》)

旱涝等级:恩、宜两地区,二级;荆州地区,三级;孝感地区,三级;咸宁地区,三级;黄冈地区,三级。

1847 年　清道光二十七年

襄阳:两岸垸堤俱溃。(《湖北通志》)

宜城:夏大旱。(《宜城县志》《清史稿》)

潜江:秋,襄河两岸……堤俱溃,岁大饥,民溺饿毙无数。(《潜江县志续》)　大水。(《湖北通志》)

监利:大稔。斗米百余钱。(《监利县志》同治十一年,《监利县志》光绪三十四年)

应城:春旱。四月湖泽生蝻蝗,……未几大雨,蝗尽死。(《应城县志》)

汉川:大水。(《湖北通志》)

鄂城:冬震雷。(《武昌县志》)

黄冈:冬震雷。(《黄冈县志》)

麻城:大水。(《麻城县志》)

蕲春:大水。(《蕲州志》《湖北通志》)

旱涝等级:郧、襄两地区,四级;荆州地区,三级;孝感地区,三级;咸宁地区,三级;黄冈地区,三级。

1848 年　清道光二十八年

夏,宜城、光化大雨,平地水深数尺,溺死居民无算。江夏、嘉鱼、通山、汉阳、汉川、蕲州、应城、宜城、当阳、枝江皆大水。江夏城内水深丈许,舟泊小东门。荆属堤尽决。五月,监利昼夜大雨,江水平堤,俄而十八工堤皆溃。保康淫雨经月,大水,田庐多损。(《湖北通志》)

汉口:大水。(《夏口县志》)

光化:六月初四日,大雨如注,平地水深三尺余,坏禾苗房舍,人多溺死。(《襄阳府志》《光化县志》) 六月大雨,平地水深数尺,三月始退,溺死人无算。(《清史稿》)

保康:六月淫雨二月,坏田庐无算。(《清史稿》) 夏淫雨月余。大水,田庐多冲刷。(《保康县志》)

随县:大水。(《随州志》《安陆府志》) 十二月大水。(《清史稿》)

宜城:大雨,蛮水数溢。(《襄阳府志》) 夏大雨,蛮水数溢。(《宜城县志》)

当阳:东南水。(《当阳县志》)

枝江:大水入城,州堤尽溃。(《枝江县志》《荆州府志拾遗》)

五峰:二十八、九年间阴雨连绵,大水。民饥。三十年春尚然,至秋乃平。(《宜昌府志》)

江陵:汉水溢,邑东南俱淹。(《江陵县志》) 大水。(《荆州府志拾遗》) 十二月大水。(《清史稿》)

潜江:自三月至七月霖雨不休,固家矶、……堤溃。(《潜江县志续》)自二月至七月雨不止。(《清史稿》)

沔阳:春淫雨,夏五月大水。(《沔阳州志》)

松滋:大水,江亭寺堤溃。(《松滋县志》《荆州府志拾遗》) 大水。(《清史稿》)

公安:大水。(《公安县志》《荆州府志拾遗》) 松滋江堤鞋板窝决。

《公安县志》 十二月大水。(《清史稿》)

监利:南北垸水。(《监利县志》同治十一年) 五月昼夜大雨,江水平堤……,十八工堤溃。(《监利县志》同治十一年,《荆州府志拾遗》) 五月有龙见于洪湖中,昼夜大雨,江水平堤。(《监利县志》光绪三十四年)

孝感:大水。(《孝感县志》)

应山:大水。城东三里河渡船复,溺者数十人。(《应山县志》《安陆府志》) 十二月大水。(《清史稿》)

安陆:夏大水。(《安陆府志》) 大水。(《清史稿》)

云梦:六月初九日,山水暴发,县境河堤尽溃。(《安陆府志》) 六月山水陡涨,堤尽溃。(《清史稿》)

黄陂:水。(《黄陂县志》) 六月大水。(《清史稿》)

汉阳:大水。(《汉阳县志》) 六月大水。(《清史稿》)

咸宁、武昌:大水,较辛卯(即一八三一年)为甚。(《咸宁县志》《江夏县志》同治八年,《江夏县志》民国七年铅印) 六月大水。(《清史稿》)

大冶:四月至六月多甚雨,大水。过辛卯二尺三寸。民庐被淹,每遇风起,倾倒之声不绝,听之惨然。十月疫甚,冬大疫。(《大冶县志》)

阳新:大水。(《兴国州志》光绪十五年)

蒲圻:七月暴雨,溪水涨高数丈。岁歉。(《蒲圻县志》) 六月水涨高数丈。(《清史稿》)

崇阳:春苦雨……。七月十一夜四山蛟起,隽水暴溢,陵谷变易,坏田庐无算。(《崇阳县志》)

鄂城:大水。江湖汇为一。冬十月初三日夜大风,复盐船,人多溺死。(《武昌县志》)

黄州:大水至清源门。(《黄州府志》《清史稿》) 冬,十二月蕲州布谷鸣。(《黄州府志》)

黄冈:大水至清源门。(《黄冈县志》) 十二月大水。(《清史稿》)

蕲春:大水。十二月布谷鸣。(《蕲州志》)

黄梅:春,小雨月余,无麦。夏大雨浃旬数日,水陡涨二丈余尺,堤尽

溃。梅城七月初四至初十大风七昼夜,田稻飘落如帚,农家有绝谷种者。(《黄梅县志》)

广济:七月空中有声,三日风暴大作,龙武堤溃,漂溺居民无数。(《广济县志》)

旱涝等级:郧、襄两地区,二级;恩、宜两地区,二级;荆州地区,二级;孝感地区,二级;咸宁地区,二级;黄冈地区,二级。

1849 年　清道光二十九年

六月,公安、罗田、麻城、蕲水、归州、宜昌、蒲圻、咸宁、安陆大水。(《清史稿》)

汉口:大水。较乾隆戊申尚大五尺。(《夏口县志》)

宜城:蛮水溢。(《襄阳府志》《宜城县志》)　夏,水。(《湖北通志》)

枝江、宜都、长阳:水。(《湖北通志》)　宜都、枝江淫雨弥月,大饥。斗米钱八百文,饿死者无算。(《荆州府志拾遗》)

恩施:夏,淫雨弥月不止。奇饥,斗米千钱。(《恩施县志》)

来凤:夏,邑大饥,流民入境,死者枕藉。(《来凤县志》)　大饥,死者枕藉。(《增修施南府志》)

兴山:六月,大雨雹伤稼。(《兴山县志》)

秭归:大水。饥。升米百钱。(《归州志》)

长阳:夏雨连旬,清江陡涨,浸倒城内居民房屋无算。大饥。(《长阳县志》)

枝江:大水入城。六月淫雨连日,民大饥,斗米值钱八百文。(《枝江县志》)　六月大水入城。(《清史稿》)

宜都:淫雨,岁饥。(《宜都县志》)

江陵、石首、公安、松滋淫雨弥月,大饥。斗米钱八百文,饿死者无算。石首止澜堤溃。松滋新亭寺堤决,人物漂流,低乡田尽沙压。(《荆州府志拾遗》)

荆州府属堤尽溃。(《湖北通志》)

江陵:阴雨弥月。已而大旱。大饥,斗米六七百文。(《江陵县志》)

钟祥:阴雨三月余日。(《钟祥县志》)

潜江:春无麦,自二月至七月霖雨。江汉大涨,是时固家矶、……严垞旁溃,斗米钱八百文。(《潜江县志续》)

沔阳:春大饥。正月至夏五月,昼夜倾注。江溢……。大风波涛震涌,民舍多没,东门城圮,城上行舟。秋大疫。(《沔阳州志》)

松滋:春夏饥。夏秋水,新场江亭寺堤溃,人物漂流,低乡田尽沙压。(《松滋县志》) 夏,水。(《湖北通志》)

公安:春夏淫雨连绵,斗米钱八百余文。人相食,死骸枕藉。(《公安县志》) 夏,水。(《湖北通志》)

石首:夏,水。(《湖北通志》)

监利:南北垸水。(《监利县志》同治十一年,《监利县志》光绪三十四年)

四月,应山大水。汉川、应城、汉阳水。(《湖北通志》)

孝感:汉阳大水。(《孝感县志》) 大水较乾隆戊申年(一七八八)大五尺。四月、五月淫雨,堤防尽溢,漂民庐舍。二月余始退,斗米千钱。(《天门县志》)

应山:四月雨雹大如拳,二麦尽打折,鸟雀多死。夏大水。平林市河浪骤高数丈,自上流澎湃而来,东西岸居民漂没者无算。(《应山县志》《安陆府志》) 四月大水,居民漂没无算。(《清史稿》)

云梦:自正月十三日至五月晦日,计六阅月,天气阴霾,淫雨相续,二麦无收,斗米千钱。五月以后尤倾盆下注,水涨横溢,平原行舟。阖郡均被水害。(《安陆府志》)

应城:夏无麦。四月、五月淫雨大水,堤防尽溢,漂没民庐舍,两月余始退。斗米千钱。(《应城县志》)

黄陂:夏大水,舟入市。(《黄陂县志》) 五月大水。(《清史稿》)

汉阳:大水,较乾隆戊申年大五尺。归元寺壁上有水迹碎。(《汉阳县

志》） 五月大水。（《清史稿》）

咸宁：大水，较戊申（即一八四八年）尤甚。淹及山坡，坏民庐舍无算，北城上水深六七尺，舟直行入城。（《咸宁县志》）

武昌：夏淫雨不休，城内水深丈余。（《江夏县志》同治八年，《江夏县志》民国七年铅印） 外与江合。诸门皆闭，惟中和、宾阳、忠孝三门可通。出入舟泊小东门，从来所未有也。（《江夏县志》同治八年）

大冶：大水。稼失种，米价翔贵。民采食草根木皮，卖妻女，相劫夺。斗米钱五百六十文。是年淫雨，自正月至六月不止，大水泛滥，过戊申年（即一八四八年）五尺余。（《大冶县志》）

嘉鱼：夏，水。（《湖北通志》）

阳新：大水入城，八门俱浸，坏民屋无算。（《兴国州志》光绪十五年）

蒲圻：大水。城市舟行，漂没田舍无数。岁大荒，米价石值六缗有奇。民食蕨根、观音土。（《蒲圻县志》）

崇阳：春夏淫雨，五月上旬九日，四大水，浸坏田苗无算。（《崇阳县志》）

鄂城：大水，江湖汇为一，舟行城上。春夏淫雨。六月朔，雷震始晴。大饥。（《武昌县志》） 七月大水，陆地行舟。（《清史稿》）

黄州：夏大雨，五十余日。大水入城。岁大饥，斗米钱五百。（《黄州府志》） 六月大水入城。（《清史稿》）

黄冈：秋大水，舟入城，斗米钱五百。（《黄冈县志》） 大水。（《黄州府志》） 四月，大水入城。（《清史稿》）

红安：六月大水。（《黄安县志》）

麻城：大水。（《麻城县志》）

罗田：水。（《湖北通志》）

英山：夏阴雨连绵，棉花糜烂无种。水灾，赈恤一次。（《英山县志》）

浠水：大水。（《大冶县志续编》《浠水县简志》）

蕲春：大水，雉堞通舟，仅存麟凤二山，及熊化岭一带。青崇大三乡数起蛟，漂流人畜无算。（《蕲州志》） 夏，水。（《湖北通志》）

黄梅:正月十八日至三月初六,小雨四十八日。麦苗见日尽萎。四月十三至六月初九,大雨五十五日,水逾上年四尺。(《黄梅县志》)

旱涝等级:郧、襄两地区,三级;恩、宜两地区,一级;荆州地区,一级;孝感地区,一级;咸宁地区,一级;黄冈地区,一级。

1850年　清道光三十年

竹山:牡丹、桃李华,竹实。(《湖北通志》)

潜江:固家矶……等堤复溃。(《潜江县志续》)　水,溃堤。(《湖北通志》)

公安:夏大水,江陵江堤龙王庙堤决。(《公安县志》)　水,溃堤。(《湖北通志》)

咸宁:春大饥。(《咸宁县志》)

大冶:二月大风拔木,水。(不及辛卯四尺余。荒甚。贩妻女者不禁。)(《大冶县志》)

通山:麦大熟。(《湖北通志》)

崇阳:春大荒,民食草根木皮及观音土。麦大熟。(《崇阳县志》)

通城:大风,大木多拔。(《通城县志》)

鄂城:大水。(《武昌县志》)

黄冈:雨雹,大者如瓜,小者如弹丸,坏稼伤人。(《黄冈县志》)　大雨雹害稼伤人。(《黄州府志》)

蕲春:大水,民取野菜以食。麦有收。(《蕲州志》)　麦有秋。(《黄州府志》)　大水。(《湖北通志》)

黄梅:麦大熟。(《黄梅县志》)麦有秋。(《黄州府志》)

旱涝等级:郧、襄两地区,三级;荆州地区,三级;咸宁地区,三级;黄冈地区,三级。

1851 年　清咸丰元年

郧县：冬十月，桃李华。（《郧县志》《湖北通志》）

兴山：大水，山崩，坏民居无数。（《兴山县志》）

潜江、江陵、公安大水。潜江大水，朱家拐等处堤溃。江陵小江埠亦决。（《湖北通志》）

潜江：荆河东岸南耳垸……等堤溃。（《潜江县志续》）

沔阳：春恒雨，三月雨雹大风，民多冻死。夏大水。（《沔阳州志》）

公安：夏大水，江陵江堤小江埠决。（《公安县志》）

监利：南北垸水。（《监利县志》同治十　年，《监利县志》光绪三十四年）

大冶：水过癸未（即一八二三年）二尺许。（《大冶县志》）

麻城：春大雪，平地深数尺。（《麻城县志》《黄州府志》）

蕲春：大水。（《蕲州志》）

旱涝等级：郧、襄两地区，三级；恩、宜两地区，三级；荆州地区，二级；咸宁地区，三级；黄冈地区，三级。

1852 年　清咸丰二年

七月谷城、襄阳大水。（《清史稿》）　宜城、郧县大水。（《湖北通志》）

郧县：秋七月，汉水溢，漂没禾稼人民无数。（《郧县志》）

郧西：七月，大淫雨，汉江水溢，漂没民物屋宇无数。（《郧西县志》）

均县：秋七月，汉水溢，入城，深六七尺，坏民舍甚众。（《均州志》）

襄阳：秋七月，汉水溢，溃堤。田尽没。（《襄阳县志》）

光化：秋，七月，汉水溢。船行至宝林寺。（《襄阳府志》）　秋七月十五日，汉水溢。（《光化县志》）

宜城：大水。（《湖北通志》）

谷城：大水。沿河民物漂殆尽。（《襄阳府志》）

恩施:秋大熟。(《恩施县志》)

兴山:大水、山崩,压倒民房无算。(《湖北通志》)

长阳:三月三日,天池口大风,瓦石掀飞,房屋倒折无算。山上行人,有吹坠岩下死者。(《长阳县志》)

五峰:六月望日午间,渔洋关忽昼晦。雷霆、风雹并作。保内麻溪古松杉百余株,皆大数十围,尽拔。初冬至三年春,天常阴晦,屡雨,晴日甚少。(《宜昌府志》)

江陵三节工,钟祥狮子口,潜江张截港等处堤决。(《湖北通志》)

钟祥:七月大水,溃堤。二工、三工内堤溃。(《钟祥县志》) 七月大水。(《清史稿》)

潜江:大水。……黄中垸等堤俱溃。(《潜江县志续》) 七月大水。(《清史稿》)

沔阳:大有秋。冬十一月,大雹。雷震。(《沔阳州志》)

公安:大水。江陵三节工决,停修六载,民不聊生。……六月初二水浸城,夜半雷雨大作,城内平地水深数尺。(《公安县志》) 大水浸城,六月初二日夜半雷雨大作,城内平地水深数尺。(《荆州府志拾遗》) 七月大水。(《清史稿》)

石首:大旱。(《荆州府志拾遗》《湖北通志》) 马林工江堤溃,西南多为沙阜。(《荆州府志拾遗》)

汉川:大水。(《湖北通志》)

崇阳:秋,自八月不雨至十一月。小寒始雨,是日雷鸣、虹见。(《崇阳县志》)

蕲春:岁稔,秋多疫。(《蕲州志》) 有麦,多疫。(《黄州府志》)

旱涝等级:郧、襄两地区,一级;恩、宜两地区,三级;荆州地区,二级;孝感地区,三级;咸宁地区,三级;黄冈地区,三级。

1853 年　清咸丰三年

郧县大雨,昼夜不绝。汉水溢。竹溪、宜城、保康、郧西大水。房县有

蛟,出小河,陷西城一百余丈。城内井水溢,十日乃定。宜城城垣圮一百五十丈。(《湖北通志》)

郧西:六月天河、泥河、板桥等大水,坏田庐,人畜多溺死。八月旱蝗。(《郧西县志》)

均县:秋大水,田坏多冲淤。(《均州志》) 七月大水入城。(《清史稿》)

房县:六月淫雨七日夜不止,西门河西乡河水起数丈,二十八日夜,……小河冲坏田庐无算,西城墙冲倒,坏城内民房数十家……。(《房县志》) 六月淫雨七昼夜不止,坏田舍无算。(《清史稿》)

保康:夏六月,大雨十六日,溪水多伤人物,汪家沟大山崩移丨里许,石土分裂,田宅毁坏甚多,陈家河东岸大山崩移西岸,压毙陈国柱家九人……。东沟大水,入城,南关街道冲淤,居民庐舍多漂没。(《保康县志》) 六月大雨十六日,漂没田舍甚多。(《清史稿》)

随县:五月二十四日,大风拔木。九月牡丹再开。(《随州志》)

宜城:秋七月,汉水溢。坏民居禾稼。决护城堤,溃城垣一百五十丈,圮小南门敌楼,水退后,大雨月余日。(《宜城县志》《襄阳府志》) 七月汉水溢,堤溃,城垣圮一百五十丈。七月大雨匝月,坏城垣一百五十丈。(《清史稿》)

五峰:三月三日,麦庄保及长阳天池口同时大风,瓦石飞空,林木房舍折损无算。人行山上有吹堕岩死者。六月,自二十五日至二十八日大雨倾盆,昼夜不绝,楠木山崩压坏民居。(《宜昌府志》)

潜江:有年。(《潜江县志续》)

沔阳:春三月,大雨雹。(《沔阳州志》)

应城:冬十月,桃杏华。(《安陆府志》)

大冶:秋旱。十一月,水长。沩源口行船如平湖。(《大冶县志》)

旱涝等级:郧、襄两地区,一级;恩、宜两地区,二级;荆州地区,三级;孝感地区,三级;咸宁地区,三级。

1854年　清咸丰四年

保康:七月旱。(《清史稿》)　七月大旱。(《保康县志》)

江陵:四月十一日,雨雹,大如拳。六月朔,风经旬不息。(《江陵县志》《荆州府志拾遗》)

京山:秋大有。(《京山县志》)

潜江:岁稔。(《潜江县志续》)

松滋:冬,桃李花复实。(《松滋县志》《荆州府志拾遗》)

公安:冬月初五水涌。(《公安县志》)

应城:是岁有年。(《应山县志》)

咸宁:秋大旱。(《咸宁县志》)　七月旱。(《清史稿》)

鄂城:雨木冰。(《武昌县志》)

崇阳:自秋至冬不雨。(《崇阳县志》)

黄冈、罗田、浠水、蕲春、黄梅冬十一月,水溢,逾时而止。(《黄州府志》)

黄冈:雨木冰。(《黄冈县志》)

红安:三月二十一日大雨雹,麦大损。四月初八,县北又雨雹,颗重十余斤。(《黄安县志》)　六月河涨。(《黄安乡土志》)

浠水:十一月水,踊跃高数尺。(《大冶县志续编》)

旱涝等级:郧、襄两地区,四级;荆州地区,三级;孝感地区,三级;咸宁地区,四级;黄冈地区,三级。

1855年　清咸丰五年

秋七月,枣阳暴雨,沙河涨,北门桥上水深数尺。(《襄阳府志》)

随县:二月雨雹厚尺许,大如鸡卵,鸟兽多击死。八月蝗飞遮日。(《随州志》)

宜昌:旱,蝗。(《宜昌府志》《东湖县志》)

远安:秋大熟。冬……牡丹开花。(《远安县志》《湖北通志》)

秭归:大旱,草木皆赤。岁大歉。(《归州志》《湖北通志》)

长阳:是年大旱,蝗。(《长阳县志》)

宜都:大旱。(《宜都县志》)

江陵:旱魃。四月十八日,大风雷电交作,屋瓦皆飞多毁折。(《江陵县志》《荆州府志拾遗》)　旱,蝗。(《荆州府志拾遗》)

钟祥:五月初八日雨雹,大风拔树,……腊月塘堰水涌,水暴溢,池沼皆然。(《钟祥县志》)　十二月水暴溢。(《清史稿》)

潜江:大有年。(《潜江县志续》)

松滋:旱,蝗。(《松滋县志》《荆州府志拾遗》《湖北通志》)

应山:冬,百果花齐开如春,间有结实者。(《应山县志》《湖北通志》)

云梦:大有年。(《安陆府志》)

应城:秋大熟,斗米百钱。(《应城县志》)　六月,晦,大雨雹。(《安陆府志》)

黄陂:七月陂塘水溢。(《清史稿》)

咸宁:夏大旱。(《咸宁县志》)

鄂城:夏秋旱。冬十一月桃华。(《武昌县志》)　四月,夏秋旱。(《清史稿》)

大冶:十一月初四日,未申之交,各路塘水喷溢,陡长六七尺。(《大冶县志》)

七月,麻城、黄冈、蕲州、广济陂塘水溢。(《清史稿》)

十一月,黄州桃李花且实。(《湖北通志》)

黄冈、红安、麻城、蕲春秋冬水溢。十一月,桃华且实。(《黄州府志》)

罗田:大有年。(《湖北通志》)

蕲春:六月水溢。(《蕲州志》)

广济:秋冬水溢。(《黄州府志》)

旱涝等级:郧、襄两地区,三级;恩、宜两地区,四级;荆州地区,四级;孝感地区,三级;咸宁地区,四级;黄冈地区,三级。

1856年　清咸丰六年

武昌、汉阳、黄州、郧阳、荆州、荆门各属久旱,四月不雨至九月。(《湖北通志》)

房县秋大熟,……谷城、均州、郧县歉收,逃荒来者络绎不绝。(《房县志》)

郧县:秋大旱。(《郧县志》)

郧西:七月大旱,饥。(《郧西县志》)

均县:夏旱无禾,岁大饥。(《均州志》)

光化:蝗。(《光化县志》《襄阳府志》)　旱,蝗。(《湖北通志》)

随县:大旱。自五月至九月始雨,斗米千钱。九月梨树华。(《随州志》)　闰五月大旱,至九月始雨。(《清史稿》)

宜城:自五月不雨至九月。陂塘泉堰皆涸,首种不入。(《宜城县志》《襄阳府志》)　自夏徂秋不雨,树木多枯死。(《清史稿》)

宜昌:旱,入秋飞蝗蔽日。(《宜昌府志》《东湖县志》)

秭归:夏饥。(《归州志》《湖北通志》)

当阳:夏旱。(《当阳县志》)　九月桃李华。(《湖北通志》)

江陵:旱,蝗。(《荆州府志拾遗》)

钟祥:大旱。无麦无禾。蝗飞蔽天。(《钟祥县志》)　五月大旱,河水涸。(《清史稿》)

京山:大旱,蝗。江汉为涸。县境大饥,民间有食土者。(《京山县志》)

潜江:夏大旱,井枯河涸。(《潜江县志续》《清史稿》)

沔阳:夏,五月不雨至秋九月。蝗。(《沔阳州志》)

松滋:旱,蝗。(《松滋县志》《荆州府志拾遗》)

公安:是年大旱。湖港淤垫,沟洫不通,禾无收。(《公安县志》《荆州府志拾遗》)

监利:旱,蝗。(《监利县志》同治十一年,《监利县志》光绪三十四年)

应山:四月,雨雹大如拳,杀禾无算。自是旱,赤地千里。邑草根树皮皆食尽,民流汉沔,道殣相望。粮缓征。(《应山县志》)

安陆:夏大旱。自四月不雨至于八月。百谷不登。树木多渴死。(《安陆府志》) 自夏徂秋不雨,树木多枯死。(《清史稿》)

应城:夏大旱。蝗。斗米千钱,立冬后三月不雨。(《应城县志》)

黄陂:夏,雨雹大如鸡卵,自东至西,移时止。大旱。(《黄陂县志》)五月大旱,河水涸。(《清史稿》)

咸宁:大旱,自五月不雨至八月。民病于汲。岁大饥。(《咸宁县志》) 五月大旱,河水涸。(《清史稿》)

鄂城:大旱,蝻过境。百子畈地裂。(《武昌县志》)

大冶:夏秋大旱。(《大冶县志》)

蒲圻:大旱。(《蒲圻县志》)

崇阳:自五月至七月不雨,八月梨华,九月有秋。(《崇阳县志》)

通城:夏、秋大旱。(《通城县志》)

黄州:大旱饥。(《黄州府志》)

红安:夏大旱,灾。(《黄安县志》)

麻城:夏大旱,自六月不雨至于九月。禾麦尽槁。斗米千钱,人多菜色,野有饿殍。(《麻城县志》)

罗田:七月旱。河水竭。(《清史稿》)

英山:大旱数月不雨。谷尽伤,民采草根树皮为食。(《英山县志》)

浠水:大旱,自四月至六月不雨。戴家洲西江可徒步涉。(《大冶县志续编》《浠水县简志》)

黄梅:大旱,自夏徂冬四阅月不雨。斗米五百文。(《黄梅县志》)

旱涝等级:郧、襄两地区,五级;恩、宜两地区,四级;荆州地区,五级;孝感地区,五级;咸宁地区,四级;黄冈地区,五级。

1857 年　清咸丰七年

汉口:飞蝗蔽日。(《夏口县志》)

郧西、房县、枣阳旱。蝗。(《湖北通志》)

郧西:秋蝗伤禾稼。(《郧西县志》)

房县:六月,南乡麻湾雨雹,损禾。(《房县志》)

光化:饥,斗米千钱。(《襄阳府志》《湖北通志》《光化县志》)

枣阳:夏六月,飞蝗蔽天。(《襄阳府志》《湖北通志》)　夏,飞蝗遮天。(《枣阳县志》)

随县:八月,飞蝗蔽日。(《随州志》)

宜城:春大饥,斗米千钱。(《宜城县志》《湖北通志》)

枝江、宜都旱。蝗。当阳、远安大有年。(《湖北通志》)

恩施:夏五月,清江水溢。(《湖北通志》《恩施县志》)

鹤峰:秋,八月蝗,秋获尽伤,而所过之处,草木叶几尽。(《鹤峰州志》)

宜昌:七月邑境,飞蝗蔽日,颇伤禾稼。(《宜昌府志》《东湖县志》)

远安:秋大有年。(《远安县志》)

秭归:旱。秋,飞蝗至。(《归州志》)

当阳:夏旱,蝗食禾苗殆尽。(《当阳县志》)

枝江:夏大水。(《清史稿》)　旱。蝗。(《荆州府志拾遗》)

宜都:夏有蝗。(《宜都县志》)　旱。蝗。(《荆州府志拾遗》)

江陵:旱。蝗。(《荆州府志拾遗》《湖北通志》)

钟祥:七月二十一日,飞蝗蔽天,由东而南数十里。(《钟祥县志》)

荆门:大有年。(《荆门直隶州志》)

潜江:春大水,无麦。夏六月飞蝗蔽天,食秋粮几尽。(《潜江县志续》)

监利:下垸水。水灾。(《监利县志》同治十一年)

沔阳:夏旱,蝗。秋大水。(《沔阳州志》)

松滋:旱,蝗至夏秋之交。大水自南来,蝗之未生翼者,浮水而至,散入乡民田,食禾至尽。(《松滋县志》《荆州府志拾遗》)　夏大水。(《清史稿》) 旱,蝗。(《湖北通志》)

应山:蝗自北来,落地厚尺余,未伤禾稼。(《应山县志》)

安陆:春,大冰雪,麦苗多损。民大饥。(《安陆府志》)

应城:春三月上巳后雨雪,地冻成冰,雪霁大霜,麦苗多损,夏闰五月,飞蝗自东而西。(《应城县志》)

汉川:水。(《湖北通志》)

汉阳:飞蝗蔽日。(《汉阳县志》)

咸宁:蝗自东北飞来,蔽日遮天,数日始散。幸谷已登场不至大饥。(《咸宁县志》)

鄂城:春三月淫雨。五月旱。飞蝗蔽天。(《武昌县志》)

大冶:夏,飞蝗蔽天。(《大冶县志》)

蒲圻:旱,飞蝗蔽日。(《蒲圻县志》) 大旱,飞蝗蔽天。(《蒲圻县乡土志》)

崇阳:春淫雨。夏四月,二麦大熟。冬竹笋生成林。(《崇阳县志》)

通城:春夏大荒。(《通城县志》) 饥,斗米千钱。(《湖北通志》)

黄冈、麻城、蕲水旱。蝗。(《湖北通志》)

黄州:秋旱。(《黄州府志》)

黄冈:秋蝗入境。(《黄冈县志》《黄州府志》)

红安:八月,飞蝗入境,蔽日无光。不伤禾稼。(《黄安县志》)

麻城:春,谷米腾贵。秋有蝗,自北来,禾尽伤。(《麻城县志》) 秋蝗。(《黄州府志》)

英山:秋大疫。谷熟。(《英山县志》)

浠水:旱,蝗。(《浠水县简志》) 夏秋旱,蝗。(《大冶县志续编》) 秋蝗。(《黄州府志》)

蕲春:夏蝗。(《蕲州志》)

黄梅:大有年。(《黄梅县志》《黄州府志》)

旱涝等级:郧、襄两地区,四级;恩、宜两地区,四级;荆州地区,四级;孝感地区,三级;咸宁地区,四级;黄冈地区,四级。

1858 年　清咸丰八年

汉口:蝗。(《夏口县志》)

夏,宜城、保康蝗,害稼。(《湖北通志》)

郧县:大有年。(《郧县志》)

郧西:秋大熟。(《郧西县志》)

均县:秋,八月,蝗害稼。(《均州志》)

房县:飞蝗入境,遍地皆蝗。(《房县志》)

保康:飞蝗食禾。(《保康县志》)

宜城:蝗害稼。(《宜城县志》《襄阳府志》)

兴山:水。(《湖北通志》) 秋蝗。八月二十二日大水,城不没者三版。(《兴山县志》)

长阳:大旱。虫害。(《长阳县志》)

宜都:八月有蝗,晚稻为灾。(《宜都县志》)

十二月,江陵、松滋、公安大水。(《清史稿》)

钟祥:五月二十七日,雨雹大如桃核。六月大旱,飞蝗蔽日。(《钟祥县志》)

潜江:大雨水,孙家刿、深河潭堤溃。(《潜江县志续》《湖北通志》)

沔阳:夏,四月大雨,城中水深数尺。(《沔阳州志》《湖北通志》)

监利:下垸水。水灾。(《监利县志》同治十一年)

松滋:夏,旱,蝗。(《松滋县志》《湖北通志》)

应山:七月,飞蝗蔽天,经过数昼夜。(《应山县志》)

应城:冬十一月,冬至夜大雨、雷电交作。(《应城县志》)

黄陂:蝗不为灾。(《黄陂县志》)

汉阳:蝗。(《汉阳县志》)

崇阳:十月梨华。(《崇阳县志》)

鄂城:大水。(《武昌县志》)

红安:秋,月下屡见蝗飞。(《黄安县志》)

麻城:大有年。(《黄州府志》)

英山:大有年。(《英山县志》)

蕲春:夏蝗。(《蕲州志》)

黄梅:春蝗生。(《黄梅县志》) 三月蝗。(《湖北通志》)

旱涝等级:郧、襄两地区,四级;恩、宜两地区,四级;荆州地区,四级;孝感地区,三级;咸宁地区,三级;黄冈地区,三级。

1859 年 清咸丰九年

竹山:三月十三日,西乡姚家河雨雹。(《竹山县志》) 大雪。(《湖北通志》)

咸丰:夏,四月,龙坪大水,漂没集场居舍。(《咸丰县志》《增修施南府志》) 夏大水。(《湖北通志》)

宜昌:夏,大旱。(《湖北通志》) 大旱。(《东湖县志》《宜昌府志》)

长阳:夏,秋大旱。(《长阳县志》)

潜江:夏四月,深河潭、黄汉垸等处堤溃。(《潜江县志续》)

沔阳:夏大水,秋淫雨。(《湖北通志》《沔阳州志》)

松滋:邻县俱蝗。(《松滋县志》)

监利:下垸水。(《监利县志》同治十一年,《监利县志》光绪三十四年)水灾。(《监利县志》同治十一年)

大冶:夏旱。十月水暴涨。(《大冶县志》)

鄂城:秋雨雹。(《武昌县志》)

崇阳:秋桃华,松萌抽三寸许。冬十月,大雨,雷电。(《崇阳县志》)

黄冈:秋,七月十五日,大崎山下,雨雹大如卵,伤禾麻。(《黄冈县志》)

英山:旱。六月大雨雹,禾稼半被损坏。(《英山县志》)

麻城:春有蝗,五月初夜半暴雨,翌晨蝗尽死。(《麻城县志》)

黄梅:秋大水,溃堤。(《黄梅县志》)

旱涝等级:郧、襄两地区,三级;恩、宜两地区,四级;荆州地区,三级;咸宁地区,三级;黄冈地区,三级。

1860 年　清咸丰十年

房县：六月十三日大风拔树，雨雹伤禾。(《房县志》)　六月大风拔木。(《湖北通志》)

光化：冬，雪深五尺。(《湖北通志》《光化县志》)

枣阳：冬十二月，雪深四尺，牲口多冻死。(《枣阳县志》《襄阳府志》《湖北通志》)

夏，宜昌大雨，江涨，浸城郭，漂民居。枝江、宜都大水，溃堤。(《湖北通志》)

恩施：十一月海棠、蔷薇皆华。(《湖北通志》)

巴东：大水，较乾隆时更高六尺。(《宜昌府志》)

来凤：冬，十一月，蔷薇、海棠皆花。(《增修施南府志》)

宜昌：夏五月，大雨如注，连日不绝。江涨骤发，突涌入城，平地深者六七尺，临江东西岸漂民舍无算。(《东湖县志》《宜昌府志》)

兴山：大水，坏民居。(《兴山县志》)

秭归：六月大水，江岸漂没者无算。(《归州志》)

远安：立夏节大雪。五月溪水泛滥。夏秋飞蝗蔽日。(《远安县志》)

长阳：夏五月，大雨如注，日夜不绝。清江骤涨，坏城邑。平地水深六尺，沿江冲没田舍无算。(《长阳县志》)

枝江：五月，大雨如注，日夜不止。江水大涨，二十五日夜，西门城决，水入城，至东门涌出大江，民舍漂没殆尽。其不没者，唯福传、金鸣两山而已。淹渍二十余日，沿江炊烟断绝，灾民嗷嗷，……百年未有之患也。(《枝江县志》《荆州府志拾遗》)

宜都：夏五月，大水，入临川门。江北沙溪坪、焦岩子、白沙脑、蒋家河、吴家港、罗家河等地，皆漂没人民无算。(《宜都县志》《荆州府志拾遗》)

二月，春，江陵、公安、松滋雨木冰。夏，公安、沔阳、石首大水，溃堤。十二月江陵、松滋、公安复水。(《湖北通志》)　十二月江陵、松滋、公安大水。(《荆州府志拾遗》)

江陵：十二月，雨木冰，俗称树稼。（《江陵县志》）

钟祥：腊月二十六日大雪，折大树无数。（《钟祥县志》）

潜江：襄河北岸赵林垸，……堤溃。（《潜江县志续》）

沔阳：大水。（《沔阳州志》）

松滋：大水，高石碑堤溃。冬大雪、大冰。冬十二月大水。（《松滋县志》）

公安：大水。江陵堤毛杨二尖决邑，水高于城二尺许，民栖屋脊者数昼夜。（《公安县志》） 冬十二月雨木冰。夏大水。（《荆州府志拾遗》）

监利：下垸水。（《监利县志》同治十一年，《监利县志》光绪三十四年）

大冶：水，与道光癸未（即一八二三年）同。（《大冶县志》）

崇阳：春淫雨。九月大水。冬苦雨雪。十二月二十七日大雨，自旦至夜不止。寒甚。（《崇阳县志》）

红安：七月十三日，雨雹大如鸡卵。（《黄安县志》）

麻城：秋七月，雨雹大如鸡子，伤禾稼。冬桃有华。（《麻城县志》） 十一月桃有华。（《黄州府志》《湖北通志》）

英山：秋蝗，自北蔽天而来，飞沿四五日往南去。（《英山县志》）

罗田：七月，大雨雹，伤禾无数。（《湖北通志》）

蕲春：冬，大雪平地深四五尺。坚冰弥月不解。（《蕲州志》）

黄梅：十二月，大雪厚数尺，行道有僵毙者。湖冻舟胶。山木枯如蝉蜕。（《黄梅县志》）

旱涝等级：郧、襄两地区，三级；恩、宜两地区，一级；荆州地区，二级；咸宁地区，三级；黄冈地区，三级。

1861 年　清咸丰十一年

竹溪：七月，大雨七昼夜。（《湖北通志》）

均县：秋七月，雷雨大风拔木。（《均州志》）

宣恩：民乐有秋。（《宜昌府志》）

来凤:冬,十一月十二日夜大雷。(《增修施南府志》)

长阳:秋大疫。(《长阳县志》)

宜都:六月,雨雹大如鸡子,禾尽偃。(《宜都县志》) 夏,钟祥、松滋、公安、潜江大水。高石牌、潜江河港、烟墩等处堤溃。(《湖北通志》)

江陵:十一月初十日夜雷,次日雷震。(《荆州府志拾遗》)

钟祥:六月二十七日大水,堤溃。(《钟祥县志》) 六月大水,溃堤。(《清史稿》)

潜江:八月泗港……溃。冬,雨木冰。(《潜江县志续》)

公安:大水,江陵饶二工决,毛杨二尖停修。(《公安县志》) 夏水。(《荆州府志拾遗》)

监利:二月雨水冰,经三日乃解。(《监利县志》光绪三十四年)

应城:冬十一月,十一日大雨,未刻雷鸣三次,夜间亦然。(《应城县志》)

汉川:夏大水。(《湖北通志》)

咸宁:冬,十二月下旬大雪,平地深四五尺,行人多冻毙。湖面冰结厚尺许。车夫担脚竟有复冰而行者。(《咸宁县志》)

大冶:夏,四月十五日,大风拔木,雨雹如饼,屋瓦皆碎。冬,大雪,深五尺余,野兽出洞觅食多窜入人家,湖冰坚厚可通行人,亦有踏陷者。樟树尽冻死。(《大冶县志》)

蒲圻:十二月大雪,平地深五六尺,道迷行人,有陷堕坑死者,野兽冻死无数。湖河皆冰。(《蒲圻县志》《清史稿》) 雪,平地深五六尺。(《蒲圻县乡土志》)

崇阳:十一月初十夜,大雷雨。十二月下旬,连日大雪,深数尺。隽水冰坚可渡。山中鹿尽死。桂柏棕柞冬青等树靡不冻枯。(《崇阳县志》)

通城:三月大风,房屋被折,数围大木亦拔。七月雨雹又大风。(《通城县志》)

鄂城:冬大雪,湖冰坚。(《武昌县志》)

麻城:大雨雹,损禾。(《黄州府志》)

罗田:大雨雹,损禾。(《黄州府志》) 十一月,大雨伤禾。(《清史稿》)

英山:十二月大雪,至次年正月始霁。塘水冰冻,童子嬉游其上,如履坦途。盛水瓦器多半冻破。(《英山县志》)

黄梅:十二月大雪厚数尺,行道有僵毙者,湖冻舟胶山木枯如蝉蜕。(《黄梅县志》)

旱涝等级:郧、襄两地区,二级;恩、宜两地区,三级;荆州地区,二级;孝感地区,三级;咸宁地区,三级;黄冈地区,三级。

1862 年 清同治元年

郧县:秋,七月,蝗自西北飞来。(《郧县志》)

均县:蝗入境,伤禾。(《均州志》)

枣阳:七月有蝗。冬十月桃杏华。(《枣阳县志》《襄阳府志》《湖北通志》)

保康:飞蝗过境,不为灾。(《保康县志》)

利川:八月,县西北八十里,龙洞沟起蛟,山崩水涨,坏民田无算。(《利川县志》)

宜昌:五月五日,社林前铺雨冰雹,击损庐舍、牛畜、麦苗。(《东湖县志》《宜昌府志》)

兴山:冬,大雪,深一丈三尺。(《兴山县志》《湖北通志》)

长阳:五月五日雨雹,大者如砖、碗,县南盐市口以上坏田宅。(《长阳县志》《湖北通志》)

宜都:五月雨雹,大木为折。二月淫雨。(《宜都县志》《荆州府志拾遗》《湖北通志》) 岁饥,米价踊腾。二月初七日,大风拔木飞瓦。(《宜都县志》《荆州府志拾遗》)

江陵:大疫,民多暴死。(《荆州府志拾遗》)

潜江:监利杨林关溃,邑东南乡被淹。河东岸木头垸石家拐堤溃。黄中彭宅傍溃。(《潜江县志续》)

公安：大水。(《公安县志》《荆州府志拾遗》)　五月大水。(《清史稿》)夏，江夏、咸宁大旱。(《湖北通志》)

咸宁：冬，冰冻奇寒。(《清史稿》)　冬十二月至癸亥(即一八六三年)春正月，又大冰冻。(《咸宁县志》)　七月旱。(《清史稿》)

鄂城：夏，五月雨雹。六月蝗不为灾。(《武昌县志》)

武昌：旱。(《江夏县志》同治八年，《江夏县志》民国七年铅印)　七月旱。(《清史稿》)

蒲圻：有年。(《蒲圻县志》《湖北通志》)

通山：麦大熟。(《湖北通志》)

崇阳：二月淫雨。(《湖北通志》)　六月大寒。(《清史稿》)　正月元旦大雾淞。三月十八日大风拔木。夏六月寒。又八月梨华叶复生。十一月二十九日夜，大雷电风雨。(《崇阳县志》)

通城：五月荒。(《通城县志》)

黄冈：夏六月蝗，不为灾。(《黄冈县志》)

麻城：夏大疫。(《麻城县志》)

蕲春：正月十三，大雪，深数尺。(《蕲州志》)

旱涝等级：郧、襄两地区，四级；恩、宜两地区，二级；荆州地区，三级；咸宁地区，四级；黄冈地区，三级。

1863 年　清同治二年

郧西：泥河、天河大水，坏田庐。(《郧西县志》)　秋大水。(《清史稿》)

襄阳：蝗，不为灾。(《湖北通志》)

光化：蝗。(《襄阳府志》)

保康：六月大水，淹没田舍。(《清史稿》)　六月大水，田庐半冲淤。(《保康县志》)

恩施：大饥。(《湖北通志》)　岁大祲。(《增修施南府志》)

远安：六月二十八日夜，溪水泛溢，大伤禾稼。(《远安县志》)　大水。

（《湖北通志》）

枝江：二月七日，申刻，江风大作，覆舟，淹毙人民无算。沿岸庐舍树木，多为摧折。（《枝江县志》） 有秋。七月初七日，风大作，覆舟，淹毙人民无算。沿岸庐舍树木多为摧折。（《荆州府志拾遗》） 有秋。（《枝江县志》《荆州府志拾遗》） 二月，大风覆舟，毙人民无算。（《湖北通志》）

宜都：二月大风昼晦。（《湖北通志》）

钟祥：大水，堤溃。六工刘家湾堤险几溃。（《钟祥县志》） 六月大水。（《清史稿》） 大水。水溃堤。（《湖北通志》）

潜江：襄河北岸，太平垸，高家拐，荆河西岸……等堤俱溃。（《清史稿》） 六月高家拐堤决。（《清史稿》） 大水。水溃堤。（《湖北通志》）

沔阳：大水。（《沔阳州志》）

公安：大水。夏四月大风，屋瓦皆飞，树多拔。斗米六钱。（《公安县志》） 大水，米昂贵。（《荆州府志拾遗》） 六月大水。（《清史稿》）

孝感：六月初旬，夜雨雹。（《孝感县简志》） 六月初旬，夜雨雹，若鸡卵。（《孝感县志》）

应城：春，淫雨，二麦糜烂。斗米钱一千三百文。（《应城县志》《安陆府志》） 春，淫雨伤麦。（《清史稿》）

咸宁：夏、秋大旱。（《咸宁县志》）

大冶：旱。冬大雪。（《大冶县志》《湖北通志》）

崇阳：春，正月，桃梨华。三月陨霜为灾。夏，五月，酷热。冬旱。（《崇阳县志》） 二月大风，昼晦。三月陨霜。（《湖北通志》）

通城：五月，溪水大涨。（《通城县志》）

浠水：大有年。（《湖北通志》）

旱涝等级：郧、襄两地区，二级；恩、宜两地区，三级；荆州地区，二级；孝感地区，三级；咸宁地区，四级；黄冈地区，三级。

1864 年　清同治三年

郧西：泥河大水。（《郧西县志》） 秋大水。（《清史稿》） 大水。米

贵,民多逃亡。(《湖北通志》)

均县:三月雨雹。(《均州志》)

房县:四月朔蚀,东乡雨雹,七十八里,伤麦,减收。……五月狂风折木、雨雹。十四日城南,风雨骤,至二更时,水势陡涨,冲塌房屋禾苗无数……。(《房县志》) 四月,雨雹伤麦。(《湖北通志》) 五月,有蛟出小河,水骤溢。(《湖北通志》)

光化:蝗。(《光化县志》)

保康:春饥,斗米钱九百文。(《保康县志》)

长阳:冬燠。(《湖北通志》)

枝江:有麦。(《湖北通志》《枝江县志》) 有秋。(《荆州府志拾遗》)

宜都:春,大雪。五月,兴善铺雨雹如线,长者盈尺。(《宜都县志》《荆州府志拾遗》《湖北通志》)

钟祥:六工、边家拐新垸内月堤之下堤,险几溃。(《钟祥县志》)

潜江:有年。永丰垸、熊家台堤溃。(《潜江县志续》)

沔阳:大水。(《沔阳州志》)

公安:大水。江陵毛杨二尖停修。斗米六钱,终年皆然,民逃亡。秋大疫。(《公安县志》) 大水,米昂贵。民多逃亡。秋大疫。(《荆州府志拾遗》) 夏大水。(《清史稿》)

应山:十二月,雨霰,水冰。(《应山县志》) 雨木冰。(《湖北通志》)

应城:夏、秋旱。(《应城县志》《安陆府志》)

大冶:麦大熟。夏旱,苗尽槁,棉仅留种。(《大冶县志》)

崇阳:春正月初旬,夜雷电,越日大雪。三月麦熟。夏五月大水。六月雨雹。秋旱。(《崇阳县志》) 秋旱。(《清史稿》) 六月雨雹。(《湖北通志》)

麻城:夏大疫。(《麻城县志》)

旱涝等级:郧、襄两地区,三级;恩、宜两地区,三级;荆州地区,三级;孝感地区,四级;咸宁地区,四级;黄冈地区,三级。

1865 年　清同治四年

郧县：春正月大雪。汉水冰。树木牲畜多冻死。(《郧县志》《湖北通志》《清史稿》)

宜城：县南独树林，羊角风大起，瓦皆飞木拔，禾尽偃，有龙蜒蝘状大雨，平地水数尺，不数日，又见于茅草洲。(《宜城县志》)

均县：夏四月，雨雹大如雉子，破屋折树无麦。(《均州志》)

房县：五月雨雹，自均州起，由房(县)东北乡至西乡抵竹山数百里，伤禾无算……。九月重阳雪。十月桃花、桐花开，茅芽生。又四年六月初七、初八大雨起蛟……。由西乡泛滥，冲淤田地无算……。(《房县志》)　十月房县桃桐皆华。夏，雨雹伤禾。(《湖北通志》)

保康：九月雪。(《湖北通志》)

枣阳：正月十四日，枣阳东南乡大雨迅雷，巳刻昼晦如夜。城中雨雪连旬。树多冻死。(《襄阳府志》《枣阳县志》《清史稿》)

随县：正月十五日辰刻，天地阴晦，雷电大作，雪深尺余。(《随州志》)

远安：大水。(《湖北通志》)

当阳：夏六月大水，西北山中五处同日蛟起，人畜漂没者甚众，东南湖乡泛滥尤甚。(《当阳县志》)　大水。(《湖北通志》)

长阳：春正月，大雪寒甚，后复大燠，南乡大水。(《长阳县志》)　十二月，大雷电雪。(《湖北通志》)

枝江：岁大熟。(《枝江县志》《荆州府志拾遗》)

宜都：四月十六日，雨雹如鸡子。(《宜都县志》《荆州府志拾遗》)　夏，雨雹伤禾。(《湖北通志》)

正月十六日钟祥大雪，汉水冰，树木牲畜多冰死。(《清史稿》)　荆州雨，起蛟。天门白沙潭堤决。潜江大水。(《湖北通志》)

钟祥：正月大雪，松竹俱冻死，十五日夜大雪四日，冰坚可渡。(《钟祥县志》)　大雪，雷震。汉水冰。(《湖北通志》)

荆门：夏六月，大水，西北山中五处同日蛟起，人畜漂没甚众。(《荆门

直隶州志》)

潜江:荆河西岸,永丰院沙月堤溃。(《潜江县志续》)　大水。(《湖北通志》)

沔阳:夏,大水。(《沔阳州志》《湖北通志》)

公安:夏,大水。(《清史稿》)　五月大水,江陵毛杨二尖停修,高乡旱自先年冬至本年夏不雨,陂塘龟坼,秧俱生节。……半斗米七钱,民食日匮。(《荆州府志拾遗》)　四月大水。(《清史稿》)

监利:春花开三度。(《监利县志》光绪三十四年)　杨林关堤溃。(《湖北通志》)

汉川:大水。(《湖北通志》)

咸宁:秋旱,尚不成灾。(《咸宁县志》)

大冶:正月大雪极寒。麦熟。(《大冶县志》)　十二月初八日,雪大雷电。(《大冶县志》《湖北通志》)

蒲圻:夏旱。继水溢。秋谷贵。(《蒲圻县志》)

崇阳:春正月十一日,甚风雨雷电大作。冬积阴连月。自癸亥(即一八六三年)后,连年谷贵。(《崇阳县志》)

通城、通山:三月大风。(《通城县志》《湖北通志》)

鄂城:春正月,震雷、烈风、雨雹。雨木冰。(《武昌县志》)

黄冈:春正月,震雷烈风,雹大如卵,雨木冰。(《黄冈县志》)

麻城:春大雪。秋旱。(《黄州府志》《麻城县志》)　春正月,震雷大雪。(《黄州府志》)　秋旱。(《清史稿》)

英山:棉花不熟,布价腾贵。(《英山县志》)

浠水:春大荒,野多饿殍,卖子女者,属于道。(《大冶县志续编》《清史稿》)　大旱。(《浠水县简志》)　秋大熟。(《大冶县志续编》)

旱涝等级:郧、襄两地区,三级;恩、宜两地区,三级;荆州地区,二级;孝感地区,三级;咸宁地区,四级;黄冈地区,四级。

1866 年 清同治五年

汉口:旱。(《夏口县志》) 夏旱。九月大水。(《清史稿》)

十二月,郧、房大雷电雨雪。(《湖北通志》)

郧县:春正月初八日夕,大雷电,雨雪数寸。(《郧县志》)

均县:春正月雨雹,雪深尺许。(《均州志》)

随县:四月大雨雹。(《随州志》《湖北通志》)

当阳:春三月大水,北山蛟起,沮漳上游田产庐舍多漂没,舟楫多倾覆,人畜溺死者甚众。东南下流,豆麦被淹。夏大水,堤防多决,东南无秋。(《当阳县志》)

夏,沔阳、潜江水溃堤。松滋、公安并大水。(《湖北通志》)

江陵:四月十八日大风雹,平地水涌。九月十三日白昼大风。(《江陵县志》《荆州府志拾遗》) 四月,大雨雹损麦。(《湖北通志》)

钟祥:麦大稔。(《钟祥县志》)

潜江:荆河西岸,永丰垸沙月堤等堤俱溃。(《潜江县志续》)

沔阳:大水,民多流亡。(《沔阳州志》)

松滋:低乡水。(《松滋县志》) 低乡旱。(《荆州府志拾遗》) 旱。(《湖北通志》)

公安:大水。(《公安县志》) 夏,大水。(《清史稿》)

监利:南北垸水。夏县属何家埠堤溃。杨叶等一百三十四垸被水成灾。(《监利县志》同治十一年,《监利县志》光绪三十四年)

德安:大水。(《安陆府志》) 夏,德安大水。(《清史稿》)

应城:大水。(《应城县志》)

汉川:水,溃堤。(《湖北通志》)

汉阳:旱。(《汉阳县志》) 九月旱。(《清史稿》)

夏,崇阳、咸宁大水。(《清史稿》) 夏,江夏水,溃堤。崇阳、大冶大水。(《湖北通志》)

咸宁:夏六月大水,衙署后城阙不没者仅尺许。(《咸宁县志》)

武昌：夏旱。秋大水。饥。(《江夏县志》同治八年,《江夏县志》民国七年铅印)　夏旱。(《清史稿》)

大冶：大水,不及道光辛卯年(一八三一年)仅数寸。(《大冶县志》)

崇阳：夏四月大水,坏田庐桥梁,五月水患亦如之。秋旱。九月雨雹。(《崇阳县志》)　九月旱。(《清史稿》)

鄂城：大水。(《武昌县志》)

旱涝等级：郧、襄两地区,三级;恩、宜两地区,二级;荆州地区,二级;孝感地区,二级;咸宁地区,二级。

1867年　清同治六年

八月,襄阳、谷城、沔县、钟祥、德安大水。(《清史稿》)

八月,郧阳淫雨三昼夜,坏官署民房甚多。(《清史稿》)

八月,汉水骤涨七丈有奇。襄阳、谷城、随州大水。坏庐舍堤垸害稼。(《湖北通志》)

秋,八月,襄阳、谷城大水,漂流沿河庐舍殆尽。(《襄阳府志》)

均县：秋八月,汉水溢,入城深数尺,越三日乃退。(《均州志》)

襄阳：八月大水溢,至东南门外,漂庐舍害稼。(《襄阳县志》)

光化：秋八月二十八日,汉水溢,坏庐舍。(《光化县志》)

宜城：八月,汉水溢,入城深丈余,三日始退。(《清史稿》)

谷城：秋八月大水,漂流沿河庐舍殆尽。(《襄阳府志》)

随县：五月大水,解河新城堡中,水深丈余,坏田园庐舍,十月棠棣华。(《随州志》)

兴山：二月二十九日,大雨雹深三寸,经日始化。五月大水,自南门城上灌入城中,坏官舍民居。六月十八日大风,自县西……,坏民屋。秋蝗。(《兴山县志》)　五月大水。(《清史稿》)

夏,天门、沔阳、钟祥、潜江大水。(《湖北通志》)

江陵：五月大水。(《清史稿》)　城圮。(《湖北通志》)

钟祥:麦大稔。七月初六日,大风,雷、雨雹拔大木。八月大水暴涨,……堤溃数日,漂流房屋,淹毙人畜无算。一工、二工、十一工堤溃数口。(《钟祥县志》)

荆门:夏旱。冬饥。(《荆门直隶州志》) 夏旱。(《清史稿》)

潜江:通顺河西岸,朱家湾堤溃。(《潜江县志续》《清史稿》)

沔阳:夏汉溢,大水。(《沔阳州志》)

松滋:大旱。低乡水。(《松滋县志》) 旱。(《湖北通志》)

公安:大水。(《荆州府志拾遗》)

德安府夏大旱,秋大水。(《安陆府志》)

应城:夏大旱。秋大水。(《应城县志》)

黄陂:夏旱。(《清史稿》) 大水。(《湖北通志》) 水。夏大旱。(《黄陂县志》)

汉阳:六年五月二十五日夜半……,适河水大至。(《汉阳县志》)

鄂城:秋旱。百子畈地裂。(《武昌县志》) 秋旱。(《清史稿》)

夏,罗田、黄冈、蕲水,大水。麻城雨、水,起蛟。(《湖北通志》) 罗田、黄冈、麻城旱。(《湖北通志》)

黄州秋旱。(《黄州府志》)

黄冈:秋旱。(《黄冈县志》《清史稿》)

红安:夏旱,民饥。(《黄安县志》)

麻城:有蛟。(《黄州府志》) 雨水,起蛟。(《湖北通志》)

罗田:三月大水。(《清史稿》)

英山:春大旱,高田无水栽插,多布菽黍。秋熟。(《英山县志》)

浠水:大旱,塘堰皆竭。(《浠水县简志》《大冶县志续编》)

蕲春:旱。(《蕲州志》)

旱涝等级:郧、襄两地区,一级;恩、宜两地区,三级;荆州地区,二级;孝感地区,四级;咸宁地区,三级;黄冈地区,四级。

1868 年　清同治七年

襄阳：春大饥。(《襄阳县志》《襄阳府志》)

光化：岁大饥。(《光化县志》)

枣阳：四月雪。(《枣阳县志》)

随县：夏大雨雹，伤麦。(《随州志》《湖北通志》)　六月初三日大水。(《随州志》)

钟祥：四工、五工、六工堤并崩险。(《钟祥县志》)

荆门：大有年。(《荆门直隶州志》《湖北通志》)

潜江：永丰垸、沙月堤溃。(《潜江县志续》)

沔阳：夏汉溢，大水。(《沔阳州志》《湖北通志》)

公安：夏大水。(《公安县志》《荆州府志拾遗》《湖北通志》)

监利：稔。(《监利县志》同治十一年，《监利县志》光绪三十四年)

应山：冬月雨雪震电。(《应山县志》)

应城：冬十一月三十日夜大雨，雷电交作。(《应城县志》)

黄陂：至同治七年丰稔，添修屋宇房舍。(《黄陂县志》)

武昌：春三月，大风、雷、雨雹。(《江夏县志》同治八年，《江夏县志》民国七年铅印)

通山：大雨，城中水深八、九尺，民房多坏。(《湖北通志》)

鄂城：春，大雨雹，三月十九日，大风，复舟，溺死者众。(《武昌县志》《湖北通志》)

红安：三月十八日大雨雹，禽鸟多毙。八月十七日雨雹。(《黄安县志》)

英山：三月大风，吹倒墙屋树木无算。(《英山县志》)

浠水：春饥。(《大冶县志续编》)　旱。(《浠水县简志》)

旱涝等级：郧、襄两地区，三级；荆州地区，三级；孝感地区，三级；咸宁地区，三级；黄冈地区，三级。

1869 年　清同治八年

三月,公安淫雨,无麦。夏,沔阳大雨,水。襄河荆江两岸堤多溃。潜江大水。(《湖北通志》)

钟祥:四工、五工、十六工堤又崩险。是年秋汛。十四工堤溃。十三工崩险。(《钟祥县志》)

潜江:夏淫雨,襄河南岸……荆河西岸……等堤俱溃。(《潜江县志续》)

沔阳:夏,汉溢。大水。冬,大饥。(《沔阳州志》《湖北通志》)

公安:春夏淫雨,二麦无收。(《公安县志》)

监利:下垸水。夏,县属北六丘等处堤溃,张家峰等一百四十八垸被水成灾。(《监利县志》同治十一年,《监利县志》光绪三十四年)

德安府大水。冬,花草结实。(《安陆府志》)

应山:正月,朔,微雨雷电。(《应山县志》)

安陆:四月二十二日午刻……,雷电交作,冰雹纷下,大风扬沙,百钧重物被吹过河东……。有一村民摄至半空抱一屋椽而下。(《安陆府志》)

应城:大水。冬,花果结实。(《应城县志》)

黄陂:水。(《黄陂县志》)

汉川:大水。(《湖北通志》)

武昌:春淫雨损麦。(《清史稿》) 夏大雨水。(《湖北通志》)

阳新:大水。缓湖边一十九里,正银八千……。(《兴国州志》民国三十二年)

鄂城:大水。(《武昌县志》) 大雨,水。(《湖北通志》)

夏,黄冈、罗田、黄梅大雨水。(《湖北通志》) 黄州大水。(《黄州府志》)

黄冈:秋大水。(《黄冈县志》)

红安:桃再实。(《黄州府志》)

麻城:秋大疫。冬十月杏实,十一月杜鹃鸟鸣。(《黄州府志》)

英山:正月阴雨至五月止,蛟水暴发,荡析民居,麦尽渰烂。(《英山县志》)

蕲春:大水。(《蕲州志》)

黄梅:夏大水,堤溃。(《黄梅县志》)

旱涝等级:荆州地区,二级;孝感地区,二级;咸宁地区,二级;黄冈地区,二级。

1870年　清同治九年

汉口:大水。(《夏口县志》)

均县:春三月雨雹,夏六月淫雨,涧河殷家河山水陡发,坏老营浪河田亩民舍。(《均州志》)

枣阳:夏,大旱六十四日。(《枣阳县志》)

宜城:六月,汉水溢。(《清史稿》)

秭归:夏,六月大水,坏民居无算。(《归州志》《清史稿》)

枝江:六月,大水入城,漂没民舍殆尽。(《清史稿》)

夏,江汉并溢,潜江、钟祥、江陵、松滋均大水。潜江堤垸溃决数处。公安官署民房倒塌几尽。(《湖北通志》)

江陵:大疫,民多暴死。冬,河冰厚尺许。(《江陵县志》《湖北通志》)

潜江:三月十四日向午,有旋风西南来,从大泊委蛇而南,形如盖。至乡东沙岭,则狂飙大作,有倾山倒海之势,村舍摇摇如水荡舟……。二十四日大雨雹如鸡卵,压坏夹州、牛埠两垸麦苗三千余亩。居民屋瓦皆碎,行人伤者无算。(《潜江县志续》《湖北通志》)　夏五月,荆河西岸等堤俱溃。(《潜江县志续》)　六月淫雨伤稼。(《清史稿》)

沔阳:夏,江汉并溢。(《沔阳州志》)　冬,大饥。(《沔阳州志》《湖北通志》)

公安:大水异常,斗湖堤决二处,是年蛟水盛涨,江淞二邑江堤俱决,同峦宛在水中,漫城垣数尺,衙署庙宇民房倒塌殆尽,数百年来未有之奇灾

也。(《公安县志》《荆州府志拾遗》） 六月大水入城,漂没民舍殆尽。(《清史稿》)

监利:大水。夏,县属邹码头等处堤溃,沙城一百五十八垸被水成灾。(《监利县志》同治十一年,《监利县志》光绪三十四年)

黄陂:水。(《黄陂县志》) 秋,大水。(《清史稿》)

汉川:夏,大水。(《湖北通志》)

鄂城:秋,大水。(《武昌县志》《清史稿》) 夏,大水。(《湖北通志》)

夏,江汉并溢。黄冈大水。(《湖北通志》) 六月黄冈、黄州大水。(《清史稿》) 黄州秋大水,至清源门。(《黄州府志》)

黄冈:秋大水,至清源门。(《黄冈县志》《湖北通志》)

麻城:秋,北乡大疫。(《麻城县志》)

英山:春麦大熟。(《英山县志》)

蕲春:大水。(《蕲州志》)

旱涝等级:郧、襄两地区,二级;恩、宜两地区,二级;荆州地区,二级;孝感地区,三级;咸宁地区,三级;黄冈地区,二级。

1871 年　清同治十年

夏六月二十八日,枣阳城北关起蛟,陆地漂没人民三里许,入城南沙河尽水。(《襄阳府志》《湖北通志》)

秭归:夏五月甲寅,大雨、雷电昼晦。(《归州志》)

江陵:冬,河冰厚许尺,人马经渡。(《江陵县志》《荆州府志拾遗》《湖北通志》)

钟祥:三工、四工、六工、九工,矶坡崩挫。(《钟祥县志》)

潜江:秋霖雨,深河潭……,堤复溃。(《潜江县志续》《湖北通志》)

公安:夏大水,八月黄山云霁,宫桃树华。(《公安县志》《荆州府志拾遗》) 秋大水。(《清史稿》)

监利:大有年。(《监利县志》同治十一年,《监利县志》光绪三十四年)

应城：秋七月十三日夜，县东长江埠等处，迅雷猛雨，冰雹交加，屋瓦皆飞。（《应城县志》）　大风拔木，坏民庐舍。（《安陆府志》《应城县志》）

汉川：七月淫雨。（《湖北通志》）

武昌府是岁大有年。（《湖北通志》）

黄州府是岁大有年。（《湖北通志》）

麻城：西南乡大疫。（《麻城县志》）

旱涝等级：郧、襄两地区，三级；恩、宜两地区，三级；荆州地区，三级；孝感地区，三级；咸宁地区，三级；黄冈地区，三级。

1872 年　清同治十一年

宜城：秋后五谷皆大获。（《宜城县志》）

枝江：大水。（《荆州府志拾遗》《枝江县志》）　三月大水。（《清史稿》）夏，潜江深河潭堤溃。公安大水。（《湖北通志》）

钟祥：三工、五工、六工、九工、十六工坡坝崩挫。（《钟祥县志》）

潜江：冬十月朔，大风发屋拔木，湖中复舟无数。（《潜江县志续》）

公安：水。（《荆州府志拾遗》《公安县志》）　三月大水。（《清史稿》）

德安府大有年。（《安陆府志》）

蕲春：壬申（一八七二）—乙亥光绪元年（一八七五）皆大有年。（《蕲州志》）

旱涝等级：郧、襄两地区，三级；恩、宜两地区，三级；荆州地区，三级；孝感地区，三级；黄冈地区，三级。

1873 年　清同治十二年

襄阳：冬大雪，小河冰厚六寸余，经月始解。（《襄阳县志》）

光化：冬大雪，汉水冰，经月始解。（《光化县志》）　冬大雪。（《襄阳府志》）

枝江:旱。(《荆州府志拾遗》) 五月旱。(《清史稿》) 夏,水。(《湖北通志》)

潜江:秋大水。(《汉阳府志》《清史稿》) 夏,水。(《湖北通志》)

沔阳:春正月,雷电,大雨雪。(《沔阳州志》)

公安:癸酉大水。夏五月大旱。(《公安县志》《荆州府志拾遗》《湖北通志》) 五月旱。六月大水。(《清史稿》)

应城:冬十月大雪。木生介。(《应城县志》《安陆府志》)

麻城:夏六月十四日夜,九愚冲暴雷雨,有蛟起,冲圮田地民居,漂伤人畜。(《麻城县志》《麻城县志》) 夏,六月有蛟。(《黄州府志》)

旱涝等级:郧、襄两地区,三级;恩、宜两地区,三级;荆州地区,三级;孝感地区,三级;黄冈地区,三级。

1874 年　清同治十三年

均县:夏大旱。田多种粟,夏至后五日乃雨,秋粟双穗。(《均州志》)秋旱。(《清史稿》)

襄阳:雨雹大如菽。秋稔。(《湖北通志》《襄阳府志》)

枝江:旱。(《荆州府志拾遗》《湖北通志》) 三月旱。(《清史稿》)

江陵、公安:旱。(《湖北通志》《荆州府志拾遗》) 五月,公安水。

江陵:大旱。(《江陵县志》) 三月旱。(《清史稿》)

钟祥:二工、十三工堤溃。(《钟祥县志》)

潜江:秋大水,护城堤溃,城中水深丈余。(《清史稿》《潜江县志续》《湖北通志》)

公安:春旱。夏五月水。(《公安县志》) 三月旱。五月大水。(《清史稿》) 夏五月大水。(《荆州府志拾遗》)

安陆:五月,安陆大风拔木,吹倒房屋。(《安陆府志》)

应城:大水。(《应城县志》)

大冶:二月二十五日大雨雹。(《大冶县志续编》)

黄冈:春三月十六日,大崎山下雨雹大如升,数十里麦菜尽坏。(《黄冈县志》) 雹损稼坏民舍。(《黄州府志》)

黄梅:二月,蔡山下镇雨雹,大者如升,小者如鸡卵,坏民房屋。(《黄梅县志》) 雹损稼坏民舍。(《黄州府志》) 二月雨雹,损稼害民。(《湖北通志》)

旱涝等级:郧、襄两地区,四级;恩、宜两地区,三级;荆州地区,二级;孝感地区,三级;咸宁地区,三级;黄冈地区,三级。

1875 年 清光绪元年

均县:春二月雨雹,六月复雨雹,大风拔木。(《均州志》)

钟祥:四工、六工堤溃。(《钟祥县志》)

潜江:监利杨子垸易宅傍堤溃,潜邑团湖等院被淹。(《潜江县志续》) 二月,大水。(《清史稿》) 夏,水。(《湖北通志》)

监利:夏,杨子垸堤溃。(《湖北通志》)

汉川:夏大水。(《汉川县简志》) 夏,水。(《湖北通志》)

大冶:夏四月淫雨,麦不熟。大水。旱。(《大冶县志续编》)

黄梅:夏,大雨弥月。旋大旱两月。(《黄梅县志》《湖北通志》) 禾稼无成,岁大饥。(《湖北通志》) 冬寒冰冻,树木多折。(《黄梅县志》《湖北通志》)

蕲春:冬,大雪冰冻,树木多折。(《湖北通志》)

旱涝等级:郧、襄两地区,三级;荆州地区,三级;孝感地区,三级;咸宁地区,三级;黄冈地区,四级。

1876 年 清光绪二年

枣阳:夏旱。(《湖北通志》) 旱。(《襄阳府志》)

钟祥:三工、四工、五工、六工、九工并崩险。(《钟祥县志》)

潜江:监利沙矶头溃,潜邑团湖等院复被淹。(《潜江县志续》《湖北通志》) 五月大水。(《清史稿》)

沔阳:夏大旱。秋水。冬十一月桃花盛放。(《湖北通志》《沔阳州志》)

德安府大水。(《安陆府志》)

应城:大水。(《应城县志》)

英山:大旱,四月不雨至九月。(《英山县志》)

蕲春:六月童子河一带蛟水突起,冲压田地数百顷。(《蕲州志》)

黄梅:六月六日午未雨倾盆注,平地水深数尺,历申酉止,淹毙人口以百计,冲压田亩以千计,漂没房屋器具牲畜以万计。十九日复大雨蛟起,水更深,为数十年未有之灾。(《黄梅县志》《湖北通志》) 有蛟。(《黄州府志》)

广济:有蛟。(《黄州府志》《湖北通志》)

旱涝等级:郧、襄两地区,三级;荆州地区,三级;孝感地区,三级;黄冈地区,二级。

1877 年　清光绪三年

汉口:是冬大雪,汉水结冰甚厚。(《夏口县志》)

枣阳旱。冬襄阳河冻,遍地皆冰,岁饥且馑。河南、陕西饥民麕至。(《襄阳府志》) 襄阳、枣阳旱,蝗。(《湖北通志》)

襄阳:冬饥。(《湖北通志》)

均县:冬大旱。(《均州志》)

枣阳:大饥,流民满路,屑糖(糠)揭榆皮为食,野有饿殍。(《枣阳县志》)

潜江:夏大旱,河空。岁稔。(《潜江县志续》) 旱。蝗。(《湖北通志》)

沔阳:夏五月旱,蝻生。自夏至秋无雷。冬十月雷电。桃花盛放。(《沔阳州志》) 十月大雷电,桃花盛放。旱。蝗。(《湖北通志》)

应山:夏、秋大旱。(《清史稿》) 夏大旱,应山县旱魃见,十月邑民与豫省统民就食汉沔,络绎不绝。十二月大雪,冰结数尺。次年春剥树为食,饥殍相望。(《安陆府志》)

应城:夏、秋旱。(《应城县志》《安陆府志》)

汉川:大旱。秋蝗。(《汉川县简志》)

武昌:夏,大水。(《清史稿》)

大冶:旱,禾不熟。十月淫雨雷震。十二月大雪,树多僵。(《大冶县志续编》)

阳新:大疫连岁不止,毙人无算。(《兴国州志》光绪十五年)

鄂城:冬大雪,湖冰坚。(《武昌县志》《湖北通志》)

黄州:有年。(《湖北通志》)

蕲春:腊月大雪。冻结二十六日不解,堆积树枝,晶莹如树架。(《蕲州志》)

旱涝等级:郧、襄两地区,四级;荆州地区,四级;孝感地区,四级;咸宁地区,三级;黄冈地区,三级。

1878年　清光绪四年

汉口:大水。(《夏口县志》)

春,光化大疫。夏河水涸。冬桃李华。十月枣阳大饥,米斗千钱。(《襄阳府志》《湖北通志》) 秋,郧阳飞蝗蔽天。(《湖北通志》)

均县:夏无麦,有秋。(《均州志》)

光化:春大疫。夏河水涸。(《光化县志》) 冬桃李华。(《湖北通志》)

钟祥:三工、四工、五工堤又崩挫。(《钟祥县志》)

京山:大旱,汉水可涉步而过。(《京山县志》《湖北通志》)

潜江:夏四月十四日大风,湖中覆舟无数。(《潜江县志续》《湖北通志》) 五月大水,襄河西岸杨湖垸……堤俱溃。(《潜江县志续》) 秋八月霖雨岁歉。(《潜江县志续》《湖北通志》)

沔阳：夏淫雨大水。秋七月淫雨，大疫。(《沔阳州志》《湖北通志》)

汉川：秋大水，襄北彭公垸、江西垸俱溃。(《汉川县简志》)

大冶：夏四月，大风拔木。大水。(《大冶县志续编》)

鄂城：大水，夏五月录溪马迹诸乡蛟水为灾，人民庐舍多冲没。冬桃李华。(《武昌县志》《湖北通志》) 夏大水。(《清史稿》)

黄冈：蝗不为灾。夏，樊口内东巷雨雹雷击一物……。(《黄冈县志》)

旱涝等级：郧、襄两地区，四级；荆州地区，二级；孝感地区，三级；咸宁地区，三级；黄冈地区，三级。

1879 年　清光绪五年

京山：十一月十五日，雷电大雨。(《京山县志》) 水。(《湖北通志》)

沔阳：秋七月四日，烈风，大木多拔。(《沔阳州志》《湖北通志》)

汉阳、汉川、孝感水。(《湖北通志》)

云梦：大有年。(《安陆府志》)

汉川：夏大水。(《汉川县简志》)

武昌：水。(《湖北通志》)

蕲州、黄梅、黄冈水。(《湖北通志》)

浠水：五月大风，林木多拔，十一月十五日夜雷电四次。(《大冶县志续编》) 大风，林木多拔。(《浠水县简志》)

蕲春：五月，大风拔木。(《湖北通志》)

旱涝等级：荆州地区，三级；孝感地区，三级；咸宁地区，三级；黄冈地区，三级。

1880 年　清光绪六年

均县：夏，雨雹，大如鸡卵。(《湖北通志》)

利川：八月久雨害禾稼。(《利川县志》)

秭归:秋,七月桃李华。(《归州志》)

当阳:四月二十一日,平原水,沮漳泛滥,淹没人畜甚众。(《当阳县补续志》)

钟祥:四工、五工、十六工石坝坍坡崩挫。(《钟祥县志》)

沔阳:六月大雨雹,屋瓦多碎。(《沔阳州志》) 六月大雨,水,田庐多坏。(《湖北通志》)

应城:秋大熟。(《应城县志》《安陆府志》)

鄂城:大熟。秋疫。(《武昌县志》)

黄冈:秋大熟。(《黄冈县志》《湖北通志》)

浠水:六月大雨水,田庐多坏。(《大冶县志续编》《湖北通志》) 大雨,田庐多坏。(《浠水县简志》)

蕲春:夏,山水骤发,自崇居、青山至桂口,滨河田地悉没,房屋被淹。(《蕲州志》)

旱涝等级:郧、襄两地区,三级;恩、宜两地区,二级;荆州地区,三级;孝感地区,三级;咸宁地区,三级;黄冈地区,二级。

1881年 清光绪七年

二月,武昌、黄州、德安、汉阳雷电大雪,雨木冰,树木多折。(《湖北通志》)

枣阳:夏五月,雨雹大如拳,毁屋伤稼无算。(《枣阳县志》)

京山:大有年。斗米百文。(《京山县志》)

沔阳:十一月大雷电。(《沔阳州志》)

德安:十二月复大雷电雨雹。(《安陆府志》)

应城:春二月,德安雷震,雹降,平地尺许,人行如履沙碛中,……春水溢无麦。岁大熟。(《应城县志》《安陆府志》)

阳新:夏秋大疫盛行,……毙人犹难胜数,次年疫稍轻,损人亦多。(《兴国州志补编》)

鄂城:春二月,雷电大雪,酷寒,雨木冰,树多冻折。秋大有。(《武昌县志》)

黄州:春二月雷电大雪。秋大熟。(《黄州府志》) 大有年。(《湖北通志》)

黄冈:春二月雷电大雪,酷寒,雨木冰,山松多冻折。秋大熟。(《黄冈县志》)

旱涝等级:郧、襄两地区,三级;荆州地区,三级;孝感地区,三级;咸宁地区,三级;黄冈地区,三级。

1882 年 清光绪八年

均县:冬,桃杏华。(《均州志》) 六月旱。冬淫雨弥月。(《清史稿》)
夏,四月十一日雨雹,大如鹅卵,自大龙山至青山港,长百余里,宽十余里,二十五日复雨雹,为灾尤巨。六月旱。秋、冬淫雨。(《均州志》)

宜城:秋淫雨,伤禾稼。(《清史稿》)

鹤峰:大荒,每升米值钱一百七八十文。(《鹤峰州志》) 六月旱。(《清史稿》)

夏,荆州、沔阳大水。(《湖北通志》)

沔阳:大水。(《沔阳州志》)

三月德安大水。(《清史稿》)

云梦:六月旱。(《清史稿》)

夏,蒲圻、嘉鱼大水。(《湖北通志》)

鄂城:大水。(《武昌县志》) 三月大水。(《清史稿》)

英山:五月初六日大水,东西两河漂没田庐无算,城决二十四口,城内屋宇冲没大半,城乡共淹毙三百余人。(《英山县志》)

旱涝等级:郧、襄两地区,二级;恩、宜两地区,三级;荆州地区,三级;孝感地区,三级;咸宁地区,三级;黄冈地区,二级。

1883年　清光绪九年

兴山：六月大水，自城上灌入城中，坏祠庙官舍民居。冬，桃李华。（《兴山县志》）

宜都：水。（《湖北通志》）

夏，沔阳、潜江、公安、松滋、江陵水。（《湖北通志》）

沔阳：大水。（《沔阳州志》）

夏，六月，德安河水大涨。（《安陆府志》）

安陆：正月十四日大雪雨雹，雷电复作。三月初八日辰刻大风拔木。（《安陆府志》）

云梦：二麦无收，山水暴发，……河堤尽溃，人多淹没。自是至八月不雨，汉水倒流，淹田。饥殍相望。逃亡者无算。（《安陆府志》）

汉川：夏大水。秋潦。（《汉川县简志》）　夏，水。（《湖北通志》）

咸宁：淫雨，麦红，食之腹痛吐呕。（《咸宁县志》）

嘉鱼：夏水。（《湖北通志》）

旱涝等级：恩、宜两地区，二级；荆州地区，二级；孝感地区，二级；咸宁地区，二级。

1884年　清光绪十年

兴山：五月二十五日，县东段树丫，县南琚坪，邑口雨雹。（《兴山县志》）

沔阳水，荆州大水，埔东泛门口堤溃。（《湖北通志》）

沔阳：有秋。西南方水。（《沔阳州志》）

汉阳：皆有年。（《湖北通志》）

安陆：二月，晦天雨雹，郡南冯家滩及云梦一带麦损无算。（《安陆府志》）

武昌府皆有年。（《湖北通志》）

鄂城:大有年。(《武昌县志》)

黄州府皆有年。(《湖北通志》)

旱涝等级:恩、宜两地区,三级;荆州地区,三级;孝感地区,三级;咸宁地区,三级;黄冈地区,三级。

1885 年　清光绪十一年

汉口:大有年。(《夏口县志》)

襄阳:五月大风拔木。(《襄阳府志》)

沔阳:西南方水。(《沔阳州志》《湖北通志》)

汉川:夏大水,襄北香花垸溃。(《汉川县简志》)

嘉鱼:水。(《湖北通志》)

鄂城:三月二十九日雷山寺,起蛟,平地水深数尺。(《武昌县志》《湖北通志》)

旱涝等级:郧、襄两地区,三级;荆州地区,三级;孝感地区,三级;咸宁地区,三级。

1886 年　清光绪十二年

武昌、汉阳、黄州、襄阳、荆州等处大雪。平地五六尺,压倒民房,人畜多冻死。(《湖北通志》)

汉口:冬大雪,平地六七尺,河港坚冰上可通车,人畜及往来商旅,冻毙于途者,尸骸至相枕藉。(《夏口县志》)

枣阳:十二月大雪,雪深数尺,冻毙行旅。(《枣阳县志》)

夏,沔阳、潜江大水。(《湖北通志》)

沔阳:夏大水。冬大雪,平地深四、五尺,冰凝百余日,民舍倾圮,人畜多冻死。(《沔阳州志》)

秋,黄陂、孝感旱。(《湖北通志》)

安陆：十二月二十四日至三十日大雪，积深六尺许，四乡行人陷毙雪中无数。府河冰凝数尺许，大小船只胶不能行。凡车马往来络绎不绝，如行大路。然十三年，正月十三日后，舟人开冰二三尺许，仅容一舟挨次徐行，十七日夜冰融，侵晓全无冰迹。（《安陆府志》）

汉川：夏大水，襄南李家口溃。（《汉川县简志》）

嘉鱼：夏大水。（《湖北通志》）

阳新：大雪平地深二尺，经旬不霁。（《兴国州志》民国三十二年）

麻城：大雪深七、八尺。（《麻城县志》）

旱涝等级：郧、襄两地区，三级；荆州地区，三级；孝感地区，三级；咸宁地区，三级；黄冈地区，三级。

1887 年　清光绪十三年

夏，兴国大旱。自六月至十一月不雨。秋，江夏旱饥。（《湖北通志》）武昌、汉阳、黄州、安陆等属皆大水。（《湖北通志》）

春，襄阳、荆州、沔阳淫雨。十二月，江夏大雪，平地二尺许，积月不消，民多冻饿死者。襄阳亦大雪。（《湖北通志》）

沔阳：春淫雨，夏秋大水。（《沔阳州志》）

德安府闰四月大雨三日。水高五六尺。（《清史稿》）

汉川：夏大水，襄李家口溃。（《汉川县简志》）

大冶：腊月大雪，积五尺。民居覆压树多僵。（《大冶县志后编》）

阳新：大旱，自六月至十一月不雨，泽涸川竭，塘堰成蹊。十二月大雪平地厚二尺许，积月不消，大树冻折，民多饿毙。又据蠲恤篇记：夏大水。秋冬大旱。（《兴国州志》民国三十二年）大旱……，损银散赈分里缓征，次年豁免。（《兴国州志补编》）

旱涝等级：郧、襄两地区，三级；荆州地区，三级；孝感地区，二级；咸宁地区，四级；黄冈地区，三级。

1888 年 清光绪十四年

襄阳:十二月,大雪。(《湖北通志》)

咸丰:秋初淫雨,二、三月不止,五谷霉烂。至次年春夏三交,仍若水涝,故是岁水患,实为亘古所仅见。(《咸丰县志》)

钟祥:大旱。饥。(《湖北通志》)

沔阳:大疫,民多死。秋有年。十月瓜再实。(《沔阳州志》) 有年。(《湖北通志》)

大冶:秋旱,冬复旱。(《大冶县志后编》)

阳新:七月阴雨大作,朝阳、崇庆、东乡、六教、六瑞等处同日蛟起,山溪陡涨,冲毁堤塘,漂没田庐,淹毙人口以百计。(《兴国州志》民国三十二年,《湖北通志》) 十二月大雪,平地深尺余。(《兴国州志》民国三十二年,《湖北通志》)

麻城:淫雨。(《麻城县志》)

旱涝等级:郧、襄两地区,三级;恩、宜两地区,二级;荆州地区,四级;咸宁地区,二级;黄冈地区,三级。

1889 年 清光绪十五年

汉口:八月大雨,至九月二十六日止,县境俱成泽国,无薪为炊。先是九月十五日狂风暴作,折屋覆舟,惨不忍睹,并闻是日洞庭覆舟数千,溺毙商人无算。(《夏口县志》)

枣阳:秋淫雨四十余日,禾稼糜烂过半,人乏食。(《枣阳县志》)

咸丰:五月二十日,乐乡里大水淹没田庐甚多,西北江一带陡涨至十余丈之高,十日始消,受害者约四五千户。(《咸丰县志》)

当阳:六七两月,沮漳二河蛟水泛涨数次,两岸禾苗人畜多被淹没。沙倒、滋泥等处更甚。(《当阳县补续志》)

钟祥:秋七月大水,九月初七水复至堤决。八形头溃,刘公庵相继溃

决。(《钟祥县志》)　秋,淫雨四十余日。(《湖北通志》)

安陆:七月二十六日夜,德安大雨如注,城崩百四十余丈,淹毙男妇七十余人。(《清史稿》)

汉川:秋大水,襄北官民垸俱溃。(《汉川县简志》)

大冶:夏大水,秋复涨,十月下旬水始出市。(《大冶县志后编》)

嘉鱼:夏,大水,堤溃,至九月水始平。(《湖北通志》)

阳新:正月二十二日,城北二里,雷震毙二人。(《兴国州志》光绪十五年)

英山:八九月之交,淫雨四十余日,谷皆霉烂。次年大饥。(《英山县志》)

旱涝等级:郧、襄两地区,二级;恩、宜两地区,二级;荆州地区,三级;孝感地区,二级;咸宁地区,二级;黄冈地区,二级。

1890 年　清光绪十六年

利川:春夏久雨大饥,道殣相望,民多流亡卖子女者。(《利川县志》)

汉川:大水。襄北裙带垸、江西垸均溃。秋旱。(《汉川县简志》)

大冶:夏大水。秋九月旱。(《大冶县志后编》)

阳新:大旱。(《兴国州志》民国三十二年)　大旱,分里缓饷,次年豁免。(《兴国州志补编》)

旱涝等级:恩、宜两地区,二级;孝感地区,三级;咸宁地区,四级。

1891 年　清光绪十七年

枣阳:大旱,路无饮水。(《枣阳县志》)

利川:春大饥。秋有年。(《利川县志》)

荆州:大水。(《湖北通志》)

汉川:秋旱。(《汉川县简志》)　冬十月,桃有华。(《湖北通志》)

麻城:夏,大风雹,拔五脑山前大树。六月酷暑热死人畜无算。(《麻城县志》)

旱涝等级:郧、襄两地区,四级;恩、宜两地区,三级;荆州地区,三级;孝感地区,三级;黄冈地区,三级。

1892 年　清光绪十八年

利川:秋大有年。(《利川县志》)

荆州大水。钟祥华家湾大风拔木、折屋无算。(《湖北通志》)

旱涝等级:恩、宜两地区,三级;荆州地区,二级。

1893 年　清光绪十九年

利川:夏四月初九日,夜大雨雹,坏庐舍害禾稼。(《利川县志》)

蒲圻:三月三日及十三日并下雪一次。(《蒲圻县乡土志》)

旱涝等级:恩、宜两地区,三级;咸宁地区,三级。

1894 年　清光绪二十年

湖北大有年。(《湖北通志》)

天门:水溃堤。(《湖北通志》)

麻城:夏大风,雨雹,坏文庙、棂星门及石坊三座附郭,田禾受大损伤。(《麻城县志》)

旱涝等级:荆州地区,三级;黄冈地区,三级。

1895 年　清光绪二十一年

湖北大有年。(《湖北通志》)

五月，江夏、武昌、黄冈、黄陂塘堰水立。云梦县南詹家村有深潭，一夜风雨大作，潭水涌起数丈。（《湖北通志》）

汉口：襄河水涨，湖南宝庆帮，炭船损失最多，人民之溺毙者无算。（《夏口县志》）

枣阳：春三月，南邑庐家湾至泰山庙一带，大雨雹，屋瓦被毁无数。（《枣阳县志》）

钟祥：北新集下陈腊铺等处，溃决数口……。（《钟祥县志》）

汉川：夏大水。襄江上游，潜江泗港决。（《汉川县简志》）

英山：九月十五日，大雪深尺许。（《英山县志》）

旱涝等级：郧、襄两地区，三级；荆州地区，三级；孝感地区，三级；咸宁地区，三级；黄冈地区，三级。

1896 年　清光绪二十二年

汉口：九月十三日大雪。（《夏口县志》）

郧阳：大水，漂流田禾无算。（《湖北通志》）

咸丰：乐乡里又大水，害稼特甚，唯较庚寅（光绪十五年）水灾仅及其半。（《咸丰县志》）

秭归：秋八月，久雨不熟。（《归州志》）

五月，荆州大水。（《湖北通志》）

汉川：九月大水，襄北上游，唐公垸溃。（《汉川县简志》）

麻城：四月，长岭岗二蛟斗于山顶，大水暴涌，逾时，山忽崩陷，山下民房俱压毁。木子店沿河村落皆淹没，滕家堡市镇冲坏大半。（《湖北通志》）　大水东自落梅河、木樨河、二里河等，西自东义州，木子店、黄市等。淹毙人畜，漂没田庐无算。（东八区水灾，准缓征欠赋银二千余两。）（《麻城县志》）

英山：五月二十日大雨，城溃，水自东门入，由圣庙前过，直冲西门，城南房舍并城垣鲜有存者，漂溺者百十数人，丁酉（二十三年）两河大饥。

（《英山县志》）

浠水：水。（《浠水县简志》）

旱涝等级：郧、襄两地区，二级；恩、宜两地区，二级；荆州地区，三级；孝感地区，三级；黄冈地区，二级。

1897 年 清光绪二十三年

枣阳：东沙河水，斗水聚柱高数尺，进退相撞，又马堰亦如之。（《枣阳县志》）

秭归：大饥。野殍饿弱。（《归州志》）

荆州大水。（《湖北通志》）

汉川：春潦，大水，唐心垸溃。（《汉川县简志》）

汉阳：水。（《湖北通志》）

旱涝等级：郧、襄两地区，三级；恩、宜两地区，三级；荆州地区，三级；孝感地区，三级。

1898 年 清光绪二十四年

荆州、汉阳、武昌等属，水。夏口李集寨内，蛟水大作。（《湖北通志》）

枣阳：秋大旱，滚河绝流。（《枣阳县志》）

汉川：大水。襄北江西垸溃。襄河南岸久旱，山地棉花枯槁，旱区约占未淹地面的十分之四。（《汉川县简志》）

旱涝等级：郧、襄两地区，四级；荆州地区，三级；孝感地区，四级；咸宁地区，三级。

1899 年 清光绪二十五年

江夏、汉阳大雪。冰，木介。汉水冰厚五六尺。襄阳大雨雹。（《湖北

通志》)

枣阳:三月大水三次,由三河店至鹿头镇,冲没河田千余亩。五月一次害亦相埒。秋复大旱。(《枣阳县志》)

汉川:大水,襄北江西垸溃。(《汉川县简志》)

麻城:冬大雪。(《麻城县志》)

旱涝等级:郧、襄两地区,四级;孝感地区,三级;咸宁地区,三级;黄冈地区,三级。

1900年　清光绪二十六年

汉口:四月天,雨雹。(《夏口县志》)

枣阳:三月初八日午刻,烈风暴起,黄雾四塞,白昼如晦。秋七月大旱。(《枣阳县志》)

蒲圻:冬,一夕树皆凝冰,断枝多。(《蒲圻县乡土志》)

阳新:大旱,分里缓饷,次年豁免。(《兴国州志补编》)

黄冈:大有年。冬,大雪。(《湖北通志》)

旱涝等级:郧、襄两地区,四级;咸宁地区,四级;黄冈地区,三级。

1901年　清光绪二十七年

夏,江汉水溢,西岸坏堤防甚重。(《湖北通志》)

汉川:大旱,湖汉尽涸,低田有秋。(《汉川县简志》)

阳新:六月初旬,大雨倾注,河水陡涨丈余,州署水深三四尺……,近水房屋倾折,人畜亦多淹毙。(《兴国州志补编》)

麻城:春有红黄土,云自西北起如沸水上腾,遮蔽天日,大风继至昼晦不见人。(《麻城县志》)

英山:六月初二日,大风折木。(《英山县志》)

旱涝等级:孝感地区,四级;咸宁地区,二级;黄冈地区,三级。

1902 年　清光绪二十八年

汉口:大疫,人民死者不可胜计。(《夏口县志》)

枣阳:六七月发蛟水两次,禾稼多被漂没,唯高田秋收甚半。(《枣阳县志》)

旱涝等级:郧、襄两地区,二级。

1903 年　清光绪二十九年

钟祥:大水。(《钟祥县志》)

汉川:夏潦。秋大水。(《汉川县简志》)

阳新:秋冬连旱,麦黄至腊始生,次年二麦大熟。(《兴国州志补编》)

旱涝等级:荆州地区,三级;孝感地区,三级;咸宁地区,三级。

1904 年　清光绪三十年

枣阳:春二月雪。(《枣阳县志》)

旱涝等级:郧、襄两地区,三级。

1905 年　清光绪三十一年

云梦:有年。(《湖北通志》)

麻城:雨雪,城垣无故自崩。(《麻城县志》)

旱涝等级:孝感地区,三级;黄冈地区,三级。

1906 年　清光绪三十二年

枣阳:五月十六日,滚河水暴涨,淹没人畜,冲塌屋宇无算。六月蛟水

复发,熊家集、梁家集二镇暨青山一带,房屋浸毁,田地砂积尤甚。两次水患为吾邑未有之奇灾。(《枣阳县志》)

　　黄州:有年。(《湖北通志》)

　　麻城:大水,蛟起白果山。县东、西、南复被水灾,呈准发钱一万二千串,分赈灾区。(《麻城县志》)

　　旱涝等级:郧、襄两地区,二级;黄冈地区,三级。

1907 年　清光绪三十三年

　　襄阳:大水。(《湖北通志》)

　　荆州:大水。(《湖北通志》)

　　汉阳:大水。(《湖北通志》)

　　麻城:六月大雨,城倾数十丈,平地水深数尺,是岁大饥。(《湖北通志》)

　　旱涝等级:郧、襄两地区,三级;荆州地区,三级;孝感地区,三级;黄冈地区,二级。

1908 年　清光绪三十四年

　　汉口:三月初六,襄河水涨,停泊河船,损失无数,人民亦多淹毙者。是月二十日,大风倾舍。(《夏口县志》)

　　郧阳:四月,大风拔木。(《湖北通志》)

　　枣阳:六月十三日,大水,蛟见数处,居民多被其害。(《枣阳县志》)

　　宜昌:六月,大水。(《湖北通志》)

　　荆州大水。(《湖北通志》)

　　六月,汉阳、安陆大水。(《湖北通志》)

　　汉川:六月,大水。(《汉川县简志》)

　　黄州:六月大水。(《湖北通志》)

旱涝等级：郧、襄两地区，三级；恩、宜两地区，三级；荆州地区，三级；孝感地区，三级；黄冈地区，三级。

1909 年　清宣统元年

襄阳：五月，汉水溢，大雨水。（《湖北通志》）

五月，汉水溢，荆州大雨水。沙洋堤溃。襄水灌入下游，江陵、监利、石首、公安等县，漂没田庐人畜无算。（《湖北通志》）

旱涝等级：郧、襄两地区，三级；荆州地区，二级。

1910 年　清宣统二年

夏，荆州、荆门大水，沙洋堤溃。冬，荆门杏有华。（《湖北通志》）

枣阳：十二月除夕，雨雪，大雷电以风，松竹压折几尽。（《枣阳县志》）

麻城：十二月除夕，大雪雷。（《麻城县志》）

英山：六月二十四日，南河大水。（《英山县志》）

旱涝等级：郧、襄两地区，三级；荆州地区，三级；黄冈地区，三级。

1911 年　清宣统三年

枣阳：夏，六月十三日，大雨雹。元旦，冰著草木。（《枣阳县志》）

荆州：六月，桃有华。（《湖北通志》）

沔阳：七月二十九日，新堤镇下游八里之楚屯垸，被水漫过顶，溃口约宽二十弓。（湖北省自然灾害历史资料）

汉川：大旱。（《汉川县简志》）

黄冈：十一月，桃花盛开。黄州旱。（《湖北通志》）

旱涝等级：郧、襄两地区，三级；荆州地区，三级；孝感地区，四级；黄冈地区，三级。

1912 年　民国元年

荆门:沙洋堤溃口三百余丈,深丈五尺。(湖北省自然灾害历史资料)

旱涝等级:荆州地区,三级。

1913 年　民国二年

蒲圻:仲春大雪。(《蒲圻县乡土志》)
英山:旱荒。(《英山县志》)

旱涝等级:咸宁地区,三级;黄冈地区,三级。

1914 年　民国三年

南漳:湖北旱成灾,……赈济银洋二万元,内分给南漳银洋二百五十元。(《南漳县志》)
黄冈:农历八月二十九日,黄冈风、雹灾害极为严重。是日午正,昼晦,约一小时,狂风骤至,大雨冰雹,上巴河马家潭一带,大者横两椽之间,经日不化,溢流河附近,大如鸡卵。毁屋宇颇多,压毙学童二人,拔树木,伤牲畜无算。(湖北省自然灾害历史资料)
浠水:大旱。大风拔木,倒圮房屋不少。(《浠水县简志》)

旱涝等级:郧、襄两地区,四级;黄冈地区,三级。

1915 年　民国四年

汉口:旱。蝗。四乡设捕蝗局委员,价购斤值二十文。(《夏口县志》)
汉川:蝗,由西北柴林生出,飞腾蔽日。(《汉川县简志》)
英山:大饥,斗米千钱,至秋大熟。(《英山县志》)

旱涝等级:孝感地区,三级;黄冈地区,三级。

1916 年 民国五年

汉口:飞蝗蔽日。(《夏口县志》)

天门:蝗。(湖北省自然灾害历史资料)

沔阳:宏恩江堤溃。(湖北省自然灾害历史资料)

汉川:蝗,由西北柴林生出,飞腾蔽日。(《汉川县简志》)

旱涝等级:荆州地区,三级;孝感地区,三级。

1917 年 民国六年

本年夏季,淫雨兼旬,川湘各河,同时暴涨。濒临江襄等处,被水冲破堤防,至二十县之多。石首、公安两县,灾情尤重。(湖北省自然灾害历史资料)

旱涝等级:荆州地区,二级。

1918 年 民国七年

汉口:夏历六月二十九日,下午五点钟,大风、雨雹。河船岸屋颇有损害。(《夏口县志》)

钟祥:王家营溃口,下游各县遭受水灾。(湖北省自然灾害历史资料)

蒲圻:三月,夜半大风,自东南来,向西北去,所过发屋拔木。(《蒲圻县乡土志》)

旱涝等级:荆州地区,三级;咸宁地区,三级。

1919 年 民国八年

汉口:六月望后,阴雨连绵。狮子口及旧口上,山洪暴发,大水骤至,日

以尺许,较之道光己酉,仅小尺许。凡县属大小堤垸,同时告溃。(《夏口县志》,湖北省自然灾害历史资料)

宜都:夏,旱。谷只五分之收。(湖北省自然灾害历史资料)

钟祥:秋,七月大水,王家营堤溃。(《钟祥县志》,湖北省自然灾害历史资料)

京山:钟祥下接京山之王家营堤溃。(湖北省自然灾害历史资料)

天门:王家营堤溃。(湖北省自然灾害历史资料)

汉川:六、七月大水,钟祥王家营堤溃,直灌汉川,淹没二百零一垸。(《汉川县简志》)

旱涝等级:恩、宜两地区,四级;荆州地区,三级;孝感地区,三级。

1920 年　民国九年

京山:钟堤王家营溃口,钟祥下游各县,遭受水灾。(湖北省自然灾害历史资料)

汉川:潦。(《汉川县简志》)

旱涝等级:荆州地区,三级;孝感地区,三级。

1921 年　民国十年

钟祥:七月,王家营堤复溃。冲溃五十余口。(《钟祥县志》) 秋七月,大水。王家营堤重溃。(湖北省自然灾害历史资料)

京山:王家营溃堤。(湖北省自然灾害历史资料)

天门:王家营堤溃,较己未之水,高过二三尺。(湖北省自然灾害历史资料)

汉川:六月大水,王家营原处复溃。(《汉川县简志》)

旱涝等级:荆州地区,三级;孝感地区,三级。

1922 年　民国十一年

沔阳:秋泛,宏恩江堤溃口六十余丈。(湖北省自然灾害历史资料)

嘉鱼:秋泛,复粮洲民垸上脑堤溃口一百余弓,水势汹涌。(湖北省自然灾害历史资料)

旱涝等级:荆州地区,三级;咸宁地区,三级。

1923 年　民国十二年

潜江:潜江谢家潭堤溃。(湖北省自然灾害历史资料)

汉川:大水。(《汉川县简志》)

麻城:大雪。(湖北省自然灾害历史资料)

旱涝等级:荆州地区,三级;孝感地区,三级;黄冈地区,三级。

1924 年　民国十三年

秋,江水盛涨,湖北肖家洲官堤溃决,江水倒灌金水流域,嘉鱼等县,淹没成灾,损失不资。(湖北省自然灾害历史资料)

旱涝等级:咸宁地区,二级。

1925 年　民国十四年

钟祥:大水。(《钟祥县志》,湖北省自然灾害历史资料)

麻城:夏大旱,计七十余日不雨,禾枯死。全县成灾。(湖北省自然灾害历史资料)

浠水:大旱。饥民食草根、树皮、观音土。(《浠水县简志》)

旱涝等级:荆州地区,三级;黄冈地区,四级。

1926 年　民国十五年

七月,车湾溃决,被害者五六县。人民逃避不及。秋,江洪暴涨,江水由湖北赤矶山缺口,倒灌金水流域。武、咸、嘉、蒲四县淹没。(湖北省自然灾害历史资料)

宜都:洪水为患,山坡之田,冲出白岩。低洼之处,溃成泽国。(湖北省自然灾害历史资料)

汉川:潦。(《汉川县简志》)

浠水:六月中旬以后,久晴不雨。发生虫患,无处无之,而东一区尤甚。(湖北省自然灾害历史资料,《浠水县简志》)

黄梅:水旱频仍,灾黎遍野。(湖北省自然灾害历史资料)

旱涝等级:恩、宜两地区,二级;孝感地区,三级;咸宁地区,二级;黄冈地区,四级。

1927 年　民国十六年

天门:旱。水田改种旱稼。(湖北省自然灾害历史资料)

汉阳:合成乡东城垸,因水势高涨,竟被冲溃。(湖北省自然灾害历史资料)

黄冈:洪水为患。(湖北省自然灾害历史资料)

麻城:六月,大水。(湖北省自然灾害历史资料)

浠水:本年自春徂夏,旸雨尚未愆期,颇望秋收有日,讵料阴历四月下旬,五月下旬,六月初旬,三次连日大雨倾盆,山洪陡发。以致发源于安徽英山县界之浠河及发源于罗田县界之巴河,同时泛滥。浠水直经县境中间,巴水侧由县境西北出江。……。(湖北省自然灾害历史资料)　大水,永保、永固堤溃,北永、恒丰、永丰等堤漫溢。(《浠水县简志》,湖北省自然灾害历史资料)

黄梅:连年水旱频仍,灾黎遍野。(湖北省自然灾害历史资料)

旱涝等级:荆州地区,四级;孝感地区,三级;黄冈地区,二级。

1928 年　民国十七年

远安、云梦、枝江、宜都、均县五县,地赤土焦,秋收绝望。咸丰、广济二县,先旱后潦。鄂城蝗、旱交侵。黄冈今夏旱魃肆虐,农作歉收。应山、江陵、通山、松滋、孝感、谷城、房县、南漳、天门、公安、汉川、钟祥、荆门、潜江、宜昌、当阳十六县,遭旱灾。尤以应山、房县为最。(湖北省自然灾害历史资料)

汉口:夏口第七、第十二、第十三各区秋收仅及十分之三。第五、第六、第十四、第十五各区,不但秋禾绝望,即饮水亦取于数里之遥。(湖北省自然灾害历史资料)

郧西:旱灾綦重。地方饥民,遍野哀号。(湖北省自然灾害历史资料)

襄阳:入夏以来,一二两区旱魃为虐。第十四、十六、十九等区,数月不雨。稻田不能插禾,改种杂粮,仍旧枯萎,秋收绝望。第六区,水田无法灌溉,稻谷穗而不实。第十七区自夏徂秋,天气亢旱,赤地数十里。稻谷杂粮,颗粒无收。第十二区今年旱灾奇重,荒象已成,纵横三十余里,稻谷芝麻颗粒无收。第七区天旱无雨,水田龟裂,收获不及三成。第八区旱灾奇重,百物飞腾,嗷嗷待哺之状,惨不忍睹。第九区天气亢旱,秋收绝望。第十三区久旱不雨,谷豆棉花仅及三成。第十、十一、十八、二十、二十一、二十二等区,半年不雨,田地枯裂,旱灾已达八成。(湖北省自然灾害历史资料)

枝江:天久不雨,禾苗枯槁,秋收无望。(湖北省自然灾害历史资料)

宜都:春季三月,未得足雨,迟至四月,始得雨降。夏季秧苗未栽其半,或勉强栽种。密云不雨,红日天开。旱魃为虐,禾苗枯槁。赤地千里,数年不干之田,裂深几尺,百载长流之泉,涸竭殆尽。(湖北省自然灾害历史资料) 蕞尔岩邑,山田多而平原少。高岗之田,形如瓦块,前经水冲,后复炎旱,颗粒俱无。(湖北省自然灾害历史资料)

江陵:入春以来,天久不雨,已植禾苗,胥成枯槁。近下种不能甲坼。

竟至井塘立涸,湖泊飞灰。(湖北省自然灾害历史资料)

监利:陈黄、新太、城中、窑南、窑北、周老、分盐、新沟、东荆河、北柳集等区,迭遭奇旱,民国十七年更烈。夏,秋未登一粒,室家空如磬悬。赤地数百里,憔悴三十万家。斗米七千文,糠秕已尽,斤菜数倍价,草木无芽。(湖北省自然灾害历史资料)

天门:天门除河与大湖外,余皆彻底亢干,水田改种旱稼。(湖北省自然灾害历史资料)

应山:亢旱成灾。秋收绝望。(湖北省自然灾害历史资料)

安陆:入秋以后,绝无雨泽,以致土皆焦裂,禾苗多就枯萎。(湖北省自然灾害历史资料)

黄陂:河伯为殃。(湖北省自然灾害历史资料)

旱涝等级:郧、襄两地区,五级;恩、宜两地区,五级;荆州地区,五级;孝感地区,五级。

1929 年　民国十八年

通城、黄梅、嘉鱼、来凤、沔阳、黄冈、南漳、鹤峰、汉川等县,先后呈报勘明水、旱、虫灾。(湖北省自然灾害历史资料)

钟祥:汉水冰。县长率兵渡汉西,皆履冰而过。(湖北省自然灾害历史资料)

汉阳:各区受水、旱、虫等灾。(湖北省自然灾害历史资料)

麻城:大雪,雨雹。(湖北省自然灾害历史资料)

旱涝等级:荆州地区,三级;孝感地区,三级;黄冈地区,三级。

1930 年　民国十九年

汉口:元月,大风、大雪,平地积深四五尺,交通阻塞。奸商乘机高抬物价,影响市民生活。(湖北省自然灾害历史资料)

天门:山洪暴发,冲溃襄南堤防。致将县之渔汛、横口、珠玑、风口等区所有之三十八垸,尽成泽国。(湖北省自然灾害历史资料)

沔阳:江堤十五垸溃决。(湖北省自然灾害历史资料)

应山:元月,大风、大雪。酷寒异常。(湖北省自然灾害历史资料)

安陆:被灾之两河口、安陆咀、两会地势低洼,当夏秋之交,一再被汛水淹没,颗粒无收。(湖北省自然灾害历史资料)

旱涝等级:荆州地区,二级;孝感地区,三级。

1931年　民国二十年

江汉两岸暨各内港支流,所有官堤民堤,十九非漫既溃,庐舍荡析,禾苗尽淹,滔滔江汉,一片汪洋……。受灾最重呈报到省府者,计有汉口、武昌、汉阳、云梦、孝感、潜江、应城、圻水、沔阳、汉川、黄冈、广济、黄梅、阳新、石首、天门、江陵、蕲春、鄂城、安陆、大冶、嘉鱼、黄陂、咸宁、公安、随县、监利、郧县、当阳、枝江、宜都、崇阳、钟祥、松滋、罗田、枣阳等三十六县市。人民流离转徙,嗷嗷待哺者多至数百万。……。(湖北省自然灾害历史资料)

湖北全省六十九个县,已有四十五个县被水灾。其中灾情最重,又有三十九县之多。……。(湖北省自然灾害历史资料)

武汉:汉口市以水势太猛,竟于七月三十日以丹水池之铁路堤身浸刷过甚,而卒至溃决,由此水流入张公堤与铁路之间;复于八月二日将单洞门冲毁,遂致演成武汉市空前未有之浩劫。……。(湖北省自然灾害历史资料)

郧县:淫雨肆虐,洪水成荒,哀鸿遍野,目击心伤。被灾十分,五十三保被淹。(湖北省自然灾害历史资料)

均县:七、八月间倾盆大雨几无休息,各乡村被水冲坏房屋田禾并淹毙人命,时有所闻,以第四区官山河、孙家湾及白浪至远河等处更为尤甚。(湖北省自然灾害历史资料)

竹山:洪水为灾,境内田土,毁坏过半,秋收绝望,请速发赈款。(湖北

省自然灾害历史资料）

襄阳：本年淫雨为灾，洪水泛滥，淹没禾稼，接连三次。……。（湖北省自然灾害历史资料）

南漳：七月初旬，倾盆淫雨后，复阴雨连绵，直至秋日尚未放晴。各地山河泛涨，山洪暴发。……高低田禾，尽数淹没，居民庐舍牲畜，倒塌漂流，触目皆是，诚百年未有之奇灾。（湖北省自然灾害历史资料）

随县：月之二十四日，山水暴发，平地水深丈余，西北沿河一带，居民田地房屋淹没倒塌受灾甚重。（湖北省自然灾害历史资料）

宜城：淫雨三昼夜不息。本月二日下午十时，水声振耳，人声噪杂，知系河堤溃决，……至半夜时分，水竟漫溢堤身，并将黄家巷、牛路口等处之堤冲坏数处。以致堤内霎时即成汪洋，房舍冲塌百余栋，城垣被水冲倒者亦约数十丈，漂流人畜，不知凡几。（湖北省自然灾害历史资料）

当阳：山水暴发，尽成泽国。田中禾苗，概被冲死。（湖北省自然灾害历史资料）

枝江：沿江一带泛溢，县市积水数尺深。……因天雨日久，水势过猛，各垸被水漫堤冲溃者十居八七，余亦漫水数尺。灾情之重，为数十年所未有。（湖北省自然灾害历史资料）

宜都：县南岸因江水过高，田产泰半被淹，北岸有玛瑙河之灌溉。此次因山洪暴发，滨河区域尽成泽国。（湖北省自然灾害历史资料）

江陵：入夏以来，阴雨连绵，低处积水甚深。兹更淫雨倾盆，平地水深数尺。岑河一带，尽成泽国。涂家洲田关决口，龙湾各垸，十淹八九，一片汪洋。（湖北省自然灾害历史资料）

钟祥：湖河两乡居民房屋、田地、禾苗，均已淹没。（湖北省自然灾害历史资料）　胡家板桥溃决数口，……七月大水。（《钟祥县志》）

荆门：县属受灾区域，田禾漂尽，庐舍无存。数万灾黎，嗷嗷待哺。（湖北省自然灾害历史资料）

京山：八月二十一日有文呈报水灾。（湖北省自然灾害历史资料）

天门：……全县被水之区占十分之八，被灾人民计六十余万。县境纵

横百余里,田禾庐舍,均被淹没。(湖北省自然灾害历史资料)

潜江:荆襄堤决,全县被淹三分之二。(湖北省自然灾害历史资料)

沔阳:全县十分之八被水淹没。距新堤镇上游七里许于七月二十八日决口,长一里;下游离镇二十余里,于二十九日冲溃,长二公里,水高堤顶约三尺,内地水深八尺余。(湖北省自然灾害历史资料)

松滋:居江之南岸,大江流入松滋河,再入洞庭湖,此次因积水过多,流不能畅,致将堤防溃决,天心河及木条河等处,均遭淹没。(湖北省自然灾害历史资料)

公安:春夏间,多雨少晴,各垸田低者久经淹没,后复大雨,高者亦复溢漫,天宝等垸,先后溃决,鸿嗷遍野。(湖北省自然灾害历史资料)

监利:江堤无恙,堤内积水甚深,禾苗多被淹没。本日新堤溃口,逆流越洪湖而上,倒灌县属。(湖北省自然灾害历史资料)

石首:本县田地三万余亩,计已淹去万余亩,收成绝望。(湖北省自然灾害历史资料)

孝感:七月,大水。县城及东南各垸,水深丈余,花园等处,禾稼损失大半,街市完全淹没。(《湖北省自然灾害历史资料》《孝感县简志》)

安陆:山洪暴发,田禾庐舍突被淹没,城区附近积水甚深。(湖北省自然灾害历史资料)

云梦:七月十一日、二十四日及八月五日,山洪暴发,连接三次,全县七十二会,被淹五十会,淹毙男女约二百余人,田亩屋宇,损失不计其数。(湖北省自然灾害历史资料)

应城:全县田地六百余万亩,现被淹四百余万亩。全县灾民,约二十万人,占全县人数三分之二有奇。(湖北省自然灾害历史资料)

黄陂:淫雨为灾,山洪暴发,所有十三垸均先后溃口。西南沿河各区纵横六十余里,尽成泽国,灾情重大,空前未有。(湖北省自然灾害历史资料)

汉川:六月,大水,淹没二百零一垸。受灾田九十万亩。(《汉川县简志》) 第二区因连日淫雨倾盆,田禾多被损害。江西垸堤被水冲溃,毗连之麻埠、尹家匾、菱鹤、长岭等垸,以及西北各数十垸,同时崩溃,该县北乡

过低,所有大兴、陈家、永丰各垸,概被淹没。灾情之重为数十年来所罕有。(湖北省自然灾害历史资料)

汉阳:大洲垸、小洲垸先后溃决,大洲垸冲破时,淹死船户百余人,县治淹去大半,人民出入,非舟楫不通。(湖北省自然灾害历史资料)

咸宁:自夏末,淫雨连绵,狂风震吼,由是江河浸灌,西北乡一片汪洋;兼以山洪暴发,东南乡亦遭淹没,灾区一千四百方里,灾民五万余人,倒塌房屋三千余栋,淹没田禾十万余亩。(湖北省自然灾害历史资料)

武昌:丁公庙之长堤溃决二十余丈,沿堤十余里房屋田产扫荡一空。又县北永保堤溃决两口,大者十余丈,小者六丈余。永惠堤也溃决三处,共约百余丈。所有决口处居民,因水势太汹,溺毙无数,田庐牲畜,冲压无余。(湖北省自然灾害历史资料)

大冶:淫雨兼旬,江水泛涨,沿各堤,如港乡堤、昌大堤、胜洋堤、保生堤、四顾堤均先后漫溃。所有市镇,如黄石港、石灰窑等处,均已全淹。约计淹没田园在三万亩以上,倒塌房屋将近千间。(湖北省自然灾害历史资料)

嘉鱼:赤壁、六合、东柳、铁屏等垸,水势过涨,连日大雨倾盆,垸内积水数尺,田亩被淹没者十之七八。(湖北省自然灾害历史资料)

阳新:月来大雨连绵,加之江水浸灌,东南西三乡全被淹没,庐舍倾颓,物畜漂流,百姓日夜号救。(湖北省自然灾害历史资料)

蒲圻:遍地水深数尺,田禾庐舍,尽被淹没,灾民达五万余人。(湖北省自然灾害历史资料)

崇阳:地临隽水,被灾惨重。滨河区域,尽成泽国。怀山襄陵,庐舍为墟。田土冲坏,秋收绝望。(湖北省自然灾害历史资料)

通城:因为水灾,刻下哀鸿遍野,待赈急切。(湖北省自然灾害历史资料)

鄂城:二房湾之堤初溃时,堤身决口三十余丈,继续崩溃已有六十余丈,杨叶洲已成一片汪洋,计淹田地十余万亩,房屋淹倒数千间。南迹、彭北两湖堤,于八月十五日崩溃,所有被灾田地屋宇,尽在水中,……。(湖北

省自然灾害历史资料)

黄冈:沿江堤顶,多有淹没之处,加以县境内举水、倒水、巴河三大支流,上游山洪暴发以致受灾益烈。(湖北省自然灾害历史资料)

麻城:七月初淫雨连绵,山洪暴发,沔堤溃折,沙压水冲,滨河一带,尤为严重。(湖北省自然灾害历史资料) 除夕,大雪。雷电交加。(湖北省自然灾害历史资料)

罗田:山洪暴发,冲没民田甚伙。(湖北省自然灾害历史资料)

浠水:茅山堤溃,稻田花地,淹十成之二三。(湖北省自然灾害历史资料) 大水。(《浠水县简志》)

蕲春:蕲春之最高洪水位为四十八呎余。该县县城西北临江,据云:历次水灾,城壁上均刻有记号。此次最高洪水位,比道光二十九年尚小七吋,比光绪二十七年大二呎五吋。该县堤顶,均已淹没,自远处观之,但见一片汪洋,仅余山岑之尖端而已。(湖北省自然灾害历史资料)

黄梅:因九江洪水位最高达到四十五呎半,较光绪二十七年之洪水位,尚超过五寸,九江县之同仁堤决口二里许,且水淹堤顶尺许,以致黄梅县南部俱成泽国。(湖北省自然灾害历史资料)

广济:下游江水倒灌,已将罗城横堤外刘家、郭家、代家、杜家、周家、大洋、西畈、麟角、鹿角等十八围冲溃,堤内三十六小围亦均被淹没,深者盈丈,浅者数尺,交通断绝,田庐为墟,人民牲畜,溺毙无数。(湖北省自然灾害历史资料)

旱涝等级:郧、襄两地区,一级;恩、宜两地区,一级;荆州地区,一级;孝感地区,一级;咸宁地区,一级;黄冈地区,一级。

1932 年 民国二十一年

湖北被淹田亩,在十万以上。沔阳江堤十五垸,自十九年溃决以来,连淹四载。(湖北省自然灾害历史资料)

武汉:本月三日至二十一日,几无日无雨。二十二、二十三两日,始略放光明。讵意二十四日以后，又阴雨连绵。二十七日天气骤变，暴雨之后，继以大风。实近年来所罕见。武汉方面，损失甚大。江面尤甚。（湖北省自然灾害历史资料）

巴东：春季，淫雨为灾。迨及夏间复遭冰、雹、风、水等患。（湖北省自然灾害历史资料）

大冶：连日阴雨，山洪暴发，所至之处，田亩为墟。刘仁八等处近因雨水过多，兼受山洪之害，田亩均被冲毁。（湖北省自然灾害历史资料）

旱涝等级：恩、宜两地区，三级；咸宁地区，二级。

1933 年　民国二十二年

六月，湖北长江上游泛滥，被淹田地，达十余万亩。（湖北省自然灾害历史资料）

武汉：六月十九日，江水续涨，水位之高系数十年来新纪录，武汉形势严重。七月七日，武汉大雨，堤闸告急。（湖北省自然灾害历史资料）

郧西：日来郧西各县，饿殍载道，民厅当拨三万三千元，先办急赈。（湖北省自然灾害历史资料）

竹山：六月二十一日，大雨倾盆，巨雹如卵，堆积尺余。豆麦被浪打沙压，洪水横流，人民绝粮。秋禾没陷，遍地皆石。（湖北省自然灾害历史资料）

随县：迭遭水灾，人民转徙流离。（湖北省自然灾害历史资料）

咸丰：曲江村淫雨不止，一时全村数十里水旱田亩顿成泽国，约损坏谷粟二十万石之谱。沿河桥梁庐舍，飘没殆尽。秋收已属绝望，哀鸿无所栖止。受灾之区，为四十余年所未见。（湖北省自然灾害历史资料）

来凤：第四区山洪暴发，水头高达十丈有奇。智、东、仁、育、勇、敬等乡，顿成泽国。……，又忠崇乡淫雨兼旬，山洪暴发。横流所至庐舍为墟，全乡禾苗尽被淹没。受灾七千余户，灾民三万八千余口。（湖北省自然灾害历史资料）

当阳:七月,当阳堤溃,淹毙居民。八月,二、三两区,水已成灾。沮、漳溃口七十余处。倒塌民房四百余栋,淹毙居民二百余人。牲畜财物,漂没无算。(湖北省自然灾害历史资料)

长阳:第一区阴雨连绵,山洪暴发,陡涨数丈,滨江房屋田禾,尽被淹没,人畜逃走不及者,亦被溺毙,损害之巨,为数十年所仅见。(湖北省自然灾害历史资料)

枝江:上百里洲,被淹田地三万余亩,灾民损失约在二十万以上,田地已种者,被水漂没,未种者无法耕种,补种秋禾,亦复绝望。下百里洲,横堤溃决,尽成泽国,六合等垸内,积水甚深,田亩被淹者约十之七八。(湖北省自然灾害历史资料)

荆门:入夏以来,淫雨绵延,山洪内冲,河水外灌。各地堤防,虽未溃决;而水道壅塞,宣泄无从。地势较低之区,无不溃水没膝,禾苗淹没,秋收殆已绝望。综计被淹田亩五万余亩。(湖北省自然灾害历史资料)

沔阳:一月,东荆河溃堤。入夏以后,江汉暴涨,各堤垸多被冲溃,青苗淹没殆尽,灾情奇重,立待急赈。(湖北省自然灾害历史资料)

监利:四月,上车市堤防崩陷十余丈。(湖北省自然灾害历史资料)

石首:六月,石首南垸,被风浪击破,抢救不及,致成水灾。七月,江岸忽崩去五十余丈。淹去低田四千亩。(湖北省自然灾害历史资料)

孝感:夏,水盛涨,淫雨连绵。南乡受襄,府各河灌溉之民垸,多溃成灾。计溃决十六垸。被淹田土,共三千五百余石。灾民露居,家无半颗之粮。(《湖北省自然灾害历史资料》《孝感县简志》)

黄陂:县东乡大咀店、六指店地方,地势低洼。因多淫雨,洪水泛溢,田禾淹没,室庐荡然。人民多就高处栖息,状至可悯。约计被淹面积,占全县十分之二。(湖北省自然灾害历史资料)

汉川:同兴垸堤身溃决,灾情惨重。红土一十五垸,自十九年溃决以来,连淹四载。(湖北省自然灾害历史资料) 同兴、红土共十五垸溃决。冬,襄河冰厚不能行船。(《汉川县简志》)

汉阳:三区东成垸,五、六月间,淫雨连绵,洪水遝至。垸内共十五万余

亩,完全被淹。灾民十数万口。洪沈乡灾情与该垸相等。(湖北省自然灾害历史资料)

武昌:第十区金水坝溃决,全区十分之二以上,已成水灾。灾户七千余,灾民二万以上。低处房屋,亦被漂没。(湖北省自然灾害历史资料)

阳新:入夏以来,山洪暴发,江泛频增。各区田地,多位湖畔。所有豆麦禾苗,均被淹没。民食绝源,灾情甚惨。(湖北省自然灾害历史资料)

蒲圻:六月下旬,淫雨连日,溪水泛溢,江水暴涨。计黄龙乡田被淹,颗粒无收者约二百四十亩,龙翔乡被淹,颗粒无收者约一千五百亩。又张家垸、葛家垸、任家垸等,共淹四百三十余石。(湖北省自然灾害历史资料)

嘉鱼:大成区原有大、成、五丰垸,被金水建闸决断五百余尺。顷刻稻粱黍稷,化为乌有。益以二十年空前水灾,元气大伤。客岁开闸泄水,时已残冬,豆麦不能播种。(湖北省自然灾害历史资料)

蕲春:今岁由春至夏,几无三日不雨,雨必倾盆,常亘一两昼夜不止,较低之处,或边山之处,屋宇均被漂浮人畜甚或淹没,田亩冲洗淹没,两收绝望。(湖北省自然灾害历史资料)

黄梅:水灾惨重,熟稻房屋,付诸流水,哀鸿遍野,延颈待毙,三十三圩堤,约计二万六千亩,尚有在堤垸以外之田地,位于各湖滨地势极洼,被淹没者约计一万八千亩,共计淹去四万四千余亩,约占全县八分之一。(湖北省自然灾害历史资料)

广济:罗城、恒丰两垸,内外六十余圩因春夏淫雨,山洪暴发,江水倒灌,各堤闸口泄水不及,所有田亩,概被淹没,颗粒无收。(湖北省自然灾害历史资料)

麻城:五月十九日,二区墩阳上乡,夜忽狂风暴雨房屋倒塌八所,压毙居民十八人,邹氏祠前栋飞去,片瓦无存,后栋如故,古木被风掠转作巨绳状,石器掀越四五丈,堕入池塘,鱼卷入山中。(湖北省自然灾害历史资料)

旱涝等级:郧、襄两地区,二级;恩、宜两地区,一级;荆州地区,二级;孝感地区,二级;咸宁地区,二级;黄冈地区,二级。

1934 年　民国二十三年

湖北受旱、蝗灾各县：1.受旱灾者：钟祥、枝江、汉川、安陆、咸丰、应城、应山、宜昌、天门、枣阳、远安、潜江、宜城、当阳、江陵、襄阳、荆门、松滋、云梦、监利、罗田、黄安、武昌、浠水、沔阳、咸宁、公安、通山、黄冈、嘉鱼、麻城、黄陂、蒲圻、广济、大冶、夏口、崇阳、黄梅、阳新、汉阳、通城、蕲春、鄂城、孝感、宜都，共四十五县。2.兼受蝗灾者：黄冈、黄梅计二县。受灾田地面积，占总田地面积百分之三十二。（湖北省自然灾害历史资料）

湖北受水灾者，有均县、郧西、竹山、竹溪、襄阳、荆门、天门、汉川等十余县。水旱二灾者有通城、崇阳、广济各县。据民政厅统计全鄂被灾共三十九县，被灾面积三百三十六万一千公亩，粮食损失二千五百九十七万四千二百九十万担。灾情之重，已驾民国二十年而上之。（湖北省自然灾害历史资料）

武汉：二月二十三日，空际阴云密布，气候骤寒，午间风雨交加，似严冬景象，直至二十四日晨四时许，天空忽降冰雹，形状有黄豆大，落至瓦上沥沥有声，仅落二十分钟乃止，此为数年来罕见之事。又三月二十日午间，突起飓风，水陆交通，完全被阻。是日自朝至暮，天色晦暝，晨间微雨即止，十时许风势转墙炽，十二时风势更狂，水面交通停止，陆上房屋刮倒甚多，街上飞沙走石，行人稀少，至三时半始转小，五时许完全停息。（湖北省自然灾害历史资料）

汉口：各郊区农会，因天久不雨，禾苗尽萎，秋收完全绝望。即杂粮种子亦将断绝，农民嗷嗷待哺。（湖北省自然灾害历史资料）

郧县：……由艳日至本月虞日淫雨倾盆，山水澎湃，三丈余深，较二十年大水为巨，由大花园以上之土方，多随波崩溃，剥岸桥涵，亦被水冲毁等语，经派员沿途视察，据复称，土方筑毁约三分之一，冲坏石方约二百余方，民伕前后死亡及冲去共约百三十余人。（湖北省自然灾害历史资料）

竹山：入夏，亢旱不雨，将及两月。禾苗尽行枯槁。秋收绝望。农民缺食甚伙，更有饥饿而自尽者。（湖北省自然灾害历史资料）

宜城：入夏，久未雨。田禾枯萎。秋收平均仅三成。（湖北省自然灾害历史资料）

恩施：夏，恩施第四区蓝衫乡，发生冰雹山洪，损坏一切春粮，冲毁房屋田地，被灾面积纵横三十里，计二百七十五户，本季收成无望。灾民流离失所。（湖北省自然灾害历史资料）

枝江：夏，亢旱。连月不雨。秋收约三成。（湖北省自然灾害历史资料） 春夏之交，淫雨为灾，春收毫无。（湖北省自然灾害历史资料）

宜都：天久不雨，禾苗尽成枯槁，秋收平均仅三成。（湖北省自然灾害历史资料） 第一区被水灾，湖田完全被淹。（湖北省自然灾害历史资料）

江陵：春雨连绵，沙乡、浦东一带，龙湾、郝穴某区所有水田，均被冲溃，几成泽国。该县人民，一再播种，均被淹沉，秋收大半失望，荒情未已，谷价日益增昂，局面甚为堪虞。（湖北省自然灾害历史资料）

钟祥：胡家板桥闸口又复溃决。（《钟祥县志》）

荆门：入夏得雨极少。秋收不及四成。（湖北省自然灾害历史资料）

京山：入夏，大旱。秋收仅三成。（湖北省自然灾害历史资料）

潜江：襄水续涨，彭家月堤新增土方完全淹没，灾情奇重。（湖北省自然灾害历史资料）

沔阳：襄河支流东荆河民堤，在滨江及沔阳境内溃决三处，损失甚巨。（湖北省自然灾害历史资料）

松滋：春季淫雨为灾，豆麦无收。（湖北省自然灾害历史资料） 入夏，两月不雨。秋收平均不及四成。（湖北省自然灾害历史资料）

公安：春雨连绵，春收仅三成。（湖北省自然灾害历史资料） 入夏，亢旱两月。除一、四区灾情较轻，收成在六成左右。其余二、三、五区，秋收平均仅三成。（湖北省自然灾害历史资料）

石首：春雨连绵，豆麦歉收。（湖北省自然灾害历史资料） 入夏久旱。田禾稼苗枯槁，秋收仅三成。（湖北省自然灾害历史资料）

孝感：天久不雨。沿河区域，尚有河水灌溉。东北等乡，约占全县面积十之八，塘堰之水，早已汲尽。禾苗枯萎，秋收平均仅三成。（《孝感县简

志》,湖北省自然灾害历史资料)

大悟:近日淫雨连绵,山洪暴发,溪涧低田均被水冲,沙压之害。尤以二郎店、阳平口、夏店、七里冲、李家咀等处为甚。并淹毙人畜不在少数。(湖北省自然灾害历史资料) 旱。泉涸水干。秋收平均约四成。(湖北省自然灾害历史资料)

安陆:天久不雨。秋收平均三成五。(湖北省自然灾害历史资料)

云梦:旱魃为灾,五旬不雨,灾象已成。奸商运米出境渔利,以致米缺价昂。现禁米出境,以安民食。(湖北省自然灾害历史资料)

黄陂:入夏,两月未雨。田禾尽由含苞而死,焦枯满地。秋收仅及一成。(湖北省自然灾害历史资料)

汉川:六月大水。复旱。(《汉川县简志》) 本县自鲁(六日)东荆河民堤溃决后,连续漫溢,黄公、人和、德福、祥兴、天成、永丰、太和、白石、天成等九垸,相继决溃,溺毙人畜甚多,损失颇巨,灾情极惨。(湖北省自然灾害历史资料,《汉川县简志》)

汉阳:六月以后,亢旱不雨。禾苗尽枯。秋收均不足三成。(湖北省自然灾害历史资料)

咸宁:入夏以来,两月未雨。高地杂粮完全干死。水田稻苗亦尽焦萎。秋收平均不足一成。(湖北省自然灾害历史资料)

武昌:文昌门三义殿一带,因地势低洼,且无下水道,已于昨日淹没共达百余家,水深高约二、三尺,浅处亦有一尺左右。(湖北省自然灾害历史资料) 入夏,久未雨。田禾完全枯萎。秋收仅一成半。南乡各区被灾尤惨。(湖北省自然灾害历史资料)

大冶:入夏,两月未雨。早稻亮白如银,迟稻则赤卷如毛。灾情惨重。秋收平均仅一成。(湖北省自然灾害历史资料)

嘉鱼:春收仅及三成。入夏苦旱。农作物尽被枯萎。秋收不及三成。(湖北省自然灾害历史资料)

阳新:全境未雨。稻谷二麦薯子、豆果,尽成枯槁。秋收平均不及二成。(湖北省自然灾害历史资料)

蒲圻：夏，天久不雨。禾苗尽枯死。秋收平均不及二成。（湖北省自然灾害历史资料）

通山：六月十二日至八月十二日，两月未雨。秋收不及二成。（湖北省自然灾害历史资料）

崇阳：大沙坪一带，被水冲坏房屋数栋，商品颇有损失，河边碉楼商铺折去数间。（湖北省自然灾害历史资料）入夏，天气亢旱，田地龟坼，禾苗枯萎，秋收仅二成。（湖北省自然灾害历史资料）

通城：连日淫雨，山洪暴发，上月（四月）二十七日上午八时，县境突涨水丈余，西北地势较低绵亘数十里尽成泽国，沿城溪港夹流，沿岸房屋倒塌甚多，堤亦溃决数处，人民缘树登屋，待救喊声惨不忍闻。（湖北省自然灾害历史资料）　入夏，天久不雨，田地龟坼，秋收平均仅及三成。（湖北省自然灾害历史资料）

鄂城：入夏，天气亢旱，两月不雨。除沿江河一带稍有收成外，余均田地枯萎，灌溉无从。秋收平均仅及二成。（湖北省自然灾害历史资料）

黄冈：入夏，久晴未雨，旱灾普及全县。滨湖之地，且遭水淹。秋收平均仅二成。烟叶棉花损失最重。（湖北省自然灾害历史资料）　农历六月二十七日，正午十二时许，黄冈陈得冈地方，突起飑风两小时，居民以为天雨，终风不雨，且天际突起黑云，旋雨大冰雹，大如土砖，有似小粉砖者，由陈得冈至王家河一带周围八里内，田中枯稻以及豆棉等类均被冰雹摧残一空，在旱灾之后复有此种雹灾，其惨状不堪言。（湖北省自然灾害历史资料）

红安：夏旱。县城附近五十日未雨。其他各区七十余日未雨，田地干涸，禾苗枯槁。秋收不及二成。（湖北省自然灾害历史资料）

麻城：大旱。自四月不雨至于六月，田禾尽槁，全县告灾。陂池坼裂草木枯萎。全县灾情，五、六、九区均达九成。一、二、三、四、七、八区，亦在八成以上。秋收平均约一成半。（湖北省自然灾害历史资料）

罗田：入夏，月余未雨。田禾尽枯死。秋收仅三成。（湖北省自然灾害历史资料）

英山:各区若久旱,塘枯井涸。秋收平均仅三成。(湖北省自然灾害历史资料)

浠水:大旱,塘堰俱涸,高低田禾尽焦枯。(《浠水县简志》) 入夏,久旱未雨,塘堰俱涸,高低田禾尽枯萎。秋收除县城一带约有五成,其余各区平均仅一成。(湖北省自然灾害历史资料)

蕲春:第四、五、六各区,地势较高,田禾焦枯。一、二、三等区,滨湖之田,湖涸水落,车救不易,秋收仅三成。(湖北省自然灾害历史资料)

广济:春雨延绵,山洪为灾。(湖北省自然灾害历史资料) 夏,久晴未雨。禾苗尽枯萎,秋收平均仅及三成。(湖北省自然灾害历史资料)

黄梅:六月中旬以后,晴多雨少。近尤亢晴。田禾杂粮均已枯萎。二区复遭蝗灾。秋收仅及二成。(湖北省自然灾害历史资料)

旱涝等级:郧、襄两地区,四级;恩、宜两地区,五级;荆州地区,五级;孝感地区,五级;咸宁地区,五级;黄冈地区,五级。

1935 年 民国二十四年

本年入夏以来,淫雨成灾。襄河流域,上自陕西、豫南,下至襄樊一带,及鄂西部分,雨量尤巨。其最足惊人者,为自七月三日至八日之各地雨量记录,大都超过平均全年总数百分之五十。致各处山洪暴发,水势飞涨,不特支干各流水位,超过以往记录,即各山区崩塌冲陷,亦为历来所未闻。故此次水灾,实较二十年为尤甚。全省被灾面积,约四万八千方公里。(连旱灾约五万六千八百方公里。)全省被淹农田,约八千二百万公亩。(连旱灾约九千六百五十六万公亩。)全省淹毙及当时因灾死亡人数,约九万六千余人。(湖北省自然灾害历史资料)

鄂省天气亢阳,又复月余未雨,鄂东之黄、广、蕲、鄂西北之宜昌、竹溪等县,旱象已呈。补种禾苗,多已枯萎。例如远安、恩施、阳新等十县,亦因亢旱过久,瘟疫流行。恩施、鹤峰等县,秋后亢阳。禾稼除少部分已收获外,余均枯萎,秋收无望。黄梅上乡最近月余未雨,迟稻已渐枯萎。东北地势较高各区,业已成灾。秭归大水之后,二月不雨,灾情极重。报旱灾的县份计有大悟、黄安、罗田、应山、孝感、安陆、随县、松滋、秭归、建始、恩施、宣恩、五峰等十三县。鄂南的嘉鱼、蒲圻发生蝗灾。灾民逃武昌者数千人。(湖北省自然灾害历史资料)

汉口:汉水暴涨,江水倒灌,沿河各街,因竭力防堵,所淹无多。舵落口位于涨丰南垸,地滨汉水,水势日潮增涨。至十二日,水与垸齐,舵落口遂不守。长丰南北垸与张公堤之间,尽被淹没。罗家墩、曾家墩、易家堤等,亦陷水中。(湖北省自然灾害历史资料) 发生害虫,农作物被食尽。(湖北省自然灾害历史资料)

郧县:汉水漫溢,东城城垣,被急流扫刷,溃决六十丈。东南城区,沦为泽国。城关房屋,冲塌七八百栋,受灾难民一千七八百户。(湖北省自然灾害历史资料) 郧县四区之桃华,五区之鲍家店、唐坪等乡,受雹灾,并兼水灾。(湖北省自然灾害历史资料)

郧西:沿河沿溪,全岸淹没,房屋田地,冲毁无算,人畜亦多淹没。县城东南关外,一片汪洋。(湖北省自然灾害历史资料)

均县:七月三日起,大雨六日,汉水猛涨数丈,高于东部城垣,南关房屋均已灭顶。全境悉被淹没,为百年来未有之奇灾。(湖北省自然灾害历史资料)

竹溪:春,阴雨连绵,豆麦收成已告绝望,菜谷种子,亦已腐烂,灾象甚重。七月二日起迄七日止,大雨倾盆,昼夜不息。城外屋宇被冲,墙垣崩塌,牲畜什物之漂流,以及廖家河老幼随水冲流而死亡者,不可胜计,诚为空前浩劫。(湖北省自然灾害历史资料)

竹山:入夏以来,大雨连绵,一至七区山洪暴发,农作物多被冲失。灾区面积约占全县五分之一。(湖北省自然灾害历史资料)

房县:七月二日起,大雨如注,至六日雨势益猛,山洪暴发,水由西门入城,附郭房屋倒塌过半。稻田悉被冲毁,人畜死者无算。八月初,二次大水较前尤烈。(湖北省自然灾害历史资料)

襄阳:此次洪水,由保、谷奔腾而出,居高临下,襄城堤冲陷数十处,老龙堤淹坏二十余处。益以长江高涨,襄河不能畅泄,以致水祸尤烈,平地水深丈余,县治环城皆水。樊城水势,高出城垣,街市顿成泽国……。沿河百余里,汪洋浩荡。房屋、粮食器具,漂没一空。人畜淹毙无算。(湖北省自然灾害历史资料) 大水后,又复苦旱。蝗虫蔓延,收成绝望。(湖北省自然灾害历史资料)

光化:襄水暴涨,城乡一片汪洋。河水倒灌河口,全市仅五福楼、正垠、……等街未淹,余均成泽国。水深丈余,损失奇重。(湖北省自然灾害历史资料)

谷城:七月二、三、四、五日夜,大雨倾盆,南北两河,汪洋一片,加之襄河水位增高,无从排泄。城内外水深六七尺,交通断绝。二区被淹十分之八,四区十分之五,五区十分之六,六区十分之六,一、三两区几全被淹没,灾情较二十年尤为惨。八月一日、八日,各复水一次,南北两河分涨,四、五两区沿河地方,受灾较重。(湖北省自然灾害历史资料)

保康:六月以来,大雨倾盆,历时七昼夜,河堤冲毁,山谷崩塌,田禾牲畜一洗而空。七月三十一日,一次大雨,复水较第一次高三尺。(湖北省自然灾害历史资料)

南漳:入夏淫雨成灾,平地积水四五尺。同时山洪暴发,河流激涨,水势之高,为历年所未有。(湖北省自然灾害历史资料)

随县:据查报各区所受旱灾成分,一区五成,二区八成,三区七成,四区天河口等三乡八成,余乡五成,五区南部各乡六成,北部三成,六区七成,九区滨河各乡四成,十区东部八成。(湖北省自然灾害历史资料)

宜城:七月七日,襄水以排山倒海之势,向城逆灌,东南北城楼,先后崩塌,城堞冲毁无遗。……计被灾面积达全县五分之四。水位已高出民国二十年一丈五尺有奇。村镇庐舍,冲洗一空。人民死者以万计。入秋,复水成灾。(湖北省自然灾害历史资料)

恩施:山洪暴发,兼被冰雹。纵横三十余里,田禾冲毁无算,灾民流离失所。灾情以四区蓝衫乡为最重。(湖北省自然灾害历史资料) 七月中旬起,天久亢旱,逾月不雨。更受水灾。(湖北省自然灾害历史资料)

宣恩：旱魃肆虐，嘉禾枯槁，秋收无望。三、四两区稍有收成。（湖北省自然灾害历史资料）

建始：七月中旬起，亢旱逾月，田土龟裂，禾苗枯槁。（湖北省自然灾害历史资料）

鹤峰：七月上旬，大雨倾盆，山洪暴发，高地苞谷多被冲刷，低田禾苗淹没殆尽。（湖北省自然灾害历史资料）

来凤：山洪暴发，各地冲坏田亩、房屋。淹毙人畜甚多。灾祸奇重，交通断绝。人民生计已濒绝境。（湖北省自然灾害历史资料）

宜昌：七月三日夜，山洪暴发，六十六小时不息。水头四丈，冲洗县城。东南两乡，亦遭冲刷。（湖北省自然灾害历史资料）

兴山：七月三日，淫雨倾盆，山洪暴发，历五昼夜，城关悉成泽国，平地水深丈余，高处亦四五尺左右。……灾情之惨，百年未有。（湖北省自然灾害历史资料）

远安：七月三日至六日，大雨倾盆，山洪暴发，将沿沮河之谈家坪、洋坪镇……一带房屋禾苗淹没殆尽，全县精华，概付洪波。（湖北省自然灾害历史资料）

秭归：始以旱灾，禾苗多未种下，杂粮亦施种失时。嗣逢洪水为灾，县府及民房监所，多被冲倒。一区山崩，压屋不少。二区水田坝两岸田地，被水冲压者尤多。另有旱灾。（湖北省自然灾害历史资料） 水灾后，复经亢旱。（湖北省自然灾害历史资料）

当阳：自七月三日大雨，三日夜不止，绕城西北东门外之沮河，水势高涨，直冲入东北两门，深二尺许。……六日晚复水入城，城脚崩坏十八九处。此次水灾为百年所未有。（湖北省自然灾害历史资料） 亢旱两月余。前被水区域所种秋禾，概已枯槁。（湖北省自然灾害历史资料）

长阳：七月二日起，大雨连绵，山洪暴发，……高田变为石田，低田沦为泽国，灾情之重，为有史以来所仅见。（湖北省自然灾害历史资料） 水灾后，亢旱月余。二、三、四、五、六等区田禾干枯，秋收无望。（湖北省自然灾害历史资料）

宜都:七月上旬,大雨倾盆,四昼夜不绝。长江及南岸之清江、汉洋两河,北岸之玛瑙河,同时暴涨,水位超过民国二十年七尺有奇。比越堤而过。滨江肥腴之区,悉告淹没。(湖北省自然灾害历史资料)

五峰:七月三日起,大雨倾盆,四昼夜不息。渔洋关及附近各处,顿成泽国。河街全部,水田街半部,均受重灾。(湖北省自然灾害历史资料)水灾后,又逢亢旱,全境赤地,禾苗枯槁。(湖北省自然灾害历史资料)

枝江:江洪暴发,七月四日午至五日晨间,陡涨丈余。城垣崩溃,水高流湍,房屋多遭灭顶。商民家囊什物,尽被漂流。田亩尽被冲毁,损失甚大。九月十一日,复水成灾。(湖北省自然灾害历史资料)

江陵:七月三日起,大风雨,两三昼夜未已,大江水位激增。四日,水面陡高九尺六寸。午后,民堤谢古垸、众志垸,以漫溃闻。夜间,大雨倾盆。五日午,淫雨仍密。……受灾面积,占全县三分之二。(湖北省自然灾害历史资料)

钟祥:七月六日,襄河上游水势挟万马奔腾之力,猛迫县境,水头高一丈有余。加以风雨大作,继以冰雹助威,七日,水头迫近城北干堤,直趋城南邢公祠,邢公堤首先溃决,城南一带村镇,冲洗几尽淹毙人民无算。(湖北省自然灾害历史资料) 七月七日大水护城,堤溃水入城。淹田六十七万八千六百四十七亩。被灾人数,三十一万八千七百二十人,……灾情之奇重,诚空前所未有……。(《钟祥县志》)

荆门:七月三日至七日晚,大雨倾盆,继以狂风,县城东西北三门城墙,均各倾圮十余丈。县府及监狱墙壁倒塌多处。东南乡低洼之地,均被淹没。(湖北省自然灾害历史资料) 水后复旱,损害甚巨。秋收不及五成。(湖北省自然灾害历史资料)

京山:七月八日,因钟属十一弓突然溃决,水势居高临下,三小时内,暴涨三丈有余。半日之顷,将四、五两区全境淹没,一、六两区毗连地方,亦受冲漫。县境惟西南一部分为平原,余均山地或丘陵,四、五区位于西南,实全县惟一精华之地,遽遭巨浸,损失特大。八月间,因钟堤溃口未修,复受水淹。(湖北省自然灾害历史资料)

天门：七月七日，钟祥属襄堤之三、四工，及十一工之一段溃口，居高临下，县河流域，正当其冲，悉被淹没而第四区双河垸，同时告溃。八日晨，七十二垸亦沦为泽国，加以水势汹涌，一日夜陡涨一丈九尺余。较从前最高水位，超过五尺以上。受灾之重，殆为各县之最。八月二十五日至九月三日，迭遭复水，十日连涨四尺有余。（湖北省自然灾害历史资料）

潜江：七月五日，二区因汪家剅溃口，复受江水倒灌，纵横数十里，悉被淹没。八日，钟祥十号附近堤决，水势奔流而下，五区亦淹没无余。因水势过猛，人民奔避不及，田庐、器具人畜，均随波逐流，顺水漂下，淹毙生命无数。粮食种子更扫地无余。二区七月二十八日，复水一次，三区七月十五日复水一次，五区先后凡六次。（湖北省自然灾害历史资料）

沔阳：因监利县境东湾下麻布拐江堤溃口，江水倒灌，势如万马奔腾，波及地方甚广，沔境受灾重，……计惨被水灾者：有二、三、四、五、六、九、十等区，达全县十分之七。另有旱灾。（湖北省自然灾害历史资料）　水灾未淹之田，所有禾稻杂粮，均因旱枯槁，灾情亦重。（湖北省自然灾害历史资料）

松滋：淫雨四昼夜未息，外江内河，同时狂涨。全县堤垸，溃决殆尽。（湖北省自然灾害历史资料）　水后，旱魃肆虐，杂粮晚稻，枯萎大半。计被旱田亩，不下十五六万亩。（湖北省自然灾害历史资料）

公安：七月三日，大雨倾盆，两昼夜未停，山洪江水，同时陡涨。水位超过二十年三尺以上。计被灾区域，约占全县面积十分之八。（湖北省自然灾害历史资料）

监利：今夏阴雨连绵，水势猛涨。……水位超过二十年二尺以上。（湖北省自然灾害历史资料）

石首：地势低洼，素苦水灾，本年水位较二十年超过二尺至四五尺不等。加以狂风暴雨，五昼夜不休。……全县各堤垸被水冲毁淹没者，计干堤六，民堤七十二。（湖北省自然灾害历史资料）

孝感：七月一日，江水倒灌。县河水位，逐渐登岸。七月十日，襄水忽自西南滚滚灌入，水头高约丈余，县属东西南三面二百余垸完全浸漫，并波

及北港乡三十余里,水位较民国二十年尤高三尺。(《孝感县简志》,湖北省自然灾害历史资料)

应山:入夏以来,不雨达七十日之久。(湖北省自然灾害历史资料)

大悟:二、五两区,亢旱为灾,塘堰干涸,禾苗枯槁。……,灾民遍野。树皮葛蕨,掘刮净尽。(湖北省自然灾害历史资料)

云梦:襄水暴涨,淹过堤面数尺,七月十日晚,三区全境沦为泽国。十一、十二两日,二区所属石桥等乡镇,及第一区曾石等乡,相继淹没。……水位较民国二十年高三尺,人民感受痛苦,更加十倍。(湖北省自然灾害历史资料)

应城:襄河堤溃决,水势汹涌,数小时后,即增涨至一丈七八尺之高,房屋器具粮食牲畜,尽被淹没。(湖北省自然灾害历史资料) 本年水灾后,秋旱,禾苗尽枯。(湖北省自然灾害历史资料)

黄陂:自七月七日狂风猛作,大雨倾盆,滨湖各地禾苗,均被淹没……。南郊概成泽国。(湖北省自然灾害历史资料)

汉川:入夏以来,阴雨连绵,七月七日,倾盆大雨,两昼夜不息,致襄河北岸之江西垸、麻埠垸,南岸之索子垸等统遭淹没。(湖北省自然灾害历史资料) 县境未被水灾淹没之黄公等二十一垸,约计田四万余亩。入夏以来,雨泽愆期,禾苗枯槁。(湖北省自然灾害历史资料) 大水,襄北二百垸成一片汪洋,受灾面积一千四百三十五平方公里,淹毙五千人。(《汉川县简志》)

汉阳:七月上旬,倾盆大雨。复受沌河、沦河等之激冲,长江、襄河之倒灌。致全县七十余堤垸,胥被冲溃。……灾情之惨,实较二十年尤甚。(湖北省自然灾害历史资料) 三月,汉阳南乡姚家林,计有一千余户,日前晚间,雷电交驶,风雨飘摇之际,忽降冰雹,大如饭碗,该村房屋损失三分之二。并闻河下所停之船被掀上陆地,计有八九只之多,船身粉碎,幸未伤人,该地传闻,言有龙蛟吸水,故遭此巨祸云。(湖北省自然灾害历史资料)

咸宁:秋,旱成灾。(湖北省自然灾害历史资料)

武昌:白沙洲、青山外堤一带,一片汪洋。省会低洼处,亦成泽国。(湖

北省自然灾害历史资料） 发生蝗子,谷苗危险。(湖北省自然灾害历史资料)

大冶:旱灾。一、二、三、四等区,秋后雨量缺乏,旱地竟成焦土。县境大半属山乡旱地。杂粮向供民食六、七月以上。此次旱灾,影响民生至巨。(湖北省自然灾害历史资料)

嘉鱼:七月上旬,淫雨连绵,江水飞涨。境内堤防抢救不及。⋯⋯淹没大小十七垸。水位超过二十年一公寸或数公寸不等。(湖北省自然灾害历史资料)

阳新:江水漫溢,平地尽成泽国。县城街道,皆在水中。水位较二十年只低十四公分。(湖北省自然灾害历史资料) 入秋后,天久不雨,逐(遂)成旱灾。荞麦、绿豆不能下种。红薯、麻、芋等类,根叶均枯,损失颇巨。(湖北省自然灾害历史资料)

蒲圻:城厢及滨江一带被水。任家垸、万家垸、张家垸及新兴、洪山一部均淹没。(湖北省自然灾害历史资料)

崇阳:沿隽水两岸,一片汪洋。禾田悉被淹没,房屋多遭冲毁⋯⋯,据查二、三、四区灾情,较二十年为重,溃堤共千余丈。(湖北省自然灾害历史资料)

鄂城:县境有神乡二十四乡镇,永乡二十三乡镇,数十日未雨。秋收绝望。(湖北省自然灾害历史资料)

黄冈:入春以后,阴雨连绵,豆麦失收,饿殍载道。入夏以来,淫雨连绵,江水飞涨。⋯⋯受灾田亩:江心沙田占十分之三,干堤外占十分之一。被江水倒灌湖水淹没者占十分之六。(湖北省自然灾害历史资料)

红安:县北地势较高,老秧多已因旱枯槁。间有以人力灌溉者,又被虫害。(湖北省自然灾害历史资料)

麻城:入秋后不雨者九十余日,山田禾稼,一律干枯。一区东部、二区西南、三区全部、四区东部、八区东北、九区西北,灾情深重。(湖北省自然灾害历史资料)

罗田:自七八月降水三公厘后,至八月十八日止,共十四日滴水未至。

以致农田龟裂,禾苗枯槁。(湖北省自然灾害历史资料)

浠水:自七月三日以来,江水继续增涨,至十五日尤甚。所有北永、永保、永丰……,干支各堤,相继崩溃,一片汪洋,惨不忍睹,仅永固、茅山等堤,尚获幸存。(《浠水县简志》,湖北省自然灾害历史资料) 入春以后,阴雨连绵,春收失望。(湖北省自然灾害历史资料)

蕲春:一、二、三区,计四十四圩,悉遭冲溃。(湖北省自然灾害历史资料) 第六区大三、大四两围,高田实占十分之九。本年亢旱,高田禾稼,枯死大半。山地杂粮,干枯殆尽。灾民约四万余人。禾稻损失二十七万余石,杂粮损失,价值四十七万余元。(湖北省自然灾害历史资料)

黄梅:春,阴雨连绵,豆麦失收,灾民食草充饥。(湖北省自然灾害历史资料) 七月以来,雨量过多,山洪暴发,加以江水猛涨不已,湖水亦因倒灌而飞涨。水位超过二十年洪水二尺以上。……纵横七十华里,田亩悉被淹没。(湖北省自然灾害历史资料) 蝗灾。(湖北省自然灾害历史资料)

广济:武穴因江水陡涨,浸入街市。恒丰堤、代家围两处堤垸溃决。永全堤之金牛湖附近田亩,亦为湖水浸溢淹没。(湖北省自然灾害历史资料)

旱涝等级:郧、襄两地区,一级;恩、宜两地区,一级;荆州地区,一级;孝感地区,一级;咸宁地区,二级;黄冈地区,二级。

1936 年　民国二十五年

鄂省入秋以来,三月未曾降雨,晚禾干枯。连日应山、京山、宜城、光化、郧阳、房县、竹山、竹溪、麻城、罗田、大冶、阳新、通山、通城、来凤、宣恩、鹤峰、利川等二十余县,均有电报到省,报告旱灾弥重。灾民衣食堪虞。(湖北省自然灾害历史资料)

武汉:四月十八日晨一时许,气候失常,有如夏初,飓风突袭,猛不可挡,因事前无气候报告,令人猝不及防,各商店及棚户受灾惨重。(湖北省自然灾害历史资料)

郧县:二、四两区,暴风、冰雹成灾。(湖北省自然灾害历史资料)

随县:自夏徂秋,焦阳肆虐。稻谷干枯,颗粒未收。按之季节,早届播麦时期,现仍无雨。明春麦收,实又绝望。乡间已有疫症发现。(湖北省自然灾害历史资料) 县属一区古圣畈,冰雹成灾。又县属圣场,龙潭等乡,冰雹成灾,麦收无望。(湖北省自然灾害历史资料)

秭归:最近期间大雨,狂风数日,以致山洪暴发,稻苗长成,即待分栽,突被沙泥淤尽,田产禾苗几尽崩没。现在田地丘墟,嗷嗷哀鸿,惨不忍睹。惟未被水灾地方,竟遭逢旱灾,不雨四十余日,稻秧枯槁,旱苗不生,秋收无望。(湖北省自然灾害历史资料)

枝江:冰雹为灾,县属第一区各乡受灾奇重。(湖北省自然灾害历史资料)

宜都:冰雹为灾。(湖北省自然灾害历史资料)

钟祥:襄河遥堤溃决三百尺。七月六日遥堤又溃。(湖北省自然灾害历史资料)

荆门:春,河伯为灾。麦场未登。入夏,旱魃为虐,秋收绝望。现值朔风已起,填沟壑,卖儿女,种种惨事,不一而足。(湖北省自然灾害历史资料)

松滋:风,雹成灾。(湖北省自然灾害历史资料)

应山:旱荒。妇孺行乞,络绎于途。有卖三岁男孩者,每口三元,……鹄形菜色,触目皆是。(湖北省自然灾害历史资料)

安陆:旱灾奇重。(湖北省自然灾害历史资料)

应城:暴风,烈雨成灾,春荒益趋严重。(湖北省自然灾害历史资料)

汉川:大水。(《汉川县简志》)

阳新:冰雹狂风暴雨成灾。(湖北省自然灾害历史资料)

鄂城:入夏以后,天久不雨,旱灾顿成。米、麦、棉花,收成毫无。(湖北省自然灾害历史资料)

黄冈:樊口镇暴风雨成灾。(湖北省自然灾害历史资料)

罗田:各区暴风雨成灾。(湖北省自然灾害历史资料)

旱涝等级:郧、襄两地区,四级;恩、宜两地区,四级;荆州地区,四级;孝感地区,四级;咸宁地区,四级;黄冈地区,三级。

1937 年　民国二十六年

十月,天、汉、沔三县会呈牛蹄支河下游两岸溃口,南岸属七十二垸,如三会夹街、白衣庵……各成巨口,北岸为汉川属之喻家垸、……溃决四口。(湖北省自然灾害历史资料)

光化:唐家乡垸等处被汉水淹没,受灾田地,一万七千余亩。(湖北省自然灾害历史资料)

宜城:县属沿汉乐安堤溃口六处,堤垸受灾,下南河等处漫溃,受灾田一万二千七百亩。(湖北省自然灾害历史资料)

枝江:七月七日县属之共和院民堤,又遭溃决成灾。(湖北省自然灾害历史资料)

宜都:广慈垸等处溃漫,受灾田地二千零四十一亩。(湖北省自然灾害历史资料)

江陵:一区阴湘城堤溃决,受灾田六千零七百亩。七月二十日,三区青安六总垸之耀新场决口,受灾田二万余亩。同日,突起洲溃口,受灾田一千七百余亩。(湖北省自然灾害历史资料)

钟祥:八月八、九日,中段民堤溃决,受灾面积三万一千余亩。(湖北省自然灾害历史资料)

天门:七月,襄河北岸岳口上溃决后,夹河两岸全部堤身多被毁坏。长虹、灌溉等垸均成泽国。(湖北省自然灾害历史资料)

潜江:东荆河左岸,县属胡家场、下马家拐民堤于虞(七日)晨溃口。新丰、永靖、饶家月等民堤均漫溃,受灾田地,计四十三万六千二百三十八亩。(湖北省自然灾害历史资料)

沔阳:东荆河堤北谢家榨溃口,本县西东北三部有全没之虞。(湖北省自然灾害历史资料)

石首:张城、合兴垸等处溃决,受灾田地计一十五万六千四百七十五

亩。(湖北省自然灾害历史资料)

云梦:八月十八日刘家隔部堤溃决,县属横堤首当其冲,抢救不及,于十九日晨,将中段塌口地方先行冲溃。(湖北省自然灾害历史资料)

黄陂:三阳垸等处,因山洪暴发,江水猛涨漫溃,受灾田地计六千五百余亩。(湖北省自然灾害历史资料)

汉川:大水。(《汉川县简志》) 本年入夏以来,襄流迭涨,水势猛涌,冲刷堤身,致将坦坡上首之天主堂段忽崩塌河流中者计长六十米达,宽六米达。又坦坡之下首服心善堂玉旧矶处,亦崩挫堪虞,计长一百余米。(湖北省自然灾害历史资料)

汉阳:义和、铁锁、同福等垸,于冬、江两日,相继漫溃,水头向张公堤下趋。(湖北省自然灾害历史资料)

阳新:县城浸水月余,深达四五尺以上。(湖北省自然灾害历史资料)

蒲圻:程家垸等处溃决,受灾田地八千一百九十亩。(湖北省自然灾害历史资料)

黄冈:一区永康、永丰等处八月溃决。全区被淹。二区西北江堤、朱王岭等处,八月,因江水暴涨溃决。受灾面积,二万四千市亩。(湖北省自然灾害历史资料)

浠水:四、五两区东寿、垣丰等堤溃决。受灾田地计一万零六百五十亩。(湖北省自然灾害历史资料)

广济:新洲堤等处被水漫溃,受灾田地八万七千二百亩。(湖北省自然灾害历史资料)

旱涝等级:郧、襄两地区,二级;恩、宜两地区,二级;荆州地区,二级;孝感地区,二级;咸宁地区,二级;黄冈地区,二级。

1938年 民国二十七年

近来报灾请赈之枣阳、天门、汉川、监利、沔阳、江陵、潜江等县,或因阴雨不止,漫溢成灾,或因山洪暴发,致罹洪患,灾情甚重。(湖北省自然灾害

历史资料)

潜江:六月,东荆河左岸涂家洲、汪家刿、荆左胡家场、于养(二十二)晚相继溃决。襄河五支角地方溃口,河水内灌,渠沟被淤。(湖北省自然灾害历史资料)

孝感:七月,涢、环两水陡涨,县属文家、老新、……等民垸,相继溃决,灾民遍野。(湖北省自然灾害历史资料)

云梦:七月八日至九日大雨滂沱,山洪随发,县河与环水交相澎涨,防堵不及,结果县属三区之涂杨垸、同兴垸、北横堤等处,先后越堤沉浸。一、二两区十分之八以上均将告淹没。(湖北省自然灾害历史资料)

汉川:三区喻家垸民堤溃口,城北门外六合垸于今晨溃决,水抵洪湖,南垸今晨湖水猛退,晚复回涨。左右岸干堤内各垸被溃水淹没多半,禾苗损失十之七八。(湖北省自然灾害历史资料)大水。(《汉川县简志》)

汉阳:四月有仰口、金水沟、窑沟、第五段等溃口,合共四处。(湖北省自然灾害历史资料)

旱涝等级:郧、襄两地区,三级;荆州地区,二级;孝感地区,二级。

1939 年　民国二十八年

入夏以来,淫雨连绵,以致江水激涨,船行困难(湖北省自然灾害历史资料)。

兴山:第二、第三两区,灾情严重。树皮草根,尽吃一空。哀鸿遍野,饿殍载道。尤以三区更烈。(湖北省自然灾害历史资料)

汉川:水患,灾情甚重。(湖北省自然灾害历史资料)　大水。(《汉川县简志》)

旱涝等级:恩、宜两地区,三级;孝感地区,三级。

1940 年　民国二十九年

鄂东旱灾奇重(湖北省自然灾害历史资料)。

潜江:潜江东荆河方面之尧小垸堤溃口。襄河五支角地方复溃口,河水内灌,渠沟被淤。(湖北省自然灾害历史资料)

旱涝等级:荆州地区,三级。

1941 年　民国三十年

潜江:襄河五支角地方三次溃口,河水内灌,渠沟被淤。(湖北省自然灾害历史资料)

旱涝等级:荆州地区,三级。

1942 年　民国三十一年

鄂第五专区,郧阳、襄阳、枣阳、南漳、光化各县旱灾严重。(湖北省自然灾害历史资料)
荆门:县小江湖堤三十一年溃口。(湖北省自然灾害历史资料)
监利:旱。农田无水插秧。(湖北省自然灾害历史资料)
汉川:大水,受灾面积一千三百八十七平方公里。(《汉川县简志》)

旱涝等级:郧、襄两地区,四级;荆州地区,三级;孝感地区,三级。

1943 年　民国三十二年

襄阳:老龙堤为县城屏阵,本年八月中旬,大雨滂沱,汉水暴涨,水势极猛,故该堤自万山农以下,迄普沱庵一段,外坡驳岸两次下挫,……。(湖北省自然灾害历史资料)
恩施:自入春以来降雨甚殷,前夜沛然大雨,至晨七时许始止,清江水位陡涨,……南门大水没桥,低洼之地悉成泽国。(湖北省自然灾害历史资料)
沔阳:县,红土垸东堤,于民国三十二年八月一日溃决七处。(湖北省

自然灾害历史资料)

汉川:腊月雨雹,大如雉蛋,屋瓦皆碎。(《汉川县简志》)

旱涝等级:郧、襄两地区,三级;恩、宜两地区,二级;荆州地区,三级;孝感地区,三级。

1944 年　民国三十三年

竹溪、郧县、郧西、均县亢旱。钟祥、南漳、均县、宜城等县,入夏久旱。复遭蝗害。灾情严重,秋收绝望。(湖北省自然灾害历史资料)

郧县:夏,亢旱。旋淫雨为害,又郧阳淫雨,灾情奇重。(湖北省自然灾害历史资料)

郧西:夏,亢旱。旋淫雨为害。五月十三日夜,天惠渠被雨水冲毁。(湖北省自然灾害历史资料)

竹溪:入夏以来,即遭亢旱。旋淫雨为害。(湖北省自然灾害历史资料)

竹山:淫雨,灾情惨重。(湖北省自然灾害历史资料)

均县:夏,亢旱。尤以汉水沿岸,飞蝗蔽天。旋以淫雨为害。(湖北省自然灾害历史资料)

襄阳:入夏,襄樊周围一带,发现蝗虫甚多。影响粮食生产甚大。(湖北省自然灾害历史资料)

光化:受虫、风、雹等灾。(湖北省自然灾害历史资料)

保康:入夏亢旱。历时两月。七、八月间,又发现虫灾。(湖北省自然灾害历史资料)

宜城:淫雨,灾情严重。(湖北省自然灾害历史资料)

谷城:四月,发现蝗虫。蔓延达十九乡。后复遭亢旱。农田旱裂,农作物枯槁。(湖北省自然灾害历史资料)

利川:夏秋之交,各乡虫灾四起。后值早谷登场,又逢淫雨连绵。影响收获甚大。(湖北省自然灾害历史资料)

咸丰:旱。(湖北省自然灾害历史资料) 五月一日晚间,彻夜倾盆大雨,山洪暴发,沿河桥梁禾稼,大半漂失。咸惠渠、大渡槽亦因水位太高,而遭冲毁。(湖北省自然灾害历史资料)

远安:遭受旱灾。田禾无法栽种。(湖北省自然灾害历史资料)

宜都:淫雨,灾害惨重。(湖北省自然灾害历史资料)

松滋:淫雨成灾。(湖北省自然灾害历史资料)

旱涝等级:郧、襄两地区,四级;恩、宜两地区,二级;荆州地区,三级。

1945 年　民国三十四年

宜昌:九月,江水暴涨,高后乡云兴堤长春垸崩溃数十丈,全垸尽被淹没。(湖北省自然灾害历史资料)

潜江:护城堤刘公剅等处溃决。上江垸垸堤赵家湾,因监利县属丁家月溃口,水灌张家湖,将该堤冲溃。(湖北省自然灾害历史资料)

沔阳:本年上游监利境内丁家越堤溃口,牵连县属西北两方,几至淹没殆尽,本县砖头口溃口,东南被淹,面积亦达数十万亩。(湖北省自然灾害历史资料)

松滋:复兴院九月五日溃决,淹没田亩六千三百五十二市亩。(湖北省自然灾害历史资料)

公安:重遭旱灾,继以水淹,又继以瘟疫,人民死者达四万余人。(湖北省自然灾害历史资料)

八月二十七日,滨江干堤来家湾溃破,洪水横流,高二丈余。水头到处淹没,波及十三乡。县干堤溃决所辖民堤亦相继漫溃多处。重要溃口,计二十四个,受灾区域浸及二十五乡镇,其财物损失之巨,人畜死亡之惨,诚属空前。(湖北省自然灾害历史资料)

监利:县秦家月堤于民国三十四年八月间因襄水暴涨溃决,泛滥成灾,水灾淹监、沔、潜三县数十万田亩,损失之大,莫过于沔阳。(湖北省自然灾害历史资料)

石首:值洪水之灾,十四个堤垸溃口。(湖北省自然灾害历史资料)

云梦:七月中旬,山洪暴发,将云梦所属之莫家窑上地点堤身冲破,长三十四公尺,宽三十公尺,受害区长十五华里,宽八华里。(湖北省自然灾害历史资料)

应城:七月中旬,山洪暴发,将云梦莫家窑堤身冲破,本县永和、建国、长江等乡,淹没田地计六百石。(湖北省自然灾害历史资料)

汉川:水,受灾面积二百五十一平方公里。(《汉川县简志》) 患旱。歉收。(湖北省自然灾害历史资料)

汉阳:苦旱。粮食歉收。(湖北省自然灾害历史资料)

旱涝等级:恩、宜两地区,三级;荆州地区,二级;孝感地区,二级。

1946 年　民国三十五年

此次大水,石首、公安、江陵、松滋、枝江等县民堤均有溃决。(湖北省自然灾害历史资料)

汉口:自六月以来,湖水渐涨,加以川水再发。武汉水位,逐日增涨。十二日汉口水位:四十三点七尺,距危险高度仅差二寸八分。(湖北省自然灾害历史资料)

巴东:入春以来,始而旱魃为虐,豆麦歉收,民食不饱。继复淫雨为灾,秋收绝望。人民无计为生,饥寒交迫。(湖北省自然灾害历史资料) 五月十五日淫雨倾盆,山洪暴发,田舍禾稼,冲没殆尽。(湖北省自然灾害历史资料)

枝江:六月,连日大雨,山洪暴发,被淹渍田地约十九万亩,受灾人口约九万五千人。八月十一日午后三时起,倾盆大雨,经一昼夜之久,山洪暴发,田地被冲毁者在三十万石以上。(湖北省自然灾害历史资料)

江陵:县属南五洲垸、龙洲下垸、宝兴垸及外洲羊耳垸等处溃口受灾。(湖北省自然灾害历史资料)

松滋:上星垸堤溃决,演成巨灾,受灾田五百亩,人口四百三十人。八月十三日,因暴雨成灾,成熟稻谷,被冲毁甚多,尤以该县太平乡李家桥、青云乡之木天河,雨势更凶,并淹毙人畜不少,尸浮数里之外。(湖北省自然灾害历史资料)

公安:县属沅陵洲窑尾尖溃决,被水淹没。天长垸李家湾堤、……等均于民国三十五年七月八、九、十日相继漫溃。八月二十六日,伏汛猛涨致鼎新六合天长沅陵洲顺河大堤,先后漫溃,计淹没田亩一万余亩,受灾人口约八千人,灾情至为惨重。(湖北省自然灾害历史资料)

监利:县属东荆河堤黄家湾段申哿(九月二十日)溃口,淹没良田一万余亩。监利县秦家月溃决,淹及沔属田亩二十万亩以上,潜属十万亩以上,监属三万亩左右。(湖北省自然灾害历史资料)

石首:罗城垸地方,十二日水面低于堤面仅一英尺。情势颇为危险。(湖北省自然灾害历史资料)

汉川:春潦,秋旱,收成甚薄,十室九空,哀鸿遍野。(湖北省自然灾害历史资料) 七月大水,汪家河、襄河南垸均溃,受灾面积一千四百三十五平方公里。(《汉川县简志》)

汉阳:世成垸原有排水涵洞崩塌。受今年雨水之影响,有两千余市亩之田被淹。(湖北省自然灾害历史资料)

武昌:小王家湖、大王家湖、清宁湖、何家湖、野湖等,今年入夏以来,阴雨连绵,湖水大涨,多数田亩被淹。损失谷收数十万石。(湖北省自然灾害历史资料)

嘉鱼:四月,气候恶劣,无日不雨,甚至大雨倾盆。(湖北省自然灾害历史资料)

蒲圻:蒲圻双合垸于二十六年四月间,山洪暴涨,冲溃上垸,加之频年水患,溃口愈大而愈多。(湖北省自然灾害历史资料)

黄冈:县永康堤七月十三日被水冲溃,受灾田亩一千三百二十亩。(湖北省自然灾害历史资料)

蕲春:县属刘公河、白水池等地,因连日淫雨,一时江河水涨,山洪暴发,所有禾稻,悉被淹没。七月上半月,淫雨滂沱,洪水泛滥。受灾田亩,为

六万七千四百九十亩。（湖北省自然灾害历史资料）

旱涝等级：恩、宜两地区，二级；荆州地区，二级；孝感地区，二级；咸宁地区，二级；黄冈地区，二级。

1947 年　民国三十六年

鄂北一带，入春以来，雨量稀少。酿成旱灾。尤以竹山、郧县、房县、竹溪等县为最旱。春收业已绝望。粮食上涨不已。（湖北省自然灾害历史资料）

三十六年度鄂省领水火赈款县份：江陵、当阳、枝江、公安、石首、枣阳、潜江、远安、通城、宜昌、襄阳、孝感、京山、咸丰、钟祥、汉阳、罗田、郧县。（湖北省自然灾害历史资料）

汉口：连日大雨倾盆，长江水位三十一日又告上升，为二十四点七七公尺。（湖北省自然灾害历史资料）

均县：久旱不雨，灾象已成。米价飞涨，人心惶恐。（湖北省自然灾害历史资料）

竹溪：五月，竹溪遭受冰雹之灾，冰块大如碗形，下降五六小时。春收之大小麦，豌豆等农作物，及民房树木均被摧毁，损失惨重。（湖北省自然灾害历史资料）

房县：五月二十日下午五时许，黑云密布，暴风大作，电闪雷轰，令人骇异。迨七时左右，初则大雨倾盆，继则冰雹密落，震动之声，如掷弹爆发之状，其大者如砖块，次者如茶杯，较次者如鸡蛋，迄至九时三十分冰雹始止，……受灾区域，纵横不下二百余里，尤以树享乡之五、七、八、九、十七、十九、二十等保灾情为最惨重。冰雹之翌日，乡人拾获未化完之冰雹，足有老秤四斤半重量，其冰块较人头小。（湖北省自然灾害历史资料）

各乡受旱。如保、房交界之大小川，均、房交界之官山河一带灾情特重。难民死亡，日有增加。（湖北省自然灾害历史资料）

襄阳：五月，襄阳冰雹，大如碗形的冰块，下降长达五小时之久。大麦小麦豌豆等农作物及民房树木,俱被摧毁,损失惨重。(湖北省自然灾害历史资料)　自七月一日起,阴雨不止,五日午后至六日午前,狂风暴雨,势如排山倒海,达二十四小时之久,仍未稍歇,此后二十余日,更淫雨连绵,迄未间断,于是洪水横流,泛滥无际,受灾之深,以璩湾乡为最,境内东西达十公里,南北约五公里,尽成泽国,沿岸人畜禾苗房舍,以及粮食农具,俱被冲没,损失无算。(湖北省自然灾害历史资料)

枣阳:西北之徐赛、湘河、太平、杨档等乡气候突变,天降冰雹,大者如卵,受灾面积,纵横达五十华里,所有受灾区内,麦禾全毁,人畜受伤亦多,鸟雀死伤无数,灾情惨重。(湖北省自然灾害历史资料)　七月五日,大雨,东河河堤溃决二段,河水泛滥。城东关顺城关一带房屋被漂没者约五千间以上,两岸土地、人畜之损失甚重。(湖北省自然灾害历史资料)

保康:旱灾。禾苗枯槁,春收失望。现在旱象日益严重。(湖北省自然灾害历史资料)

随县:入夏以来,淫雨为灾,山洪时发,庐舍农作畜物冲没颇多,灾象既成,哀鸿遍野。(湖北省自然灾害历史资料)

巴东:金果乡于七月五日,大雨倾盆。全乡田园,约有十分之六,遭受淹没,已成泽国。内有六十户受灾最惨。(湖北省自然灾害历史资料)

宜昌:长江上游水位陡涨,沙市已濒险境。宜昌水位,八日陡涨十尺。(湖北省自然灾害历史资料)

远安:远安县报送水灾勘查状况表,请转省府赈济。(湖北省自然灾害历史资料)

当阳:七月四日大雨,山洪暴发,本县沮、漳两岸田禾完全淹没。(湖北省自然灾害历史资料)

枝江:连日沮漳二河,山洪暴发,长江水位上涨,荆江堤仅高出水面二尺,枝江县属濒临沮、漳河之民堤,共和堤,六日溃决成灾。(湖北省自然灾害历史资料)

五峰:旱灾惨重。(湖北省自然灾害历史资料)

江陵:七月十日,东荆河北堤万家行溃口,受灾田亩三千余亩,受灾人数五百余人。八月五日下午六时,江陵县属民堤南五洲垸沅陵洲张家榨地方溃决成灾,溃面二十余丈,被淹田地共五千余亩。(湖北省自然灾害历史资料)

钟祥:丰冠堤三十六年溃决成灾。钟祥民堤决口,淹没农田四万八千余亩。(湖北省自然灾害历史资料)

潜江:东荆河江陵六垸邓家祠于午真(七月十一日)溃决,该县及江、监、沔等县均遭巨浸。(湖北省自然灾害历史资料)

沔阳:天星垸七月九日因襄水过高漫溃,灾情惨重。(湖北省自然灾害历史资料)

公安:八月三、五两日,公安县属六合、沅陵两垸,相继溃决。天长、鼎新、六合、沅陵三十四垸溃口。(湖北省自然灾害历史资料)

石首:八月三日下午四时,石首县护城垸溃决。沅陵洲及学堂垸民堤于微(五日)晚溃决。(湖北省自然灾害历史资料)

安陆:月初涢河水位突增数尺,涨势甚凶,并因山洪暴发,四水倒灌,北关各小河,在两小时内泛滥数里之遥。(湖北省自然灾害历史资料) 旱灾之余,现值青黄不接,灾民逐日加多。(湖北省自然灾害历史资料)

汉川:七月,大水。(《汉川县简志》)

武昌:青山区域发生蝗虫。农作物被食一空。农民焦灼万分。(湖北省自然灾害历史资料)

通城:大雨浃旬,水灾惨重。(湖北省自然灾害历史资料)

黄冈:七月二十八日,黄冈县属东曹民堤,由废闸旧址冲溃,淹没田一千八百四十市亩。八月九日晨,永康民堤溃决,淹没田地约一千八百八十市亩。十日夏河乡三道国民堤溃决三十余丈。(湖北省自然灾害历史资料) 农作物因受天旱影响,稻秧插下很少。(湖北省自然灾害历史资料)

蕲春:民堤计有永福、余家塞、……八垸均于本年七、八月间,先后溃决成灾。(湖北省自然灾害历史资料)

旱涝等级:郧、襄两地区,二级;恩、宜两地区,二级;荆州地区,二级;孝感地区,二级;咸宁地区,二级;黄冈地区,二级。

1948 年　民国三十七年

截至七月十五日止,已有三十多县连报水灾,泛滥已达八百三十余万亩,受灾人民共有三百七十余万人,其中以沔阳为最重。受灾面积达八十余万亩。次为江陵、天门两县,各七十余万亩。孝感六十余万亩,监利四十余万亩,汉阳、汉川、松滋、黄冈四县各三十余万亩,麻城、蕲春、公安、应城、阳新、石首、咸宁七县各三十余万亩,黄安、黄陂、黄梅、鄂城、广济、枝江、蒲圻、竹山、武昌、嘉鱼、云梦、通山、保康、咸丰等十四县各十余万亩。(湖北省自然灾害历史资料)

省社会处又接到宜都、崇阳、浠水、利川、宜昌、来凤、通城等七县惨遭水灾报告又兴山县亦于前周,因遭雹灾损失惨重。截至三十日止,先后报水灾县已达四十县。(湖北省自然灾害历史资料)

汉口:连日倾盆大雨,张公堤内后湖一带,已成一片汪洋,农作物全部淹没,损失惨重。(湖北省自然灾害历史资料)

宜昌:长江水位,普遍上涨。七月九日,宜昌水位为五十点六九公尺。(湖北省自然灾害历史资料)

兴山:七月下旬,兴山遭受雹灾,损失惨重。(湖北省自然灾害历史资料)

远安:县城西北角河堤,临近沮水,自民国二十四年洪水后,本年复遭大水。西北城角河堤冲毁达十余丈。(湖北省自然灾害历史资料)

枝江:四月,枝江董市福星垸上年江水泛涨,江岸崩溃二十余丈,目前水位超过董市。又百里洲曹家河堤段崩挫一百五十余丈,堤防堪虞。(湖北省自然灾害历史资料)

宜都:近来各地大雨,自七月二十日起,江水跳涨。已达三十五年洪水位之高点,各民垸受内侵外渍影响,垸田大半淹没,堤身亦极危殆。(湖北省自然灾害历史资料)

江陵:哑巴堤于七月十日夜崩溃,长约二十公尺,并有其他溃口四处。

龙州大垸七月二十日夜溃决。谢古垸二十一日溃决。本年积水成灾遍县境,龙洲、谢古、南五洲、穆黎莲等四垸惨遭溃口,田园尽没。(湖北省自然灾害历史资料)

荆门:连日大雨,山洪暴发,黄瓦干堤,所属之黄堤坝,罗家口、江家口、姚家口、刘家口,闸口等处堤防于西支(十月四日)因汉水暴涨,同时溃决,致有关沙洋等各乡镇均被水淹,冲流房屋,淹毙人畜不忍言状。(湖北省自然灾害历史资料)

沔阳:马家码头及汉川茨湾两处堤防,因水位超过历年洪水记录,不幸溃决。(湖北省自然灾害历史资料)

公安:本年春雨绵延,加以桃汛过早,致使堤外水较堤内渍水,高过一丈多,划闸失去效用,渍水无法外放,被淹没田达七千多万亩,豆麦完全腐烂,稻谷无法秧种,几十万人民生活无依,嗷嗷待哺。(湖北省自然灾害历史资料)

监利:双鸣寺附近之肖家台、赵家台、口部流溃,谭马五垸已成泽国。七月三十日,沔阳马家码头溃决,江水横灌监利县属王刘乡。中除三汊、中洲、长垸三垸外,余多溃决。聂河乡接近白垸湖,亦有二保民垸被淹。(湖北省自然灾害历史资料)

石首:本年夏泛,将南堤冲破两口,水势疾入小河,水位激增,直达洞庭,两岸垸堤多被溃决,东西两干垸均遭冲洗崩坍之危险。(湖北省自然灾害历史资料)

汉川:大水。(《汉川县简志》)

汉阳:新合垸以连日大雨倾盆,水势暴涨,于昨二十日夜半漫溃,垸内已成泽国,禾苗悉被淹尽。(湖北省自然灾害历史资料)

咸宁:连日淫雨,山洪暴发,县属之怀德、安化、和乐、忠贞、孝友、平治、义昭、崇礼等八乡镇尽成泽国,尤以怀镇及忠贞,平治二乡受灾最惨。八乡镇人口约五万四千余人,多系贫农,田亩被水淹没者约二十三万余亩。此次受灾区之大为历年所罕有。(湖北省自然灾害历史资料)

武昌:土地堂乡因连日淫雨,梁湖积水暴涨,稻田淹没十分之七八,麦秧损失殆尽,灾象已成,农民不胜其苦。法泗州一带,因淫雨兼旬,加以咸宁、蒲圻两县山洪暴发悉成泽国。(湖北省自然灾害历史资料)

嘉鱼:护县垸于阴历六月二十日溃决云字号堤,计长九十八公尺,全垸淹没。金水流域,地势低洼,积潦成灾。夏汛竟淹没四十余万亩之广。田庐毁尽,颗粒无收。(湖北省自然灾害历史资料)

阳新:县燕厦乡大堰八道,小堰二十道,均遭山洪冲毁。(湖北省自然灾害历史资料)

蒲圻:本年春,淫雨月余,浩荡无涯。……致本垸积水,无从外溢。所种豆麦,完全烂坏,已种田禾概被淹没。(湖北省自然灾害历史资料)

黄冈:县属新寿堤于(七月)十一日下午四时,因江洪浪大,发现溃决地段,经抢堵无效,所辖田亩,全部淹没。(湖北省自然灾害历史资料)

浠水:万寿、北永……十处,三七年均因内溃成灾。(湖北省自然灾害历史资料) 雨溃成灾。(《浠水县简志》)

蕲春:民安民堤于午养(七月二十二日)溃决,堤内全部受灾。(湖北省自然灾害历史资料)

黄梅:马华堤王家洲段于十六日溃决,鄂境黄梅,皖境宿松、望江均受灾害。因马华堤溃口过长,……除王家圩、潘新圩目前尚未发生大险外,其余八个圩区均已溃决,淹没田地达三十余万亩。(湖北省自然灾害历史资料)

广济:县属恒丰堤梗(二十三日)水高堤身,泛溢十余丈。罗城堤下首之王家、牛角、新塘圩于七月三十一日溃决,口门长二十余丈,围内面积横有五华里,长有八华里。(湖北省自然灾害历史资料)

旱涝等级:恩、宜两地区,二级;荆州地区,一级;孝感地区,二级;咸宁地区,一级;黄冈地区,二级。

1949 年

自入秋以来,继黄河涨水之后,湖北省襄河及东荆河支流因上游秋雨连绵,水势亦突告猛涨,各处河堤险工相继进入紧急状态。汉川县峻德堡,天门县长春观、蒋家滩三处干堤因抢救不及,于十五日、十七日相继决口。前两处溃口长达一百五十余公尺。(湖北省自然灾害历史资料) 六月下旬以后,长江、襄河水位上涨,七月八日,堤垸先后溃决成灾。据不完全统计,沔阳全县百分之二十六的田亩被淹,监利全县百分之五十七的田亩被淹,黄梅全县百分之六十的田亩被淹,黄冈全县百分之三十被淹。(湖北省自然灾害历史资料)

黄陂、石首、天门等县,今年江水泛滥成灾,现各县人民政府正进行赈济。(湖北省自然灾害历史资料)

潜江:九月中旬水涨,水势过大,柴家刬、丁家台、新沟嘴、杨林祠中间三处和杨林关一处共六处倒口。城关、总口两区全被水淹,小北、熊口两区也有一部分被淹。荆州专署拨粮十万斤赈济该县灾民。(湖北省自然灾害历史资料)

沔阳:七月十二日,骤起狂风暴雨,江水陡长一公尺左右,多处险工同时出险。经日夜冒雨抢修,大部分获救,而另一部分险口因抢救无效,终于决口七处,……灾民约达三十余万,灾情颇为严重。(湖北省自然灾害历史资料)

监利:县之太马垸、上观庙等处,三十八年溃决。(湖北省自然灾害历史资料)

孝感:日来因环河及湖水上涨,孝感县城南十一区,八区部分已遭水灾,据悉淹没稻田达数千石。(湖北省自然灾害历史资料)

八月二十三日因连日大雨,山洪暴发,沿河沿湖地区都成泽国,仅孝感一县被灾面积即达八十个保。(湖北省自然灾害历史资料)

夏末秋初,水灾遍及小河、花园、白沙、……十个区,受灾田地三万五千六百一十四亩,灾民十五万二千四百八十八人,损坏房屋一千三百三十间。(《孝感县简志》)

汉川:九月大水,峻德堡干堤决口。(《汉川县简志》) 襄河北岸干堤,峻德堤于九月十五日溃口。荆河新沟坝附近亦于本月十五日晚决。(湖北

省自然灾害历史资料)

汉阳:金牛乡第一村接三合垸沿襄河干堤,名柴林垸,因襄河泛滥于古历六月十五日崩溃,全部农产物被水淹死,颗粒无收。汉阳县境之姚江湖堤于本月十日下午八时,在该堤局湾地方溃决,沿堤两乡地区被淹。(湖北省自然灾害历史资料)

嘉鱼:七月十二日下午狂风暴雨,彻夜未止,甘家码头茶庵庙干堤及右岸万成垸横河民堤相继溃决。(湖北省自然灾害历史资料)

黄冈:黄冈水灾严重,请按照勘报灾情予以救济。(湖北省自然灾害历史资料)

浠水:浠水水灾地区由于一连三年都受害,今年据不完全统计,受灾面积在十万亩以上,重灾区人口约三万以上。(湖北省自然灾害历史资料)水、旱、虫三灾都有。(《浠水县简志》)

旱涝等级:荆州地区,二级;孝感地区,二级;咸宁地区,三级;黄冈地区,二级。

1950 年

本省各地近因久旱不雨,致有的地方旱苗干枯,有的地方秧未插下,如襄阳吕堰一及鄂东之麻城,棉花已全部干死。据农业厅估计,孝感专区未种之稻,礼山约二十万亩,应山四十万亩,随县二十五万亩,安陆、孝感、黄陂、黄安约三十万亩。黄冈专区之英山、罗田约二十万亩,麻城三十万亩,黄冈三十万亩,共计一百九十五万亩。又襄阳稻虽已插下,近普遍缺水,如继续干旱,亦颇堪虞。(湖北省民政局各种灾害统计表)

旱灾六十七万亩,成灾三十四万亩。黄冈专区:黄冈六万二千亩,麻城二千五百亩,蕲春九万亩,浠水三千六百亩,广济一万一千亩。沔阳专区:汉川二万一千亩,蒲圻一万六千亩。大冶专区:阳新九万亩,通城八万亩,咸宁十九万亩,武昌一万五千亩,大冶六百亩,崇阳二万九千亩,通山六万亩。(湖北省民政局各种灾害统计表)

水灾田亩八百二十七万亩,受灾人口二百一十四万人,损失房屋六万二千间。(湖北省民政局各种灾害统计表) 郧阳专区:竹山五千六百亩,房县八万亩。襄阳专区:襄阳十万零九千亩,光化六万九千亩,谷城六千一百亩,枣阳一万三千亩,保康一万五千亩,宜城一万五千亩,南漳七千七百亩,洪山三万亩。恩施专区:恩施三千五百亩,巴东五万四千亩,建始六千九百亩,利川三千亩,宣恩五千四百亩,鹤峰六千七百亩,咸丰二万一千亩,来凤八千亩。宜昌专区:宜昌一万五千亩,兴山四千亩,远安五千亩,秭归一万二千亩,当阳十一万二千亩,长阳七万二千亩,枝江七万亩,宜都四千亩,五峰三万六千亩。荆州地区:江陵三十五万四千亩,钟祥九万亩,荆门八万五千亩,天门十七万九千亩,潜江八万亩,松滋十八万亩,公安八万六千亩。沔阳专区:沔阳十二万五千亩,监利一万七千亩,石首三千五百亩,汉川二十二万九千亩,汉阳三万二千亩,嘉鱼四百亩。孝感专区:孝感十六万八千亩,应山七千八百亩,礼山一万七千亩,安陆七万亩,云梦十七万亩,应城十一万五千亩,黄陂二万亩,随县一万六千亩,黄安一千六百亩。大冶专区:鄂城三百亩,阳新二万一千亩。黄冈专区:黄冈二十万零七千亩,麻城十五万七千亩,浠水二千八百亩,蕲春二千六百亩。

旱涝等级:郧、襄两地区,三级;恩、宜两地区,三级;荆州地区,三级;孝感地区,四级;咸宁地区,四级;黄冈地区,四级。

1951 年

七月中旬大雨连绵,山洪暴发,来势凶猛,天门、沔阳、石首、监利、潜江、公安、宜都、枝江、远安、兴山、当阳、南漳、洪山、保康、宜城、蒲圻、咸宁、鄂城、阳新、大冶、武昌、云梦、礼山、应城、安陆、应山、孝感、浠水、蕲春、黄梅、罗田、广济、黄冈、英山及黄石市三十五县市,淹田九十六万亩,其中十五万亩无收。(湖北省民政局各种灾害统计表)

近两月来雨量稀少,全省不少地区发生旱灾,以黄冈、孝感、襄阳专区为主。(湖北省民政局各种灾害统计表)

受灾：大别山、大洪山地区的黄冈、麻城、英山、罗田、应山、安陆、红安、礼山、随县、谷城、宜城等十一县最重。三分之一稻田未插上，已插上的呈枯萎状态。一些溪河断流。（湖北省民政局各种灾害统计表）

襄阳专区除局地南漳、保康外，其余各县均旱。春棉枯黄十之三。

孝感、云梦、黄陂、应城的百分之五十至百分之九十田已干裂，禾苗枯萎。（湖北省民政局各种灾害统计表）

恩施专区自五月三十一日至六月八日一连九日大雨成灾。洋芋减收百分之三十到百分之四十。当阳、长阳局地受渍。荆州专区沿江积水不能插秧。（湖北省民政局各种灾害统计表）

六月二十四日以前，灾情已普及五百万人口（旱灾）。二十七、二十八、二十九三日，各地普降二至四寸深雨水，旱情解除。云梦、安陆、孝感、应城等县发生水灾，襄河水位陡涨，防洪。（湖北省民政局各种灾害统计表）

七月底至八月上旬，大冶、阳新、鄂城、通城、应山、礼山、罗田、沔阳、枝江等县发生旱灾。（湖北省民政局各种灾害统计表）

本年入春以来，气候失调，雨多天冷，尤其四月中旬，不少地区又发生雹、水、虫、死秧等灾。（湖北省民政局各种灾害统计表）

死秧情况：据大冶、孝感、宜昌、沔阳、荆州、黄冈、郧阳七个专区的材料，一般占百分之三十以上，重者百分之六十以上，个别地区达十分之九，最轻的也在百分之三十以上。（湖北省民政局各种灾害统计表）

五月间（自四日至二十五日），光化、宜城、南漳、襄阳、钟祥、江陵、荆门、监利、广济、麻城、罗田、远安、当阳、沔阳等十四个县先后发生雹灾，钟祥连续遭雹二次。一般是风雹并致。大者五斤，降时一小时之久。襄阳平地积雹五寸。当阳一万四千亩棉苗打光。光化六万亩豆麦百分之八十无收。钟祥六万七千亩，其中大麦减收百分之二十，小麦百分之四十，蚕豆百分之九十。（湖北省民政局各种灾害统计表）

旱涝等级：郧、襄两地区，四级；恩、宜两地区，三级；荆州地区，三级；孝感地区，四级；咸宁地区，三级；黄冈地区，四级。

1952 年

我省入夏以来,因久旱不雨,大部地区受旱,至八月间旱灾已成定局。全省旱灾面积轻重共七百九十一万多亩。(湖北省民政局各种灾害统计表)

黄冈专区旱灾二百四十五万亩,其中重灾一百一十七万亩。孝感专区旱灾二百七十三万亩,其中重灾一百一十六万亩。襄阳专区旱灾一百七十七万亩,其中重灾一百一十五万亩。荆州专区旱灾九十七万亩,其中重灾四十一万亩。受旱各县是:襄阳、谷城、枣阳、南漳、宜城、随县、洪山、江陵、钟祥、荆门、京山、天门、潜江、公安、监利、洪湖、石首、沔阳、孝感、应山、大悟、安陆、云梦、应城、黄陂、武昌、鄂城、大冶、阳新、通山、黄冈、红安、麻城、胜利、罗田、英山、浠水、蕲春、广济、新洲、黄梅、汉阳、汉川、崇阳、嘉鱼、蒲圻、咸宁。(湖北省民政局各种灾害统计表)

荆州专区水灾面积为一百三十三万亩,其中重灾七十九万亩。计有江陵、钟祥、荆门、天门、潜江、沔阳、松滋、公安、监利、洪湖、石首等十一个县遭受水灾。黄冈专区有十八万亩水灾,没有重灾只有轻灾。计有黄冈、浠水、蕲春、黄梅、鄂城、大冶、阳新、新洲八个县受水成灾。(湖北省民政局各种灾害统计表)

郧阳、恩施、宜昌三专区水、旱灾皆小、少,未统计。(湖北省民政局各种灾害统计表)

旱涝等级:郧、襄两地区,四级;恩、宜两地区,三级;荆州地区,三级;孝感地区,四级;咸宁地区,四级;黄冈地区,五级。

1953 年

本年以旱灾较为普遍而严重,有四十九个县的大部或少部分区乡遭受旱灾。水灾,主要是山洪暴发,有三十五个县的部分地区先后发生山洪,以黄冈专区较为严重。雹灾,先后发生三次,有三十二个县的部分地区遭受

雹灾,有少数区乡甚为严重。风灾发生在水稻黄熟期,尤以东部地区水稻倒伏生芽现象比较普遍。(湖北省民政局各种灾害统计表)

全省受旱一百四十二万亩,其中重灾三十二万亩。水灾一百万亩,其中重灾二十七万亩。

郧西、竹溪、竹山、襄阳、光化、宜城、随县、钟祥、荆门、京山、应山、安陆、蒲圻、崇阳、通城、巴东、建始、利川、咸丰、兴山、秭归、当阳、长阳、枝江等二十四个县遭受旱灾。(湖北省民政局各种灾害统计表)

竹山、襄阳、宜城、钟祥、汉川、鄂城、咸宁、阳新、英山、新洲、蕲春、广济、黄梅等十三个县因水成灾。(湖北省民政局各种灾害统计表)

旱涝等级:郧、襄两地区,三级;恩、宜两地区,三级;荆州地区,三级;孝感地区,三级;咸宁地区,三级;黄冈地区,三级。

1954 年

今年四月下旬以来,我省绵雨不断,致使江河水位暴涨,湖泊满溢,酿成百年来未有的严重灾害。全省六个专区无一幸免。以荆州、孝感、黄冈三专区最严重。襄、宜、恩三专区次之。全省七十五个县,有六十四县一市受灾,成灾田亩二千二百七十万亩,占省总面积的百分之三十六。其中重灾县计有枝江、江陵、钟祥、荆门、天门、潜江、沔阳、松滋、公安、监利、洪湖、石首、孝感、云梦、应城、黄陂、汉川、汉阳、武昌、鄂城、嘉鱼、阳新、蒲圻、大冶、黄冈、新洲、黄梅、广济、黄石市等二十八县一市。轻灾县计有竹溪、竹山、房县、襄阳、光化、谷城、枣阳、保康、随县、洪山、宜城、均县、郧西、郧县、宣恩、来凤、鹤峰、宜昌、兴山、当阳、长阳、宜都、荆门、应山、胜利、安陆、咸宁、通山、崇阳、通城、红安、麻城、英山、罗田、浠水、蕲春等三十六县。(湖北省民政局各种灾害统计表)

在受灾田亩中,重灾田亩二千一百万亩,占灾田百分之九十二点五;轻灾田亩一百七十万亩,占灾田百分之七点五。其中分洪成灾九百二十三万亩,占灾田百分之四十点七;溃口成灾三百八十七万亩,占灾田百分之十七;渍水成灾六百三十九万亩,占灾田百分之二十八点一;山洪成灾三百二十二万亩,占灾田百分之十四点二。

一九五四年五月三十一日晚及六月一日,全省三个地区的十四个县遭受轻重不同的冰雹灾害,历时半小时左右。黄冈地区有:麻城、广济、新洲、浠水、胜利、罗田等六县。荆州专区的潜江、荆门、京山、钟祥、天门等五县。襄阳专区的郧县、郧西、竹溪等三县。冰雹大者五斤,一般如鸡蛋,小者如蚕豆。共损棉田九千九百七十三亩。(湖北省民政局各种灾害统计表)

襄阳专区的随县、均县、枣阳、襄阳、郧县、郧西有旱象。水利好的有百分之十左右未插上秧,水利差的有百分之五十未插上秧。(湖北省民政局各种灾害统计表)

荆州专区被渍田亩中,以棉花、大小麦、豌豆为主。春作物损失百分之三十左右。宜昌专区估计小麦减收百分之二十,严重的百分之四十到五十。(湖北省民政局各种灾害统计表)

旱涝等级:郧、襄两地区,二级;恩、宜两地区,二级;荆州地区,一级;孝感地区,一级;咸宁地区,一级;黄冈地区,一级。

1955 年

截至七月十日的材料,我省遭受山洪、渍水田地六百二十三万亩。(湖北省民政局各种灾害统计表)

受渍:荆州专区十一个县受渍田地二百四十六万亩,除渍水过深无法排救的六十五万多亩外,已排一百三十二万亩,占可救田地的百分之七十三。孝感专区十四个县共一百五十万亩,黄冈专区十四个县共一百六十三万亩,恩施专区一县三万三千亩,襄阳专区三县共四十六万亩。(湖北省民政局各种灾害统计表)

受灾十万亩以上的有:襄阳、江陵、天门、沔阳、潜江、松滋、公安、监利、洪湖、孝感、云梦、应城、黄陂、汉川、汉阳、黄冈、红安、新洲、浠水、黄梅、阳新。(湖北省民政局各种灾害统计表)

受灾五万至十万亩:枣阳、随县、咸宁、蒲圻、嘉鱼、大冶、麻城、英山、广济、蕲春。(湖北省民政局各种灾害统计表)

受灾一万至五万亩:来凤、荆门、京山、石首、大悟、安陆、武昌、崇阳、通山、罗田、胜利。(湖北省民政局各种灾害统计表)

荆州专区受灾田亩二百五十三万亩,占总田亩的百分之十四点二,无救田亩四十四万亩。(湖北省民政局各种灾害统计表)

孝感地区受灾田亩一百二十六万亩,占总田亩的百分之十一点八。无救田亩五十六万亩。(湖北省民政局各种灾害统计表)

黄冈专区受灾田亩一百五十七万亩,占总田亩的百分之十七点一。无救田亩二十七万亩。(湖北省民政局各种灾害统计表)

襄阳专区受灾田亩七十三万亩,占总田亩的百分之四点八。无救田亩二十二万亩。(湖北省民政局各种灾害统计表)

恩施专区受灾田亩十万亩,占总田亩的百分之二。无救田亩一千三百亩。(湖北省民政局各种灾害统计表)

宜昌专区受灾田亩十五万亩,占总田亩的百分之三。无救田亩六千亩。(湖北省民政局各种灾害统计表)

武汉市受灾田亩十八万亩,占总田亩的百分之三十五点八。无救田九万亩。(湖北省民政局各种灾害统计表)

旱涝等级:郧、襄两地区,三级;恩、宜两地区,三级;荆州地区,二级;孝感地区,二级;咸宁地区,三级;黄冈地区,二级。

1956 年

一九五六年农业生产获得空前丰收。但在部分地区,由于入春后,气候变化大,暴风雨多,如三月十七日至五月下旬,汉川、洪湖、恩施等十余县,先后发生七到八级大风冰雹灾。六、七、八三个月连降暴雨,山区发生山洪。江汉水位高,一些地区受渍淹。七月后,部分地区干旱,对晚秋冬播有影响。(湖北省民政局各种灾害统计表)

据反复核实,全省一九五六年成灾田亩一百八十三万亩。其中重灾田亩九十一万亩,轻灾田亩九十三万亩。(湖北省民政局各种灾害统计表)

三月十七日风雹灾,沿江受损很大。据不完全统计,吹倒坏房屋八千四百四十六栋。吹翻船只。蕲春油菜花吹掉百分之八十。(湖北省民政局各种灾害统计表)

大风冰雹出现在:当阳、宜都、江陵、天门、潜江、沔阳、松滋、公安、监利、洪湖、石首、云梦、孝感、汉川、汉口、武昌、嘉鱼、咸宁、蒲圻、崇阳、阳新、大冶、黄石、黄冈、新洲、蕲春等二十六个县。(湖北省民政局各种灾害统计表)

六月二十七日至二十九日,各地普降暴雨,量大,一般一百至一百五十毫米。主要集中在鄂东及恩施,还有襄阳、宜昌。受灾三十九个县,灾田一百一十三万亩,倒房八千五百二十二间,堤坝倒五千五百八十四处,溃垸二十七个,水库二十二个,塘堰七千六百九十二处。以黄冈最重。黄梅县城二十八日水深六、七尺。计有竹山、恩施、巴东、建始、利川、宣恩、咸丰、鹤峰、襄阳、枣阳、随县、江陵、钟祥、潜江、沔阳、石首、孝感、应山、大悟、云梦、应城、汉川、汉阳、武昌、嘉鱼、咸宁、阳新、大冶、鄂城、黄冈、红安、麻城、新洲、罗田、英山、浠水、蕲春、黄梅、广济等三十九个县遭受不同程度的洪涝灾害。(湖北省民政局各种灾害统计表)

旱涝等级:郧、襄两地区,二级;恩、宜两地区,二级;荆州地区,三级;孝感地区,三级;咸宁地区,二级;黄冈地区,二级。

1957 年

一九五七年,我省各地先后遭受风、雹、山洪、虫、旱等自然灾害,以秋旱最为严重。春季,恩施、襄阳、宜昌、孝感等专区的部分县因受风雹,夏收作物受到损失。入夏,一部分地区发生山洪,一部分地区发生虫害。从夏末到冬初,久晴不雨,各地普遍出现旱象,持续时久,旱情日益发展,受旱面积千万亩,严重威胁到秋季作物的成长和冬播的进行。部分地区反映,一九五七年的干旱,不仅是解放后最大,也是近几十年来所少见的。

核定全省一九五七年成灾县三十三个,其中以郧西、咸丰、竹山、巴东、长阳、应山、保康、建始、安陆、恩施、来凤、利川、宜都、通城、咸宁、竹溪、郧县、秭归等十八个县较重。成灾面积二百五十六万亩,占总田亩的百分之四点一,粮食减产三亿三千五百八十三万余斤。(湖北省民政局各种灾害统计表)

旱涝等级:郧、襄两地区,四级;恩、宜两地区,四级;荆州地区,四级;孝感地区,五级;咸宁地区,四级;黄冈地区,五级。

1958 年

三月下旬以来,我省沿江一带气候变化大,三月下旬和四月下旬连续发生三次特大的暴风雨和冰雹,风力一般达九至十级,个别十一级。日雨量在一百毫米左右,个别二百毫米,冰雹大的如砖,一般如鸡蛋大。荆州、孝感、黄冈、宜昌、恩施五个专区共二十八县受灾。受灾面积达二百三十一万亩,其中夏收作物一百五十五万亩,棉苗六十八万亩,秧苗七万六千亩,全倒房一万零四百九十六栋,坏五万一千六百七十三栋,襄江客轮在航行中一分钟内吹沉。(湖北省民政局各种灾害统计表)

四月二十二日和二十三日的风雹最大。这次受灾有荆、孝、黄、宜、恩五个专区的二十八个县——利川、宜昌、秭归、远安、宜都、五峰、钟祥、荆门、京山、天门、沔阳、大悟、汉川、汉阳、武昌、鄂城、大冶、蒲圻、嘉鱼、崇阳、红安、麻城、罗田、英山、兴山、长阳、潜江、阳新。受灾面积共二百三十一万亩。其中以汉川、汉阳、沔阳、天门、京山等五县较重。(湖北省民政局各种灾害统计表)

七月以来,我省襄阳、宜昌两个专区和荆州、恩施、孝感三个专区的部分地区降落暴雨,发生山洪,日雨量一般在一百毫米以上,个别在二百五十毫米。汉口、襄樊水位比一九五四年高零点九四公尺。(湖北省民政局各种灾害统计表)

全省受灾共有三十一个县,灾田二百七十三万余亩。倒房六万一千七百二十九间。(湖北省民政局各种灾害统计表)

当前的形势是水旱灾害同时并存,五个地区有三十个县遭洪水灾。旱情较重有黄冈、孝感、荆州、襄阳四个专区的十余县。(湖北省民政局各种灾害统计表)

宜昌专区当阳沮漳七月十七日、十八日两天暴雨,河水陡涨,几十年未有。(湖北省民政局各种灾害统计表)

襄阳专区沿襄河上游各县,七月五、六日及十七、十八日因暴雨,发生两次特大的山洪。十七日谷城降二百五十毫米,房县、竹山、郧西都有大山洪,损失很大。(湖北省民政局各种灾害统计表)

旱涝等级:郧、襄两地区,二级;恩、宜两地区,二级;荆州地区,二级;孝感地区,二级;咸宁地区,二级;黄冈地区,二级。

1959 年

全省五、六月份部分地区发生了山洪、风雹、渍水等自然灾害,受灾面积约四百零三万亩,其中无收一百二十三万亩,减产百分之五十以上一百二十万亩,倒房二万八千四百六十间,垮大水库一处,中水库四处,小水库五十处,塘堰三万八千二百八十四处。(湖北省民政局各种灾害统计表)

黄冈专区受灾一百零二万亩,无收三十五万亩。荆州专区受灾一百四十七万亩,无收五十一万亩。孝感专区受灾四十九万亩,无收二十一万亩。襄阳专区受灾七十一万亩,无收二万亩。宜都工业区受灾二万五千亩。恩施专区受灾三万五千亩,无收一万亩。武汉市受灾二十二万亩,无收十二万亩。黄石市受灾四万八千亩,无收一万二千亩。(湖北省民政局各种灾害统计表)

一九五九年全省受旱成灾面积为二千六百零一万亩,其中基本无收一千五百六十万亩。黄冈专区受旱成灾四百七十九万亩,其中基本无收三百二十二万亩。武汉地区受旱成灾四百七十四万亩,其中基本无收三百万亩。襄阳专区受旱成灾五百零四万亩，其中基本无收二百九十二万亩。荆州专区受旱成灾五百四十万亩，其中基本无收三百四十五万亩。恩施专区受旱成灾二百六十八万亩，其中基本无收一百零六万亩。宜都工业区受旱成灾二百五十五万亩，其中基本无收一百三十八万亩。武汉市郊受旱成灾四十三万亩，其中基本无收三十六万亩。黄石市受旱成灾二十九万亩，其中基本无收十七万亩。沙市受旱成灾二万八千亩，其中基本无收二万二千亩。宜昌市受旱成灾三万八千亩，基本无收一万三千亩。襄樊市受旱成灾一万四千亩，其中基本无收七千三百亩。（湖北省民政局各种灾害统计表）

受旱成灾有郧西、郧县、均县、竹溪、竹山、房县、襄阳、光化、谷城、枣阳、保康、南漳、随县、宜城、恩施、巴东、建始、利川、宣恩、咸丰、鹤峰、来凤、宜昌、兴山、远安、秭归、当阳、长阳、宜都、五峰、江陵、钟祥、京山、荆门、天门、潜江、沔阳、松滋、公安、监利、石首、洪湖、孝感、应山、大悟、安陆、云梦、应城、黄陂、汉川、汉阳、咸宁、武昌、嘉鱼、阳新、蒲圻、崇阳、通山、黄冈、红安、麻城、新洲、罗田、英山、浠水、蕲春、黄梅、广济、黄石市、武汉市等七十一个县市。（湖北省民政局各种灾害统计表）

旱涝等级：郧、襄两地区，五级；恩、宜两地区，五级；荆州地区，四级；孝感地区，五级；咸宁地区，五级；黄冈地区，五级。

1960 年

据四十四个市县统计受灾一千零五十一万亩，成灾八百九十五万亩，其中减产三至五成的三百三十九万亩，占百分之三十七点八；减产五至九成的二百二十三万亩，占百分之二十四点八；无收的三百三十四万亩，占百分之三十七点四。（湖北省民政局各种灾害统计表）

受灾县有：恩施、建始、巴东、宣恩、咸丰、来凤、宜昌、远安、兴山、长阳、五峰、江陵、钟祥、荆门、天门、沔阳、京山、潜江、公安、石首、沙市、应山、大悟、安陆、黄陂、汉川、咸宁、武昌、鄂城、崇阳、黄冈、红安、麻城、新洲、罗田、英山、浠水、广济、黄梅、黄石市、应城、蕲春、阳新、监利、松滋等四十五个县

市。（湖北省民政局各种灾害统计表）

旱涝等级：一九六○年，因没有水、旱的单项统计，所以没有进行旱涝分级。

1961 年

全省受旱面积二千九百五十二万亩，成灾面积二千一百二十二万亩。孝感地区受旱面积六百零九万亩，成灾的四百七十万亩。黄冈专区受旱三百七十九万亩，成灾的二百三十四万亩。荆州专区受旱七百八十七万亩，成灾的五百四十九万亩。襄阳受旱八百八十万亩，成灾的五百八十六万亩。宜昌专区受旱九十七万亩，成灾的七十万亩。恩施专区受旱一百三十一万亩，成灾的七十四万亩。武汉市受旱十四万亩，成灾的九万亩。黄石市受旱五十四万亩，成灾的五十四万亩。（湖北省民政局各种灾害统计表）

全省水灾面积六十万亩，成灾的三十四万亩。孝感专区水灾二万五千亩，成灾的一万二千亩。黄冈专区水灾八万九千亩，成灾的七万二千亩。荆州专区水灾二十八万八千亩，成灾的二十万零九千亩。襄阳专区水灾八万五千亩，成灾的三万五千亩。宜昌专区水灾四万亩，成灾的二万四千亩。恩施专区水灾四万七千亩，成灾的二万六千亩。武汉市水灾三万亩，成灾的一万二千亩。（湖北省民政局各种灾害统计表）

全省风灾面积一百六十一万亩，成灾的一百一十万亩。孝感专区受灾七千亩，成灾的三千亩。黄冈专区受灾十五万三千亩，成灾的十万零三千亩。荆州专区受灾六万二千亩，成灾的五万一千亩。襄阳专区受灾一百一十万零二千亩，成灾的七十六万八千亩。宜昌专区受灾三万六千亩，成灾的一万八千亩。恩施专区受灾二十五万亩，成灾的十五万八千亩。（湖北省民政局各种灾害统计表）

受旱成灾的县有：郧西、郧阳、竹溪、竹山、房县、襄阳、光化、谷城、枣阳、保康、南漳、随县、宜城、江陵、钟祥、荆门、京山、天门、潜江、松滋、公安、石首、监利、洪湖、孝感、应山、大悟、安陆、云梦、黄陂、应城、汉川、汉阳、咸宁、武昌、鄂城、嘉鱼、蒲圻、阳新、通山、崇阳、通城、黄冈、红安、麻城、新洲、罗田、英山、浠水、蕲春、黄梅、广济、恩施、巴东、建始、利川、宣恩、鹤峰、咸丰、来凤、宜昌、兴山、远安、秭归、当阳、长阳、宜都、五峰等六十八个县。（湖北省民政局各种灾害统计表）

水灾有郧西、竹溪、竹山、光化、枣阳、利川、宣恩、宜昌、远安、兴山、秭归、当阳、长阳、宜都、江陵、天门、潜江、沔阳、石首、监利、黄陂、汉阳、武昌、通山、黄梅、广济、黄冈等二十七个县。（湖北省民政局各种灾害统计表）

旱涝等级：郧、襄两地区，五级；恩、宜两地区，四级；荆州地区，四级；孝感地区，五级；咸宁地区，五级；黄冈地区，五级。

1962 年

全省旱虫灾一千三百三十二万亩，成灾的九百七十八万亩。水灾六百九十二万亩，成灾的四百三十三万亩。风雹灾七十四万亩，成灾的四十四万亩。由于今年夏季灾情不重，很多地区都没有单独报灾。灾害主要发生在秋季。（湖北省民政局各种灾害统计表）

襄阳专区受旱八百七十三万亩，成灾的六百四十五万亩。恩施专区受旱二十一万亩，成灾的十四万亩。宜昌专区受旱三十二万亩，成灾的十六万亩。荆州专区受旱一百一十一万亩，成灾的八十六万亩。孝感专区受旱二百五十万亩，成灾的一百九十四万亩。黄冈专区受旱四十六万亩，成灾的二十四万亩。（湖北省民政局各种灾害统计表）

受旱成灾的县有：郧西、郧县、竹溪、竹山、房县、均县、襄阳、光化、谷城、枣阳、保康、南漳、随县、宜城、利川、宣恩、咸丰、来凤、鹤峰、兴山、远安、秭归、当阳、长阳、五峰、江陵、荆门、京山、天门、潜江、松滋、石首、孝感、应山、大悟、安陆、云梦、应城、黄陂、武昌、鄂城、崇阳、红安、罗田、浠水、黄梅等四十六个县。（湖北省民政局各种灾害统计表）

旱涝等级：郧、襄两地区，五级；恩、宜两地区，三级；荆州地区，三级；孝感地区,四级;咸宁地区,四级;黄冈地区,三级。

1963 年

今年灾情是插花式的,县县有灾,县县不成灾。初夏灾情较重。秋作物丰收。(湖北省民政局各种灾害统计表)

全省旱灾七百四十九万亩,成灾的四百二十九万亩。水灾一千四百二十六万亩,成灾的九百一十六万亩。风灾九十九万亩,成灾的五十三万亩。雹灾三十六万亩,成灾的十九万亩。霜冻灾害一百四十九万亩,成灾的八十五万亩。成灾面积中,粮食作物减产三至五成的有七百七十七万亩;五至八成的三百九十三万亩八成以上的有二百五十二万亩。(湖北省民政局各种灾害统计表)

全省春夏季受灾一千七百五十七万亩,占播种面积的百分之四十二。成灾面积一千一百零七万亩,占播种面积的百分之二十六。减产粮食十万斤。受灾县三十余个。(湖北省民政局各种灾害统计表)

春夏受旱二百五十七万亩,成灾的一百三十七万亩。春夏水灾一千零五十一万亩,成灾的六百四十五万亩。春夏风灾三十四万亩,成灾的二十二万亩。春夏雹灾二十七万亩,成灾的十一万亩。春霜冻害一百三十八万亩,成灾的九十二万亩。春夏虫灾二百五十万亩,成灾的二百万亩。夏粮减产三至五成的五百二十三万亩,减产五至八成的二百六十四万亩,减八成以上的二百五十三万亩。(湖北省民政局各种灾害统计表)

黄冈专区受旱五万亩,成灾的三万亩。孝感专区受旱四十三万亩,成灾的十六万亩。荆州专区受旱七十七万亩,成灾的四十三万亩。襄阳专区受旱六十二万亩,成灾的四十万亩。宜昌专区受旱四十九万亩,成灾的二十三万亩。恩施专区受旱十三万亩,成灾的八万亩。(湖北省民政局各种灾害统计表)

黄冈专区水灾一百六十一万亩,成灾的一百万亩。孝感专区水灾二百七十七万亩,成灾的一百五十八万亩。荆州专区水灾七十八万亩,成灾的五十三万亩。襄阳专区水灾四百八十万亩,成灾的二百九十六万亩。宜昌

专区水灾九万亩，成灾的六万亩。恩施专区水灾十七万亩，成灾的九万亩。（湖北省民政局各种灾害统计表）

郧西、郧县、竹溪、竹山、均县、房县、襄阳、光化、枣阳、谷城、保康、南漳、随县、宜城、恩施、巴东、建始、利川、宣恩、鹤峰、来凤、宜昌、兴山、秭归、当阳、长阳、宜都、五峰、江陵、钟祥、荆门、天门、潜江、松滋、公安、监利、洪湖、石首、孝感、应山、大悟、安陆、云梦、应城、黄陂、汉川、汉阳、咸宁、武昌、鄂城、嘉鱼、蒲圻、通山、崇阳、阳新、通城、黄冈、红安、麻城、新洲、罗田、英山、浠水、蕲春、广济等六十五个县遭受水灾。（湖北省民政局各种灾害统计表）

郧西、郧县、均县、竹溪、竹山、房县、襄阳、光化、谷城、保康、南漳、宜城、江陵、钟祥、荆门、天门、潜江、松滋、公安、监利、洪湖、石首、安陆、黄陂、汉阳、嘉鱼、阳新、通山、麻城、浠水、黄梅、广济、恩施、巴东、建始、利川、宣恩、鹤峰、来凤、宜昌、兴山、远安、秭归、当阳、长阳、宜都、五峰等四十七个县受旱。（湖北省民政局各种灾害统计表）

旱涝等级：郧、襄两地区，一级；恩、宜两地区，三级；荆州地区，三级；孝感地区，二级；咸宁地区，二级；黄冈地区，二级。

1964 年

今年春夏季，我省大面积的地区长期阴雨，部分地区还发生暴雨、大风、冰雹、霜冻等灾害。因此，今年夏季的灾情比去年还要重一些。如襄阳专区去年的夏粮就严重减产，今年又比去年减产一亿多斤；孝感专区江北各县今年夏粮减产的幅度也比较大。（湖北省民政局各种灾害统计表）

全省水灾面积二千一百五十四万亩，成灾的一千二百九十七万亩。襄阳专区水灾一千一百七十万亩，成灾的七百万亩。荆州专区水灾四百九十九万亩，成灾的二百九十三万亩。黄冈专区水灾一百五十四万亩，成灾的九十六万亩。孝感专区一百九十四万亩，成灾的一百三十五万亩。宜昌专区水灾六十八万亩，成灾的三十三万亩。恩施专区水灾五十万亩，成灾的二十六万亩。武汉水灾十万亩,成灾的八万亩。受水灾的计有:郧西、郧县、均县、竹溪、竹山、房县、襄阳、光化、谷城、枣阳、保康、南漳、随县、宜城、恩施、巴东、建始、利川、宣恩、鹤峰、咸丰、来凤、宜昌、兴山、远安、秭归、当阳、长阳、枝江、宜都、五峰、江陵、钟祥、荆门、潜江、沔阳、公安、监利、洪湖、天门、松滋、石首、孝感、应山、大悟、安陆、云梦、应城、黄陂、汉川、汉阳、咸宁、武昌、鄂城、嘉鱼、阳新、蒲圻、崇阳、通城、黄冈、红安、麻城、新洲、英山、浠水、蕲春、黄梅、广济等六十八个县。(湖北省民政局各种灾害统计表)

　　全省受旱面积四百八十八万亩,成灾的二百三十五万亩。黄冈专区受旱二百二十八万亩,成灾的一百二十一万亩。孝感专区受旱六十二万亩,成灾的二十九万亩。荆州专区受旱六十二万亩,成灾的二十七万亩。襄阳专区受旱十五万亩,成灾的五万亩。宜昌专区受旱三十万亩,成灾的十万亩。恩施专区受旱六十四万亩,成灾的二十五万亩。受旱的计有:郧西、郧县、竹溪、竹山、房县、襄阳、保康、南漳、恩施、建始、巴东、利川、宣恩、鹤峰、咸丰、来凤、宜昌、兴山、秭归、当阳、长阳、枝江、宜都、五峰、江陵、钟祥、荆门、天门、潜江、沔阳、松滋、公安、监利、洪湖、石首、京山、大悟、安陆、应城、黄陂、应山、汉阳、鄂城、阳新、黄冈、红安、麻城、新洲、罗田、英山、浠水、蕲春、广济、咸宁、蒲圻、崇阳、通城、通山、黄梅、嘉鱼、宜城等六十一个县。(湖北省民政局各种灾害统计表)

　　全省山洪灾害有五十一万亩,成灾的三十二万亩。黄冈专区二十二万亩,成灾的十五万亩。孝感专区七万亩,成灾的四万亩。荆州专区三万亩,成灾的二万亩。襄阳专区十二万亩,成灾的七万亩。宜昌专区五万亩,成灾的二万亩。恩施专区三万亩,成灾的二万亩。受山洪灾害的计有:郧西、郧县、房县、谷城、襄阳、宜城、南漳、恩施、建始、宣恩、咸丰、来凤、宜昌、兴山、秭归、长阳、枝江、宜都、公安、荆门、洪湖、应山、大悟、黄陂、红安、麻城、罗田、英山、黄冈、蕲春、黄梅、广济、咸宁、鄂城、嘉鱼、通山、崇阳、通城、阳新等三十九个县。(湖北省民政局各种灾害统计表)

　　旱涝等级:郧、襄两地区,一级;恩、宜两地区,二级;荆州地区,二级;孝感地区,二级;咸宁地区,二级;黄冈地区,二级。

1965 年

我省气候比较正常。夏收作物基本无灾。秋收作物遭受到不同程度的自然灾害。第一是旱灾,夏秋之间干旱涉及三十多个县,部分地区旱情比较严重。第二是水灾,除襄阳、松滋二处遭受洪水外,九月间出现阴雨和低温,使晚秋作物较普遍受到严重的影响。第三是虫灾,水稻三化螟发生是建国来罕见。还有少数地区发生了风雹灾。(湖北省民政局各种灾害统计表)

全省受旱三百零八万亩,成灾的一百二十五万亩。黄冈专区受旱三十二万亩,成灾的十四万亩。孝感专区受旱九十五万亩,成灾的四十三万亩。咸宁专区受旱八万亩,成灾的三万亩。荆州专区受旱九十万亩,成灾的四十万亩。襄阳专区受旱三十五万亩,成灾的六万亩。郧阳专区受旱二十一万亩,成灾的八万亩。宜昌专区受旱十九万亩,成灾的七万亩。恩施专区十万亩,成灾的四万亩。受旱计有:郧县、竹溪、竹山、房县、枣阳、随县、恩施、巴东、利川、宣恩、咸丰、鹤峰、兴山、远安、当阳、长阳、枝江、五峰、江陵、钟祥、荆门、京山、潜江、公安、监利、洪湖、石首、孝感、应山、大悟、安陆、黄陂、应城、汉川、黄冈、红安、英山、广济、蒲圻、阳新等四十个县。(湖北省民政局各种灾害统计表)

全省水灾面积一百九十九万亩,成灾的一百五十万亩。黄冈专区水灾五万亩,成灾的一万亩。孝感专区水灾八万亩,成灾的六万亩。咸宁专区水灾五万亩,成灾的四万亩。荆州专区水灾一百三十二万亩,成灾的一百零八万亩。襄阳专区水灾三十六万亩,成灾的二十三万亩。郧阳专区水灾七万亩,成灾的四万亩。宜昌专区水灾四千亩,成灾的三千亩。恩施专区水灾六万亩,成灾的三万亩。受水灾的有:郧县、均县、竹溪、房县、襄阳、枣阳、随县、谷城、保康、恩施、巴东、利川、宣恩、咸丰、鹤峰、远安、长阳、五峰、江陵、钟祥、荆门、潜江、松滋、公安、监利、洪湖、石首、黄陂、安陆、云梦、汉川、蒲圻、崇阳、阳新、黄冈、英山、蕲春、广济等三十九个县。(湖北省民政

局各种灾害统计表）

　　全省风灾十万亩,成灾的六万亩。冰雹灾害三十一万亩,成灾的十五万亩。霜冻灾害二十九万亩,成灾的二十一万亩。（湖北省民政局各种灾害统计表）

　　旱涝等级:郧、襄两地区,三级;恩、宜两地区,三级;荆州地区,二级;孝感地区,四级;咸宁地区,三级;黄冈地区,四级。

1966 年

　　全省受灾面积三千五百一十四万亩,成灾面积一千七百二十三万亩,其中绝收面积三百八十万亩。（湖北省民政局各种灾害统计表）

　　全省受旱面积二千五百四十万亩,成灾的一千二百二十万亩。黄冈专区受旱二百八十二万亩,成灾的一百八十二万亩。孝感专区受旱二百八十九万亩,成灾的一百六十八万亩。咸宁专区受旱二百零六万亩,成灾的一百四十一万亩。荆州专区受旱七百一十六万亩,成灾的一百四十一万亩。襄阳专区受旱三百零九万亩,成灾的一百四十五万亩。郧阳专区受旱三百三十五万亩,成灾的二百零一万亩。宜昌专区受旱一百九十万亩,成灾的一百一十一万亩。恩施专区受旱一百七十六万亩,成灾的一百零七万亩。黄石市受旱三十八万亩,成灾的二十三万亩。计有郧西、郧县、均县、竹溪、竹山、房县、襄阳、光化、谷城、枣阳、保康、南漳、随县、宜城、恩施、巴东、建始、利川、宣恩、鹤峰、咸丰、来凤、宜昌、兴山、远安、秭归、当阳、长阳、枝江、宜都、五峰、江陵、钟祥、荆门、京山、天门、潜江、沔阳、松滋、公安、监利、石首、孝感、应山、大悟、安陆、云梦、应城、黄陂、汉川、汉阳、咸宁、武昌、鄂城、嘉鱼、蒲圻、阳新、通山、崇阳、通城、黄冈、红安、麻城、新洲、罗田、英山、浠水、蕲春、黄梅、广济等七十个县受旱成灾。（湖北省民政局各种灾害统计表）

　　全省水灾一百三十三万亩,成灾的二十六万亩。计有郧西、郧县、竹溪、竹山、房县、建始、利川、咸丰、宜昌、兴山、秭归、长阳、宜都、五峰、江陵、钟祥、潜江、松滋、公安、监利、石首、嘉鱼、阳新、通山、崇阳、通城、罗田、蕲春、广济等二十九个县受灾。(湖北省民政局各种灾害统计表)

全省霜冻灾害七百八十三万亩,成灾的四百五十四万亩。受霜冻危害的有郧县、竹溪、房县、襄阳、光化、随县、宜城、宜昌、长阳、潜江、洪湖、监利、孝感、应山、大悟、安陆、云梦、应城、黄陂、汉阳、咸宁、武昌、鄂城、嘉鱼、蒲圻、阳新、通山、崇阳、通城、红安、麻城、新洲、罗田、英山、浠水、黄冈、黄梅、广济等三十八个县。(湖北省民政局各种灾害统计表)

全省风灾三十二万亩,成灾十九万亩;受冰雹危害二十六万亩,成灾十四万亩。(湖北省民政局各种灾害统计表)

旱涝等级:郧、襄两地区,五级;恩、宜两地区,四级;荆州地区,四级;孝感地区,五级;咸宁地区,五级;黄冈地区,五级。

荆楚文库

附　　录

公元 1470 年以前的气候历史资料

前 903 年　周孝王七年

郧县:冬,雨雹,汉江冰。(《郧县志》)

襄阳:大雨电。江汉冰。(《襄阳县志》《襄阳府志》)

光化:冬,江汉冰。(《光化县志》)

宜城:冬,大雨雹。江汉冰。(《宜城县志》)

前 897 年　周孝王十三年

汉口:大雨雹。江汉冰。(《夏口县志》)

郧县:楚,大雨雹。江汉冰。(《郧县志》)

竹溪:楚,大雨雹。(《竹溪县志》)

襄阳:大雨雹。(《襄阳县志》《湖北通志》)　江汉冰。(《襄阳县志》《襄阳府志》《湖北通志》)

光化:江汉冰。(《光化县志》)

宜城:大雨雹。江汉冰。(《宜城县志》)

汉阳:江汉冰。(《汉阳县志》)

武昌:江汉冰。(《江夏县志》同治八年,《江夏县志》民国七年铅印)

前 611 年　周匡王二年

江陵:楚,大饥。(《江陵县志》《荆州府志拾遗》)

长阳:楚,大饥。(《长阳县志》)

前 235 年　秦始皇十二年

江陵:天下大饥,楚同。(《江陵县志》《荆州府志拾遗》)

前 186 年　西汉高后二年

长阳:南郡大水,水出流四千余家。(《长阳县志》)

前 185 年　西汉高后三年

郧阳:夏,汉中大水,流四千余家。(《郧县志》)

襄阳:江汉水溢,流四千余家。(《襄阳县志》)

光化:夏,江汉水溢。(《光化县志》)

宜城:夏,汉中南郡大水,水出,流四千余家。(《宜城县志》)

江陵:汉中南郡大水,流四千余家。(《江陵县志》《荆州府志拾遗》)

前 183 年　西汉高后五年

长阳:南郡大水,水出,流四千余家。(《长阳县志》)

前 180 年　西汉高后八年

郧县:夏,汉中水复溢,流六千余家。(《郧县志》)

襄阳:夏,江汉水溢,流万余家。(《襄阳县志》)

光化:夏,江汉水溢。(《光化县志》)

宜城:夏,汉中南郡水复出,流六千家。(《宜城县志》)

江陵:汉中南郡大水,流六千余家。(《江陵县志》《荆州府志拾遗》)

汉阳:夏,南郡水复出,流六千家。(《汉阳县志》)

前 155 年　西汉景帝前元二年

英山:衡山雨雹,大者五寸,深者三尺。(《英山县志》)

前 149 年　西汉景帝中元元年

英山:衡山原都雨雹,大者尺八寸。(《英山县志》)

前 37 年　西汉元帝建昭二年

十一月,齐、楚地大雪,深五尺。(《湖北通志》)

冬,荆州大雨雪。(《江陵县志》)

宜城:十一月,齐、楚地大雪,深五尺。(《宜城县志》)

前 31 年　西汉成帝建始二年

长阳:十一月,楚地大雪,深五尺。(《长阳县志》)

前 27 年　西汉成帝河平二年

宜城:四月楚国雨雹,大如斧,蜚鸟死。(《宜城县志》)

17 年　王莽天凤四年

秋,八月,荆州饥馑。民众入野,掘荸荠而食。(《荆州府志拾遗》《湖北通志》)

汉阳:秋八月,荆州饥馑,民众入野泽,掘荸荠而食之。更相侵夺。(《汉阳县志》)

92 年　东汉和帝永元四年

德安府旱,蝗。(《安陆府志》)
安陆:旱,蝗。(《安陆县志》)

101 年　东汉和帝永元十三年

荆州雨水。(《湖北通志》)

102 年　东汉和帝永元十四年

长阳:荆州淫雨,大伤农功。(《长阳县志》)
荆州:水雨淫过,多伤农功。(《湖北通志》)

127 年　东汉顺帝永建二年

夏,四月,荆郡淫雨伤稼。(《荆州府志拾遗》)

129 年　东汉顺帝永建四年

襄阳、宜城:荆部淫雨伤稼。(《襄阳县志》《宜城县志》)

五月,荆部淫雨伤稼。(《湖北通志》)

155 年　东汉桓帝永寿元年

襄阳:六月,南阳大水。(《襄阳县志》)

197 年　东汉献帝建安二年

汉口:秋,九月汉水溢。(《夏口县志》《汉口小志》)

郧县:秋,九月汉水溢,害民人。(《郧县志》)

竹溪:水溢,流害民人。(《竹溪县志》)

襄阳:九月,汉水溢,害民人。(《襄阳县志》)

光化:秋,九月,汉水溢。(《光化县志》)

宜城:九月,汉水溢,害民人。(《宜城县志》)

江陵:九月,汉水溢。(《江陵县志》《荆州府志拾遗》《湖北通志》)

德安府九月汉水流,害民人。(《安陆府志》)

安陆:大水。(九月汉水,流害民人。)(《安陆县志》)

汉阳:秋九月,汉水溢,害人民。(《汉阳县志》)

219 年　东汉献帝建安二十四年

郧县:秋八月,汉水溢流,害民人。(《郧县志》)

襄阳:八月,汉水溢,害人民。(《襄阳县志》)

光化:秋八月,汉水溢。(《光化县志》)

宜城:八月,汉水溢,害人民。(《宜城县志》)

江陵:秋,八月,汉水复溢。(《江陵县志》《荆州府志拾遗》)

德安府,八月,汉水溢,流害人民。(《安陆府志》)

安陆:八月,汉水溢,流害人民。(《安陆县志》)

230 年　蜀汉建兴八年

襄阳：九月，大雨，汉水溢。（《襄阳县志》）

宜城：九月，大雨，汉水溢。（《宜城县志》）

252 年　吴建兴元年

鄂城：十二月雷雨天灾。（《武昌县志》）

259 年　蜀汉景耀二年

光化：秋九月，大雨，汉水溢。（《光化县志》）

276 年　西晋咸宁二年

长阳：八月，荆州郡国大水。（《长阳县志》）

五月，荆州大水，漂流人民房屋四千余家。（《江陵县志》《荆州府志拾遗》《湖北通志》）

277 年　西晋咸宁三年

秋七月，荆州大水，冬十月又大水。（《江陵县志》《荆州府志拾遗》）

荆州大水。十月，又大水。（《湖北通志》）

278 年　西晋咸宁四年

长阳：复大水。（《长阳县志》）

七月，荆州大水，伤秋稼，坏屋室，有死者。（《湖北通志》）　荆州大水。螟。（《江陵县志》《荆州府志拾遗》）

281 年　西晋太康二年

六月，江夏大水杀人。（《湖北通志》）

六月泰山、江夏大水，泰山流三百家，杀六十余人，江夏亦杀人。（《安

陆府志》)

安陆：六月泰山、江夏大水，泰山流三百家，杀六十余人，江夏亦杀人。
（《安陆县志》)

283 年　西晋太康四年

十二月，荆州大水。（《江陵县志》《荆州府志拾遗》《湖北通志》)

295 年　西晋元康五年

夏，六月，荆州大水。（《湖北通志》)

江陵：夏，大水。（《江陵县志》《荆州府志拾遗》)

296 年　西晋元康六年

五月，荆州大水。（《湖北通志》)

297 年　西晋元康七年

秋，荆州大水。（《江陵县志》《荆州府志拾遗》)

298 年　西晋元康八年

九月，荆州大水。（《江陵县志》《荆州府志拾遗》《湖北通志》)

309 年　西晋永嘉三年

夏，五月大旱。江汉可涉。（《湖北通志》)

汉口：夏，五月大旱，江汉皆竭，可涉。（《夏口县志》）　大旱，江汉可
涉。（《汉口小志》)

宜昌：大旱，江汉可涉。（《东湖县志》)

长阳：大旱，江汉可涉。（《长阳县志》)

郧县：夏，五月大旱，江汉皆竭可涉。（《郧县志》)

襄阳：五月大旱，江汉可涉。（《襄阳县志》《襄阳府志》)

光化:夏,五月大旱,江汉可涉。(《光化县志》)

宜城:五月大旱,河洛江汉皆可涉。(《宜城县志》)

江陵:冬十月大旱,江汉皆可涉。(《江陵县志》《荆州府志拾遗》)

沔阳:大旱,江汉可涉。(《沔阳州志》)

松滋:大旱,江汉可涉。(《松滋县志》)

德安府五月大旱,河洛江汉皆可涉。(《安陆府志》)

安陆:五月大旱。河洛江汉皆竭可涉。(《安陆县志》)

汉阳:夏五月,大旱,江汉皆竭可涉。(《汉阳县志》)

武昌:夏五月,大旱,江汉皆竭可涉。(《江夏县志》同治八年,《江夏县志》民国十年铅印)

322 年　东晋永昌元年

五月,荆州大水。(《江陵县志》《荆州府志拾遗》《湖北通志》)

335 年　东晋咸康元年

八月,荆州大水溢,漂溺人畜。(《江陵县志》《荆州府志拾遗》)

379 年　东晋太元四年

六月,荆州大水。(《江陵县志》《荆州府志拾遗》)

381 年　东晋太元六年

汉口:夏,大水。(《夏口县志》)

夏,六月,荆州大水。(《湖北通志》《汉阳县志》)

390 年　东晋太元十五年

沔阳:秋八月,沔中诸郡大水。(《沔阳州志》)

393 年　东晋太元十八年

沔阳:夏,五月沔水泛溢。(《沔阳州志》)

394 年　东晋太元十九年

秋,七月,荆州大水。伤秋稼。(《湖北通志》) 荆州大水。 (《江陵县志》《荆州府志拾遗》)

395 年　东晋太元二十年

六月,荆州大水。(《荆州府志拾遗》《湖北通志》)

397 年　东晋太元二十二年

荆州大水。(《江陵县志》《荆州府志拾遗》)

399 年　东晋隆安三年

汉口:大水,平地三丈。(《夏口县志》)

宜昌:夏五月,荆江大水平地三尺。(《东湖县志》)

夏,五月,荆江大水。平地三尺。(《湖北通志》《荆州府志拾遗》《江陵县志》)

江陵:夏,四月,江陵雨雹。(《江陵县志》)

汉阳:荆州大水,平地三尺。(《汉阳县志》)

401 年　东晋隆安五年

江陵:夏,荆州大水。(《江陵县志》)

403 年　东晋元兴二年

江陵:五月大风拔木。(《江陵县志》)

404 年　东晋元兴三年

江陵:十一月丁酉,大风,多死者。(《江陵县志》) 四月雨雹,五月大风拔木。(《荆州府志拾遗》)

441 年　宋文帝元嘉十八年

钟祥:五月,沔水泛溢。(《湖北通志》《钟祥县志》)　六月戊辰,遣使赈赡。(《钟祥县志》)

455 年　宋孝建二年

襄阳:大水。(《襄阳县志》)
钟祥:九月,郢大水,遣赈。(《钟祥县志》)

457 年　宋大明元年

襄阳:秋九月,大水。(《襄阳府志》)

459 年　宋大明三年

荆州饥。(《荆州府志拾遗》)

460 年　宋大明四年

襄阳、宜城:八月,雍州大水。(《襄阳县志》《宜城县志》)
注:刘宋,侨置雍州于襄阳。

475 年　宋元徽三年

钟祥:郢大水,八月遣赈。(《钟祥县志》)

477 年　宋元徽五年

襄阳:七月雍州大水,平地数尺,百姓资财皆漂没,襄阳虚耗。(《襄阳府志》《襄阳县志》《湖北通志》)
宜城:七月雍州大水。(《宜城县志》)

503 年　梁天监二年

麻城:六月大水。(《麻城县志》)　六月大水,漂损居民资业。(《麻城

县志》）

507 年　梁天监六年

江陵：荆州大水，江溢堤坏。（《江陵县志》）

516 年　梁天监十五年

荆州大旱。（《江陵县志》《荆州府志拾遗》《湖北通志》《续修宜昌县志》）

552 年　梁承圣元年

英山：蕲春、晋熙、庐江等处大饥，死者十七八。（《英山县志》）

553 年　梁承圣二年

江陵：十月大风。（《江陵县志》）

554 年　梁承圣三年

江陵：十一月大风。（《江陵县志》）　九月大风。十一月大风。（《荆州府志拾遗》）

573 年　陈太建五年（北周建德二年）

随县：旱，涢流几绝。（《随州志》）
德安府旱，涢水绝流。（《安陆府志》）
安陆：大旱，涢水绝流。（《安陆县志》）

580 年　陈太建十二年

江陵：冬十月，江陵等郡大雨雹。（《江陵县志》《荆州府志拾遗》）

586 年　陈至德四年（隋文帝开皇六年）

襄阳、宜城：二月山南水。（《襄阳县志》《宜城县志》）

二月,荆州大水。(《江陵县志》) 二月山南荆、浙七州大水。(《荆州府志拾遗》《湖北通志》)

592 年　隋文帝开皇十二年

蒲圻:洪水泛溢,县沿漂流。(《蒲圻县乡土志》)

638 年　唐太宗贞观十二年

楚旱。(《湖北通志》)

641 年　唐太宗贞观十五年

宜都:冬至次年五月不雨。(《宜都县志》《荆州府志拾遗》)

642 年　唐太宗贞观十六年

光化:秋大水。(《光化县志》)

荆州:大水。(《江陵县志》《荆州府志拾遗》)

644 年　唐太宗贞观十八年

襄阳:秋大水。(《襄阳府志》《襄阳县志》《湖北通志》)

谷城:秋大水。(《襄阳府志》)

宜城:秋,襄州大水。(《宜城县志》)

荆州大水。(《江陵县志》《荆州府志拾遗》《湖北通志》)

682 年　唐高宗开耀二年

襄阳:水至树梢。(《襄阳府志》)

宜城:山南州饥。(《宜城县志》《襄阳府志》)

697 年　唐武则天万岁通天二年

黄、随等州旱。(《湖北通志》)

安陆:大旱。黄、随等州旱。(《安陆县志》)

763年　唐代宗宝应二年

汉口、武昌:十二月辛卯夜大风,火发江中,焚舟三千艘,延及岸上居民二千余家,死者数千计。(《夏口县志》《江夏县志》民国七年铅印)

786年　唐德宗贞元二年

六月,荆南江溢。(《江陵县志》《荆州府志拾遗》《湖北通志》)

787年　唐德宗贞元三年

江陵:三月大水。(《江陵县志》)　大水。(《湖北通志》)

788年　唐德宗贞元四年

襄阳:秋,大水害稼,溺死人,漂没城郭庐舍。(《襄阳县志》)

光化:秋大水。(《光化县志》《湖北通志》)

宜城:襄州大水害稼,溺死人,漂没城郭庐舍。(《宜城县志》《襄阳府志》)

792年　唐德宗贞元八年

秋,荆、襄大水,害稼,漂没城郭庐舍。(《湖北通志》)　荆、襄大水。(《江陵县志》《荆州府志拾遗》)

襄阳:有秋。(《襄阳县志》)　秋大水,害稼,溺死人,漂没城郭庐舍。(《襄阳府志》《宜城县志》)

795年　唐德宗贞元十一年

复州、竟陵等三县水泛涨,没损户一千六百五十五,田百一十顷。(《湖北通志》)

注:复州是沔阳,竟陵是京山、天门及沔阳一部分。

805 年　唐德宗贞元二十一年

长阳:荆湖诸州旱。(《长阳县志》)

秋,荆南旱。(《荆州府志拾遗》《湖北通志》)

江陵:荆州旱。(《江陵县志》)

安陆:大旱。(《安陆县志》《安陆府志》)

武昌:旱。(《江夏县志》同治八年,《江夏县志》民国七年铅印)

806 年　唐宪宗元和元年

宜城:山南东西皆旱。(《宜城县志》)

长阳:荆南等州大水。(《长阳县志》)

夏,荆南大水。(《荆州府志拾遗》《湖北通志》)

江陵:大水。(《江陵县志》)

807 年　唐宪宗元和二年

光化:大水。(《光化县志》)

江陵:大水。(《江陵县志》)

808 年　唐宪宗元和三年

山南东道旱。(《湖北通志》)

注:山南东道治襄阳。

襄阳、宜城:山南东西皆旱。(《襄阳县志》《襄阳府志》《宜城县志》)

长阳:山南道东西皆旱。(《长阳县志》)

809 年　唐宪宗元和四年

荆南旱,饥。(《江陵县志》《荆州府志拾遗》)

813 年　唐宪宗元和八年

江陵:大水。(《江陵县志》《荆州府志拾遗》)

817 年　唐宪宗元和十二年

江陵:六月,水害稼。(《江陵县志》《荆州府志拾遗》《湖北通志》)

824 年　唐穆宗长庆四年

汉口:汉江水,漂民庐舍。(《夏口县志》)

夏,襄、均二州汉水溢决。(《宜城县志》《襄阳府志》《湖北通志》)

均县:夏,汉水溢,漂民庐舍。(《均州志》)

襄阳:夏,汉水溢决。(《襄阳县志》)

光化:夏,汉水溢决。(《光化县志》)

钟祥:夏,郢州汉水溢决。(《钟祥县志》)

汉阳:襄、均、复、郢四州汉江漂民庐舍。(《汉阳县志》)

825 年　唐敬宗宝历元年

襄阳:旱。(《襄阳县志》)　秋大旱。(《襄阳府志》)

宜城:襄州旱。(《宜城县志》)

宜昌、长阳、枝江:荆南诸州旱。(《东湖县志》《长阳县志》《枝江县志》)
秋荆南旱。(《荆州府志拾遗》)

829 年　唐文宗大和三年

房县:夏,大水,汉江涨溢,坏均、房等州居民,田产殆尽。(《房县志》)

830 年　唐文宗大和四年

夏,荆、襄大水,皆害稼。(《江陵县志》《荆州府志拾遗》《湖北通志》)

襄阳:山南东道大水害稼。(《襄阳县志》)　大水害稼。(《襄阳府志》)

光化:大水害稼。(《光化县志》)

宜城:山南东道荆、襄大水害稼。(《宜城县志》)

长阳:五月,荆、襄皆大水。(《长阳县志》)

鄂城:夏,大水。(《武昌县志》)

831 年　唐文宗大和五年

均县:山南东道俱大水害稼。(《均州志》)

襄阳:六月大水害稼。(《襄阳县志》《襄阳府志》)

光化:夏六月大水。(《光化县志》)

宜城:六月,襄州大水害稼。(《宜城县志》)

六月,荆、襄、鄂大水害稼。(《湖北通志》)　荆州大水害稼。(《荆州府志拾遗》)

鄂城:复大水。(《武昌县志》)

834 年　唐文宗大和八年

襄阳:秋,水害稼。(《襄阳县志》《襄阳府志》《湖北通志》)

光化:秋,水损田。(《光化县志》)

宜城:秋,襄州水害稼。(《宜城县志》)

蕲春:湖水溢。(《蕲州志》《黄州府志》《湖北通志》)

835 年　唐文宗大和九年

江陵:荆州大水。(《江陵县志》)

837 年　唐文宗开成二年

安陆:大水。(《安陆县志》)

838 年　唐文宗开成三年

夏,鄂、襄等州大水。(《湖北通志》)　江汉涨溢,坏房、均、襄、荆等州民居及田产殆尽。(《襄阳府志》《江陵县志》《荆州府志拾遗》《湖北通志》)

均县:夏,汉江涨溢,坏民居及田产殆尽。(《均州志》)

竹溪:水涨溢,坏民居。(《竹溪县志》)

襄阳:夏,江汉涨溢,坏民居及田产殆尽。(《襄阳县志》)

841年　唐武宗会昌元年

七月,汉水坏荆、襄等州民居甚众。(《湖北通志》)

七月,襄州汉水暴涨,坏州郭,均州亦然。(《襄阳府志》)

均县:七月,汉水溢,坏民居甚众。(《均州志》)

襄阳:汉水溢,环城郭。(《襄阳县志》)

光化:七月,汉水溢,坏民居甚众。(《光化县志》)

宜城:七月,汉水坏民居甚众。(《宜城县志》)

七月,山南等州蝗。(《湖北通志》)

江陵:七月汉水溢。(《江陵县志》)

886年　唐喜宗光启二年

荆、襄蝗,米斗钱三千,人相食。(《江陵县志》《荆州府志拾遗》《湖北通志》)

襄阳:蝗,斗米三千钱,人相食。(《襄阳县志》《襄阳府志》)

宜城:春,襄州蝗,斗米钱三千八,人相食。(《宜城县志》《襄阳府志》)

887年　唐喜宗光启三年

长阳:二月,荆、襄大饥,斗米三千,人相食。(《长阳县志》)

925年　后唐庄宗同光三年

襄阳:九月汉江溢,漂没庐舍。(《襄阳县志》《襄阳府志》《湖北通志》)

光化:秋九月,江汉涨。(《光化县志》)

931年　后唐明宗长兴二年

夏五月,襄州上言,汉水溢,入城,坏庐舍又坏均州郛郭,水深三丈,居民登山避水。(《襄阳府志》《湖北通志》)　六月,安州大水。(《湖北通志》)

932 年　后唐明宗长兴三年

襄阳:五月水入州城,坏民庐舍。(《襄阳县志》)　夏五月,江水大涨入州城,坏民庐舍。(《襄阳府志》)

光化:夏五月,汉江大涨。(《光化县志》)

安陆:六月,安州大水。(《安陆县志》《安陆府志》)

938 年　后晋高祖天福三年

襄阳、光化:八月,水涨一丈二尺。九月,汉江水涨三丈,出岸,害稼。(《襄阳府志》《襄阳县志》《湖北通志》《光化县志》)　十月水涨害稼。(《湖北通志》)

942 年　后晋高祖天福七年

安陆:七月,安州奏,水平地深七尺。(《安陆县志》《湖北通志》《安陆府志》)

950 年　后汉隐帝乾祐三年

安陆:七月,安州奏,沟河泛溢,城内水深七尺。(《安陆县志》《湖北通志》)

952 年　后周太祖广顺二年

秋七月,襄州大水。(《襄阳府志》《湖北通志》)

光化:秋七月大水。(《光化县志》)

953 年　后周太祖广顺三年

襄阳:六月,汉江涨溢,坏牛马,城内水深一丈五尺,仓库漂尽,居民溺死者甚众。(《襄阳县志》《襄阳府志》《湖北通志》)

光化:夏六月,汉水泛溢,坏城郭,居民溺者甚众。(《光化县志》)

宜城:六月,襄州汉江涨溢,坏羊马。(《宜城县志》)

960年 宋太祖建隆元年

竹溪:饥。(《竹溪县志》)

961年 宋太祖建隆二年

房县:闰三月,饥。(《房县志》《湖北通志》)
襄阳:汉水涨溢数丈。(《襄阳县志》《襄阳府志》《湖北通志》)
光化:汉水涨溢数丈。(《光化县志》)
宜城:汉水涨溢数丈。(《宜城县志》)

962年 宋太祖建隆三年

蕲春:七月,蕲州大雨水,坏民庐舍。(《蕲州志》)

965年 宋太祖乾德三年

蕲春:秋七月,蕲州大雨水。(《黄州府志》)

977年 宋太宗太平兴国二年

汉口:汉江涨,坏城及民庐舍。(《夏口县志》)
钟祥:春夏淫雨。(《钟祥县志》《湖北通志》)
沔阳:春夏淫雨,秋七月,复州汉江涨,坏城及民田庐舍。(《沔阳州志》)
汉阳:复州蜀汉江涨,坏城及民田庐。(《汉阳县志》)

979年 宋太宗太平兴国四年

沔阳:秋九月,沔阳县湖晶涨,坏民舍田稼。(《沔阳州志》)

980年 宋太宗太平兴国五年

沔阳:秋七月,复州江水涨,舍堤塘皆坏。(《沔阳州志》)

982 年　宋太宗太平兴国七年

汉口:大水,汉江并涨,坏田稼、民舍,人畜死者甚众。秋七月,江汉水溢为患。(《夏口县志》)

夏六月,均州涓水,汉江并涨,坏民舍,人畜死者甚众。(《襄阳府志》)

郧县:夏六月,汉江涨,坏民舍,人畜死者甚众。(《郧县志》)

均县:夏六月,汉江涨,坏民舍,人畜死者甚众。(《均州志》)

竹溪:六月水涨,坏民居人畜。(《竹溪县志》)

襄阳:六月,汉江涨,坏民舍,人畜死者甚众。(《襄阳县志》)

光化:夏六月,汉汀涨。(《光化县志》)

宜城:六月,汉江涨,坏民舍,人畜死者甚众。(《宜城县志》)

宜昌、长阳:五月峡州蝗。(《东湖县志》《宜昌府志》《续修宜昌县志》)

汉阳:夏六月,汉阳军大水,江涨五丈,坏民田稼,涓水、均水、汉江并涨,坏民舍,人畜死者甚众。(《汉阳县志》)

武昌:夏六月,江水涨高五丈。(《江夏县志》同治八年,《江夏县志》民国七年铅印)

983 年　宋太宗太平兴国八年

宜城:秋七月,汉水溢为患。(《宜城县志》)

荆门:夏六月,荆门军长林县山水暴涨,坏民庐舍。(《荆门直隶州志》)

武昌:秋七月,江汉水溢为患。(《江夏县志》同治八年,《江夏县志》民国七年铅印)

984 年　宋太宗雍熙元年

房县:六月,沮水、汉江并涨,坏民舍,人畜死者甚众。(《房县志》)

郧县:夏六月,汉水涨,坏民舍。(《郧县志》《湖北通志》)

990 年　宋太宗淳化元年

蕲春:八月蕲州水。(《蕲州志》《湖北通志》)

黄梅:六月掘口湖涨,坏民田庐舍皆尽,江水涨二丈八尺。(《黄梅县志》《湖北通志》)

991 年　宋太宗淳化二年

秋,荆湖北路,江水注溢,浸田亩甚众。(《荆州府志拾遗》《湖北通志》)

沔阳:秋七月,复州蜀汉二江水涨,坏民田庐。(《沔阳州志》《湖北通志》)

松滋:秋,荆湖北路江水溢,浸田害稼。(《松滋县志》)

992 年　宋太宗淳化三年

郧县:十月,上津县大雨,河水溢,坏民舍,溺死三十七人。(《湖北通志》)

　注:上津,汉长利县,湖北郧县地,宋为上津县。

995 年　宋太宗至道元年

竹溪:饥。(《竹溪县志》)

光化:光化军饥。(《襄阳府志》)

998 年　宋真宗咸平元年

江陵:荆湖旱。(《江陵县志》《湖北通志》)

黄冈:冬,黄州西北雷震。(《黄冈县志》)

999 年　宋真宗咸平二年

兴山:冬十二月,赈荆湖饥,是岁旱,遣使赈之。(《兴山县志》)

荆湖旱。(《荆州府志拾遗》《湖北通志》)

黄冈:冬震雷。十二月赈蕲。(《黄冈县志》)

1000 年　宋真宗咸平三年

兴山:秋八月,荆湖旱,赈之。(《兴山县志》)

荆湖旱。(《荆州府志拾遗》《湖北通志》)

黄冈:冬十月,雷声如夏。(《黄冈县志》)

1003 年　宋真宗咸平六年

钟祥:秋郢有年。(《钟祥县志》)

武昌:大熟。(《江夏县志》同治八年,《江夏县志》民国七年铅印)

1004 年　宋真宗景德元年

安陆:大旱。(《安陆县志》)　旱。(《湖北通志》)

1005 年　宋真宗景德二年

兴山:秋九月,荆湖北路饥。(《咸宁县志》)

江陵、松滋:荆湖北路饥。(《江陵县志》《荆州府志拾遗》《松滋县志》)

1017 年　宋真宗天禧元年

长阳:二月荆湖蝗蝻复生。(《长阳县志》)　荆湖蝗蝻复生。多去岁蛰
者。(《湖北通志》)

1018 年　宋真宗天禧二年

江陵:正月,江陵溪鱼皆冻死。(《江陵县志》《荆州府志拾遗》)

1020 年　宋真宗天禧四年

荆湖稔。(《荆州府志拾遗》《湖北通志》)

1021 年　宋真宗天禧五年

荆湖稔。(《荆州府志拾遗》《湖北通志》)

1022 年　宋真宗乾兴元年

襄阳:三月水。(《宜城县志》《襄阳县志》)

1025 年　宋仁宗天圣三年

襄阳:十一月,汉水坏民田。(《襄阳县志》《襄阳府志》)

光化:冬十一月,水。(《光化县志》)

宜城:十一月,襄州汉水坏民田。(《宜城县志》《湖北通志》)

京山:冬水暴涨,漂没人畜。(《京山县志》)

1026 年　宋仁宗天圣四年

十月,乙酉,京山县山水暴涨,漂死者众,县令唐用之溺焉。(《湖北通志》)

江淮以南大水。蠲民租。(《黄州府志》)

1027 年　宋仁宗天圣五年

三月襄州水。(《湖北通志》)

1033 年　宋仁宗明道二年

德安府南方大旱。(《安陆府志》)

安陆:旱。饥。疫,死者十二三。(《安陆县志》)

1034 年　宋仁宗景祐元年

十月,应城、孝感二县稻再熟。(《湖北通志》)

应城:冬十月,稻再熟。(《应城县志》)

1036 年　宋仁宗景祐三年

兴山:秋八月,遣使安抚荆湖饥民。(《兴山县志》)

1057 年　宋仁宗嘉祐二年

七月京西湖北路水灾。(《湖北通志》)

1064 年　宋英宗治平元年

鄂、施、渝州、光化军大水。（《湖北通志》）

注：鄂州即江夏，属荆湖北路。光化军属京西路。

光化：光化军大水。（《襄阳府志》）

恩施：施州大水。（《恩施县志》《增修施南府志》）

武昌：以大水遣使行视疏治赈蠲。（《江夏县志》同治八年）

1068 年　宋神宗熙宁元年

荆门：七月天雨。（《荆门直隶州志》）

1075 年　宋神宗熙宁八年

荆湖路旱。（《荆州府志拾遗》《湖北通志》）

1102 年　宋徽宗崇宁元年

沔阳：冬十月，复州水。（《沔阳州志》）

1108 年　宋徽宗大观二年

通城：己丑春社前，燕已来（麈史）。（《汉口小志》）

1109 年　宋徽宗大观三年

荆湖旱。（《荆州府志拾遗》《湖北通志》）

石首：饥。（《荆州府志拾遗》）

德安府大旱，人相食，弃子不可胜数。（《安陆府志》）

1110 年　宋徽宗大观四年

德安府旱。（《安陆府志》）

安陆：旱。（《安陆县志》）

1114 年　宋徽宗政和四年

荆门:大旱。……是岁冬迄明年三月不雨……是秋又旱。(《远安县志》)

1117 年　宋徽宗政和七年

德安府安州大水。(《安陆府志》)

1118 年　宋徽宗政和八年

夏,荆湖路大水。民流移,溺者众。(《湖北通志》)

荆湖路大水。(《荆州府志拾遗》)

安陆:大水。(《安陆县志》)

1119 年　宋徽宗重和元年

兴山:旱。(《兴山县志》《湖北通志》)

1131 年　宋高宗绍兴元年

应山:春正月连雨至于三月。(《应山县志》)

蕲春:旱。(《蕲州志》)　大旱。(《黄州府志》)

1133 年　宋高宗绍兴三年

五月,湖北路连雨。(《荆州府志拾遗》)

江陵:七月水。(《江陵县志》)

沔阳:夏,五月,复州水。(《沔阳州志》)

1134 年　宋高宗绍兴四年

江陵:旱,自六月不雨至于八月。(《荆州府志拾遗》)

1135 年　宋高宗绍兴五年

襄阳:七月,大水。(《襄阳县志》)

光化:秋七月,大水。(《光化县志》)

1137 年　宋高宗绍兴七年

兴山:冬闰十月,发米二万石赈湖北饥民。(《兴山县志》)

1151 年　宋高宗绍兴二十一年

辛未夏,襄阳府大雨十余日。(《襄阳府志》)

襄阳:夏大雨十余日。(《襄阳县志》)

1152 年　宋高宗绍兴二十二年

襄阳:五月大水,平地五尺,汉水冒城而入。(《襄阳县志》《襄阳府志》《湖北通志》)

光化:夏五月大水。(《光化县志》)

1153 年　宋高宗绍兴二十三年

八月,施州大风雨。(《增修施南府志》《咸丰县志》)

1157 年　宋高宗绍兴二十七年

鄂州、汉阳军大水。(《湖北通志》)

1158 年　宋高宗绍兴二十八年

恩施:八月,施州大风雨。(《恩施县志》)

1161 年　宋高宗绍兴三十一年

建始:大水。漂民舍,死者甚众。(《增修施南府志》《湖北通志》)

1163 年　宋孝宗隆兴元年

襄阳府、随州、枣阳军大饥。随、枣斗米六七千。八月大蝗,襄、随尤甚。民为乏食。(《湖北通志》)　癸未飞蝗蔽天,襄阳尤甚,民为乏食。(《襄阳府志》)

襄阳:大饥,斗米六七千钱,九月蝗甚。(《襄阳县志》)

枣阳:大饥,斗米六七千钱。(《襄阳府志》《枣阳县志》)

随县:大饥,斗米六七千钱。七月蝗。(《随州志》)

武昌:大水,漂军垒民舍三千余区。(《江夏县志》同治八年,《江夏县志》民国七年铅印,《湖北通志》)

黄梅:秋螟蝗蔽野,杀禾稼。(《黄梅县志》)

1165 年　宋孝宗乾道元年

安陆:大旱。(《安陆县志》《湖北通志》)

咸宁:大旱。(《咸宁县志》)

1167 年　宋孝宗乾道三年

枣阳:冬,大饥。(《枣阳县志》)

蕲春:六月,蕲州水,坏田稼,漂人畜。(《蕲州志》《黄州府志》)

1168 年　宋孝宗乾道四年

襄阳:六月旱。(《襄阳县志》《襄阳府志》《湖北通志》《宜城县志》)

枣阳:春饥尤甚。(《枣阳县志》)

1171 年　宋孝宗乾道七年

春,湖北旱。夏,兴国军尤甚。首种不入。(《湖北通志》)　荆南饥。(《荆州府志拾遗》《江陵县志》《湖北通志》)

阳新:春旱,夏秋尤甚,至冬不雨。(《兴国州志》光绪十五年,《兴国州

志》民国三十二年）

蕲、黄大旱。（《湖北通志》）

1172年　宋孝宗乾道八年

阳新：大旱。（《兴国州志》光绪十五年，《兴国州志》民国三十二年）

1173年　宋孝宗乾道九年

六月，湖北郡县水。（《湖北通志》《长阳县志》）

江陵：久旱，无麦苗。（《荆州府志拾遗》《湖北通志》）

1174年　宋孝宗淳熙元年

应山：大饥。（《应山县志》）

安陆：大饥。（《安陆县志》《湖北通志》）

咸宁：大饥。（《咸宁县志》）

阳新：旱。（《兴国州志》光绪十五年，《兴国州志》民国三十二年）

1176年　宋孝宗淳熙三年

夏，复、随、郢州、江陵、德安府，荆门、汉阳军皆旱。冬，复、施、随、荆门军、襄阳、江陵、德安府大饥。（《湖北通志》）

汉口：夏旱，冬大饥。（《夏口县志》）

襄阳：冬大饥。（《襄阳县志》《襄阳府志》）

随县：旱，大饥。（《随州志》）

宜城：冬，襄阳府大饥。（《宜城县志》《襄阳府志》）

恩施：施州大饥。（《恩施县志》《增修施南府志》）

兴山：冬，湖北诸州旱，赈之。（《兴山县志》）

当阳：夏，荆门军旱。冬大饥。（《当阳县志》）

　　按：宋时当阳属荆门军。

江陵：大饥。（《江陵县志》《荆州府志拾遗》）

沔阳:夏,复州大旱。冬大饥。(《沔阳州志》)

夏,德安旱。冬,德安府大饥。(《安陆县志》《安陆府志》)

汉阳:夏,汉阳军旱。冬大饥。(《汉阳县志》)

咸宁:旱。(《咸宁县志》)

武昌:冬大饥。(《江夏县志》同治八年,《江夏县志》民国七年铅印)

1177 年　宋孝宗淳熙四年

春,尤饥。襄阳府旱,首种不入。(《宜城县志》《襄阳府志》《湖北通志》)

襄阳:春尤饥。旱,首种不入。(《襄阳县志》)

钟祥:郢州饥。(《钟祥县志》)

安陆:春尤饥。(《安陆县志》《安陆府志》)

1179 年　宋孝宗淳熙六年

江陵:大旱。(《江陵县志》)

武昌:冬十一月,大风覆舟,溺人甚众。(《江夏县志》同治八年,《江夏县志》民国七年铅印)

1180 年　宋孝宗淳熙七年

江陵:二月大风。七月大旱。(《江陵县志》《荆州府志拾遗》)　大旱。(《湖北通志》)

阳新:自七月至九月不雨。(《兴国州志》光绪十五年,《兴国州志》民国三十二年)　大旱。(《湖北通志》)

黄冈:大旱。(《黄冈县志》《黄州府志》《湖北通志》)

麻城:大水。(《麻城县志》)

浠水:大旱。(《蕲水县志》《浠水县简志》)

蕲春:大旱。(《蕲州志》《黄州府志》《湖北通志》)

黄梅:大旱。(《黄梅县志》)

1181年　宋孝宗淳熙八年

江陵、德安府,鄂、复州,兴国、汉阳、荆门军皆旱。(《湖北通志》)

当阳:旱。(《当阳县志》)

江陵:旱。(《荆州府志拾遗》)

沔阳:秋七月不雨至于冬十一月。(《沔阳州志》)

德安府七月不雨,至于十一月。旱。(《安陆府志》)

安陆:七月不雨至于十一月。(《安陆府志》)

咸宁:旱。(《咸宁县志》)

武昌:大旱。(《江夏具志》同治八年,《江夏县志》民国七年铅印)

阳新:自七月至十一月不雨。(《兴国州志》光绪十五年,《兴国州志》民国三十二年)

1182年　宋孝宗淳熙九年

江陵、德安、鄂、复、汉阳、荆门、襄阳皆旱。湖北七郡荐饥。(《湖北通志》)　六月,湖北郡县水。(《湖北通志》)

汉口:秋七月旱。(《夏口县志》)

夏五月不雨至于秋七月,襄阳府旱。(《襄阳府志》)

襄阳:旱。(《襄阳县志》)

宜城:襄阳府旱。(《宜城县志》)

当阳:旱。(《当阳县志》)

江陵:旱,夏五月不雨至于秋七月。(《荆州府志拾遗》)

沔阳:夏五月不雨至于秋七月。(《沔阳州志》)

德安府夏五月不雨至于秋七月旱。(《安陆县志》《安陆府志》)

应山:大旱。(《应山县志》)

汉阳:秋七月,汉阳军旱。(《汉阳县志》)

咸宁:复大旱。(《咸宁县志》)

1183 年　宋孝宗淳熙十年

夏五月,襄阳府大水,漂民庐,盖芷为空。(《襄阳府志》)

襄阳:五月大水,漂民庐,盖芷为空。(《襄阳县志》)

光化:夏五月,大水。(《光化县志》)

宜城:襄阳府大水,漂民庐盖芷为空。(《宜城县志》)

当阳:旱。(《当阳县志》)

江陵:旱。(《荆州府志拾遗》《湖北通志》)

荆门:旱。(《湖北通志》)

阳新:七月旱。(《兴国州志》光绪十五年,《兴国州志》民国三十二年)旱。(《湖北通志》)

1184 年　宋孝宗淳熙十一年

阳新:旱。(《兴国州志》光绪十五年,《兴国州志》民国三十二年,《湖北通志》)

1185 年　宋孝宗淳熙十二年

六月,鄂州水。浸民庐,徂冬乃退。(《湖北通志》)

武昌:自夏徂冬,水浸民庐。(《江夏县志》同治八年,《江夏县志》民国七年铅印)

1187 年　宋孝宗淳熙十四年

兴国旱甚,至于九月乃雨。(《湖北通志》)

阳新:七月旱蝗。(《兴国州志》光绪十五年,《兴国州志》民国三十二年)

1188 年　宋孝宗淳熙十五年

五月,大雨连旬,荆江溢,鄂州大水。漂军民垒舍三千余。江陵、德安

府、复州、汉阳军水。(《湖北通志》)

宜昌:五月荆江溢。(《宜昌府志》)

枝江:五月荆江溢。(《枝江县志》)

五月,荆州水。(《荆州府志拾遗》)

江陵:五月水。(《江陵县志》)

沔阳:夏五月,荆江溢,复州水,大风。(《沔阳州志》)

德安府水,久雨害稼。(《安陆府志》)

应山、安陆:久雨害稼。(《应山县志》《安陆县志》)

应城:大水。(《应城县志》)

咸宁:大水。久雨害稼。(《咸宁县志》)

武昌:夏五月,荆江溢,鄂州大水,漂军民垒舍三千余家。(《江夏县志》
同治八年,《江夏县志》民国七年铅印)

1189 年　宋孝宗淳熙十六年

五月湖北诸道霖雨。(《荆州府志拾遗》)

1190 年　宋光宗绍熙元年

德安府春正月连雨至三月,德安大饥。(《安陆府志》)

蕲春:旱。(《湖北通志》《蕲州志》)

1191 年　宋光宗绍熙二年

蕲春:饥。(《蕲州志》《黄州府志》)

1192 年　宋光宗绍熙三年

襄阳:七月大雨水,汉江溢,败堤防,圮民庐,没田稼者逾旬。(《襄阳县
志》《襄阳府志》《宜城县志》《湖北通志》)

光化:秋七月,汉江溢。(《光化县志》)

当阳:荆门军大雨逾旬,水潦为灾。(《当阳县志》)

复州、荆门军水。郢州大旱。(《湖北通志》)

江陵:秋七月,大雨,江溢。败堤防,圮民庐,没田稼者逾旬日。(《江陵县志》《荆州府志拾遗》《湖北通志》)

1193年　宋光宗绍熙四年

四月霖雨至于五月,湖北郡县坏圩田,害蚕麦。(《荆州府志拾遗》《湖北通志》)　是夏江陵府亦水。(《湖北通志》)

江陵:六月旱。(《江陵县志》)　江陵府旱。(《湖北通志》)

六月,兴国军水,池口镇及冶县漂民庐,有溺死者。(《湖北通志》)

大冶:六月大水,漂庐民有溺者。(《大冶县志》)

阳新:六月大水,漂民庐舍,有溺死者。(《兴国州志》光绪十五年,《兴国州志》民国三十二年)

五月,淮西大水。(《黄州府志拾遗》)

1197年　宋宁宗庆元三年

襄阳:饥。(《襄阳府志》《襄阳县志》《宜城县志》)

江陵:旱。(《江陵县志》《荆州府志拾遗》)

1198年　宋宁宗庆元四年

随县:旱。蝗,……一夕大雨,岁有收。(《随州志》)　旱。(《湖北通志》)

江陵:秋七月,旱。(《江陵县志》《荆州府志拾遗》)

1199年　宋宁宗庆元五年

江陵:旱。(《江陵县志》《荆州府志拾遗》)

阳新:大水。(《兴国州志》光绪十五年,《兴国州志》民国三十二年)兴国军水。(《湖北通志》)

1200 年　宋宁宗庆元六年

荆襄皆旱。(《湖北通志》)

襄阳:夏五月,旱。(《襄阳府志》)　旱。(《宜城县志》《襄阳县志》)

荆州:旱。(《江陵县志》)

江陵:旱。(《荆州府志拾遗》)

阳新:大风,坏船六十余艘。(《兴国州志》光绪十五年,《兴国州志》民国三十二年)

1201 年　宋宁宗嘉泰元年

两淮旱,赈之蠲其赋。(《黄州府志》)

1205 年　宋宁宗开禧元年

秋九月,汉水溢,襄郡水。(《襄阳府志》《宜城县志》)

襄阳:九月,汉水溢。(《襄阳县志》)

光化:秋九月,汉水溢。(《光化县志》)

荆湖北路水。(《荆州府志拾遗》)

1206 年　宋宁宗开禧二年

湖北京西郡国饥。(《湖北通志》)

荆湖北旱,饥。(《荆州府志拾遗》)

1207 年　宋宁宗开禧三年

郡邑水,鄂州、汉阳军尤甚。(《湖北通志》)

1208 年　宋宁宗嘉定元年

江陵:七月旱。(《江陵县志》《湖北通志》)

德安府冬燠如夏。(《安陆府志》)

应山:冬燠如夏。(《湖北通志》《应山县志》)

咸宁、武昌:冬燠如夏。(《咸宁县志》《江夏县志》同治八年,《江夏县志》民国七年铅印,《湖北通志》)

1209 年　宋宁宗嘉定二年

春,湖北旱。荆襄大饥,斗米数千钱,人食草木。(《湖北通志》)

江陵:旱,自五月不雨至七月。(《江陵县志》)

1212 年　宋宁宗嘉定五年

江夏大旱。(《湖北通志》)

1213 年　宋宁宗嘉定六年

汉口:旱,自五月至七月不雨。(《夏口县志》)

江陵:旱,五月不雨至于七月。(《江陵县志》《荆州府志拾遗》《湖北通志》)

五月不雨至于七月,德安旱。(《安陆府志》《湖北通志》)

应山:大旱。(《应山县志》)

安陆:五月不雨至于七月,德安旱。(《安陆县志》)

汉阳:汉阳各属旱。自五月不雨至七月。(《汉阳县志》《湖北通志》)

咸宁:大旱。(《咸宁县志》)

武昌:大旱。(《江夏县志》同治八年,《江夏县志》民国七年铅印)

1215 年　宋宁宗嘉定八年

江陵:春旱,首种不入。夏南郡蝗蝻食禾苗,山林草木皆尽。(《江陵县志》《荆州府志拾遗》)　旱。(《湖北通志》)

阳新:春旱。(《兴国州志》光绪十五年,《兴国州志》民国三十二年,《湖北通志》)

1223 年　宋宁宗嘉定十六年

汉口:五月淫雨,两江涨,城市沉没,累月不泄。(《夏口县志》)

五月,湖北霖雨,荆郡水。(《湖北通志》)

汉阳:五月霖雨,江涨,城市沉没,累月不泄。(《汉阳县志》)

武昌:夏五月,江湖合涨,城市沉没,累月不泄。是年大风,坏战舰三百余艘。(《江夏县志》同治八年,《江夏县志》民国七年铅印)

鄂城:鄂州江湖合涨,城市沉没,累月不泄。是秋江溢,坏民庐。(《武昌县志》)

1224 年　宋宁宗嘉定十七年

鄂城:冬,鄂州暴风,坏战舰二百余,寿昌军坏战舰六十余。(《武昌县志》)

1235 年　宋理宗端平二年

三月,襄阳、汉阳大水。(《湖北通志》)

汉口:三月大水。(《夏口县志》)

光化:春三月,汉江大水。(《光化县志》)

汉阳:春三月,汉阳大水。(《汉阳县志》)

1236 年　宋理宗端平三年

襄、汉江皆大水。(《湖北通志》)

襄阳:三月大水。(《襄阳府志》)　三月汉江大水。(《襄阳县志》)

光化:春三月,大水。(《光化县志》)

宜城:三月襄江大水。(《宜城县志》)

蕲春:三月蕲州大雨水,漂民居。(《蕲州志》《黄州府志》《湖北通志》)

1242 年　宋理宗淳祐二年

枣阳:九月大风折树。(《枣阳县志》《襄阳府志》)

1246 年　宋理宗淳祐六年

湖北诸郡饥。石首民多流散。(《荆州府志拾遗》)

1248 年　宋理宗淳祐八年

襄阳:饥。人相食。(《襄阳府志》)

1251 年　宋理宗淳祐十一年

江陵:九月大水。(《江陵县志》《荆州府志拾遗》《湖北通志》)

1254 年　宋理宗宝祐二年

江陵:荆南饥。(《江陵县志》)

1258 年　宋理宗宝祐六年

兴山:湖北诸郡荒、潦、饥、疫。(《兴山县志》)

1264 年　宋理宗景定五年

武昌:大旱。(《江夏县志》同治八年,《江夏县志》民国七年铅印)
阳新:大旱。(《兴国州志》光绪十五年,《兴国州志》民国三十二年)

1265 年　宋度宗咸淳元年

麻城:七月黄州蝗。(《麻城县志》)
蕲春:蕲、黄旱。(《蕲州志》)

1266 年　宋度宗咸淳二年

黄冈:大水。(《黄冈县志》)
麻城:七月,黄州大水。(《麻城县志》)

1269 年　宋度宗咸淳五年

阳新:二月雨雹,大如马首,小者如鸡子,杀禽兽无算。(《兴国州志》光绪十五年,《兴国州志》民国三十二年)

1270 年　宋度宗咸淳六年

六月,汉水溢。(《湖北通志》)

黄冈:大水。(《黄冈县志》)

麻城:五月大水。(《麻城县志》)

1271 年　宋度宗咸淳七年

七月,大淫雨,汉水溢。(《湖北通志》)

竹溪:大淫雨,水溢。(《竹溪县志》)

襄阳:大霖雨,汉水溢。(《襄阳县志》《宜城县志》)

光化:秋七月,汉水溢。(《光化县志》)

随县:十月,随州旱。(《随州志》)

宜城:大霖雨,汉水溢。(《襄阳县志》《宜城县志》)

英山:二月饥疫。(是岁浙淮江西皆饥。)(《英山县志》)

1272 年　宋度宗咸淳八年

冬,襄阳饥,人相食。(《湖北通志》)

公安:七月大水。(《公安县志》)

1274 年　宋度宗咸淳十年

麻城:大旱。人相食。(《麻城县志》)

1275 年　宋恭宗德祐元年

松滋:骤雨水暴涨,漂千余家,溺死七百余人。(《荆州府志拾遗》)

麻城:大旱,疫。(《麻城县志》)

1276 年　宋恭宗德祐二年

麻城:大旱。(《麻城县志》)

1278 年　宋瑞宗景炎三年

宜昌:峡州旱。(《东湖县志》《湖北通志》《宜昌府志》《长阳县志》)
松滋:大水。(《荆州府志拾遗》)

1294 年　元世祖至元三十一年

五月,峡州路大水。鄂州、汉阳亦水。(《湖北通志》)
汉口:水。(《夏口县志》)
汉阳:鄂州、汉阳水。(《汉阳县志》)
武昌:冬十二月水,免其田租。(《江夏县志》同治八年)

1296 年　元成宗元贞二年

汉口:夏,蝗。(《夏口县志》)
十二月,江陵、潜江县、沔阳玉沙县水。(《湖北通志》)
江陵:十二月大水。(《江陵县志》)　水。(《荆州府志拾遗》)
沔阳:十二月玉沙水。(《沔阳州志》)
汉阳:夏六月,蝗。(《汉阳县志》《湖北通志》)
武昌:春二月,水。免其田租。(《江夏县志》同治八年)
黄梅:自春至秋大旱。陨霜雨沙。(《黄梅县志》)

1297 年　元成宗元贞三年

随县:旱。(《随州志》)
九月,荆州旱。(《湖北通志》)
江陵:九月旱。(《江陵县志》《荆州府志拾遗》)

武昌:五月旱,赈。(《江夏县志》同治八年)

1298 年　元成宗大德二年

湖广省汉阳、汉川水。(《湖北通志》)

咸宁:旱。(《崇阳县志》)

通城:旱。(《通城县志》)

麻城:夏大旱。秋大水。(《麻城县志》)

1299 年　元成宗大德三年

五月,荆湖诸郡及兴国旱。十月,随、黄旱。(《湖北通志》)

汉口:夏旱。(《夏口县志》)

保康:大饥。(《保康县志》)

随县:十月旱。(《随州志》)

五月,江陵路旱,蝗。(《江陵县志》《荆州府志拾遗》)

德安:旱。(《安陆府志》)

安陆:旱。鄂州、江陵、汉阳等处旱。(《安陆县志》)

汉阳:夏五月,旱。(《汉阳县志》)

阳新:夏五月,兴国等处旱。(《兴国州志》民国三十二年)

黄州:旱。(《黄州府志》)

黄冈:旱。(《黄冈县志》)

麻城:十月黄州旱。(《麻城县志》)

1300 年　元成宗大德四年

二月,湖北饥。(《荆州府志拾遗》《湖北通志》)　九月,江陵旱。大饥。(《湖北通志》)

襄阳:六月水。(《宜城县志》《襄阳县志》)

兴山:春二月,发粟,赈湖北饥民。(《兴山县志》)

七月,江陵、松滋大水,江陵路漂民居,溺死者十有八人。九月,石首

旱。(《荆州府志拾遗》)

1301 年　元成宗大德五年

随州、安陆、荆门霖雨。(《荆门直隶州志》)

襄阳:夏,六月水。(《襄阳府志》)　霖雨。(《湖北通志》)　蝗。(《襄阳县志》《宜城县志》)

光化:夏,六月水。(《光化县志》)

峡州霖雨。(《湖北通志》)

江陵:秋九月,旱。(《江陵县志》《荆州府志拾遗》《湖北通志》)

冬,蕲州之蕲春、广济、蕲水旱。(《蕲州志》《宜城县续志》《湖北通志》)

浠水:旱。(《蕲水县志》《浠水县简志》)

1303 年　元成宗大德七年

公安:竹林港大堤决。自是堤不时决。(《湖北通志》《公安县志》)

麻城:正月大水。(《麻城县志》)

1305 年　元成宗大德九年

沔阳:夏五月至秋七月玉沙江溢。(《沔阳州志》《湖北通志》)

七月,汉阳、汉川旱。(《湖北通志》)

1306 年　元成宗大德十年

汉口:四月旱。大饥。(《夏口县志》)

汉阳:夏四月旱。民大饥。(《汉阳县志》《湖北通志》)

黄州:秋七月饥。(《黄州府志》《湖北通志》)

黄冈:七月饥。(《黄冈县志》)

麻城:七月,民大饥。(《麻城县志》)

1307 年　元成宗大德十一年

麻城:大疫。(《麻城县志》)

1308 年　元武宗至大元年

枣阳:大饥。(《襄阳府志》《枣阳县志》)

英山:八月旱、蝗、饥、疫。江淮民采草根树皮为食。(《英山县志》)

罗田:旱。(《湖北通志》)

1310 年　元武宗至大三年

六月,襄阳、峡州路、荆门州大水。山崩,坏官廨民居二万一千八百二十九间。死者三千四百六十七人。七月,丁酉,汜水,长林,当阳、夷陵、宜城、远安诸县水。(《湖北通志》)

襄阳:夏六月大水。山崩,坏官廨民居,死者甚众。(《襄阳府志》《襄阳县志》《宜城县志》)

光化:夏六月,大水。(《光化县志》)

宜城:七月水。(《宜城县志》《襄阳府志》《远安县志》)

宜昌:六月,峡路大水,山崩,坏民居,死者甚众。(《东湖县志》《宜昌府志》)

兴山:大水,山崩,坏民居,死伤者甚众。(《兴山县志》)

远安:秋七月,当阳、夷陵、远安诸县水。(《远安县志》)

当阳:秋七月水。(《当阳县志》)

长阳:峡州大雨,水溢,死者万余人。是年六月峡路大水,山崩,坏民居,死者甚众。(《长阳县志》)

1311 年　元武宗至大四年

七月,江陵、松滋县水。九月,江陵路水。漂民居,溺死者十有八人。(《湖北通志》)

江陵:九月大水。(《江陵县志》)　七月大水。(《松滋县志》)

松滋:七月大水。(《松滋县志》)

1312 年　元仁宗皇庆元年

兴山:春三月,归州饥。(《兴山县志》)

麻城:八月,大雨毛。(《麻城县志》)

1313 年　元仁宗皇庆二年

德安府旱。(《安陆府志》)

汉川:旱。(《湖北通志》)

阳新:七月,兴国属蝗。(《湖北通志》)

1314 年　元仁宗延祐元年

秭归:闰三月,饥。(《湖北通志》)

沔阳:夏六月,饥。(《沔阳州志》《湖北通志》)

四月,武昌路饥。六月,兴国饥。(《湖北通志》)

鄂城:八月,武昌等路水。(《湖北通志》)

1315 年　元仁宗延祐二年

汉口:十二月饥。(《夏口县志》)

汉阳:冬十二月,汉阳路饥。(《汉阳县志》)

兴国、武昌等路饥。(《湖北通志》)

1316 年　元仁宗延祐三年

汉口:正月饥。(《夏口县志》)

汉阳:春正月,汉阳路饥。(《汉阳县志》)

1317 年　元仁宗延祐四年

襄阳:民饥。(《襄阳府志》《湖北通志》)

四月,德安府旱。(《湖北通志》《安陆府志》《安陆县志》)

1318 年　元仁宗延祐五年

江陵：六月旱。(《江陵县志》《湖北通志》)　六月水。(《荆州府志拾遗》《湖北通志》)

1319 年　元仁宗延祐六年

江陵：五月水。(《江陵县志》《荆州府志拾遗》《湖北通志》)

1320 年　元仁宗延祐七年

江陵：五月水。(《荆州府志拾遗》)

荆门：荆门军旱。(《湖北通志》)　三月荆门州旱。(《荆门直隶州志》)

夏六月，蕲、黄旱。(《黄州府志》)

黄冈：旱。(《黄冈县志》)

麻城：六月黄州旱。(《麻城县志》)

浠水：旱。(《浠水县简志》《蕲水县志》)

蕲春：蕲、黄二郡旱。(《蕲州志》《湖北通志》)

1321 年　元英宗至治元年

钟祥：秋八月，安陆大雨七日，江水暴溢，坏民庐舍。九月汉水复溢，被灾三千五百余家。(《钟祥县志》)　九月，汉水溢。(《湖北通志》)

京山：九月汉水溢。(《京山县志》《湖北通志》)

安陆：秋八月，雨七日，江水溢，被灾者三千五百户。(《安陆县志》《湖北通志》)

浠水：旱。(《浠水县简志》《蕲水县志》《黄州府志》)

蕲春：正月蕲州、蕲水饥。(《蕲州志》《湖北通志》)

1322 年　元英宗至治二年

襄阳：正月饥。(《襄阳府志》《襄阳县志》《宜城县志》)

江陵:十二月,江陵属县屯田旱。(《荆州府志拾遗》《湖北通志》)

德安府被灾。(《安陆府志》)

安陆:五月己巳德安府被灾,免民租。(《安陆县志》)

1323年　元英宗至治三年

秭归:饥。(《湖北通志》)

1324年　元泰定泰定元年

随县:旱。(《随州志》《湖北通志》)

兴山:冬十二月,归州饥。(《兴山县志》)

四月,江陵路县属饥。(《湖北通志》)

江陵:四月饥。(《江陵县志》《荆州府志拾遗》)

荆门:四月,荆门州饥。(《钟祥县志》)

监利:饥。(《荆州府志拾遗》《监利县志》同治十一年,《监利县志》光绪三十四年)

安陆:八月,安陆县属饥。(《湖北通志》)

十月,武昌路江夏县饥。(《湖北通志》)

武昌:冬十一月饥,赈粜。(《江夏县志》同治八年)

1325年　元泰定泰定二年

随县:七月旱。(《随州志》)

江陵路江溢。(《荆州府志拾遗》)

江陵:江水溢。(《江陵县志》)　水。(《湖北通志》)

荆门:三月荆门州旱。(《湖北通志》)

公安:五月水。(《公安县志》《荆州府志拾遗》)　水。(《湖北通志》)

秋七月,德安路旱。(《安陆府志》)

安陆:秋七月,德安路旱,免其租。(《安陆县志》)

五月,兴国永兴县旱。(《湖北通志》)

1326 年　元泰定泰定三年

秭归:冬十二月归州饥。(《归州志》)

江陵:五月水。(《荆州府志拾遗》)

沔阳:冬十二月旱。(《沔阳州志》)　十一月旱。(《湖北通志》)

公安:五月水。(《荆州府志拾遗》)

德安诸路属县水。旱。(《安陆县志》《安陆府志》)

六月,兴国永兴县饥。(《湖北通志》)

1327 年　元泰定泰定四年

五月,江陵路属县饥。(《江陵县志》《荆州府志拾遗》《湖北通志》)

六月,兴国路饥。(《湖北通志》)

武昌:七月饥。(《湖北通志》)

鄂城:七月饥。(《武昌县志》《湖北通志》)

夏五月,黄州大水。(《黄州府志》)

蕲春:二月蕲州属县饥。(《蕲州志》)

1328 年　元泰定泰定五年

江陵路旱。(《江陵县志》)　六月,江陵属县旱。(《荆州府志拾遗》《湖北通志》)

1329 年　元文宗天历二年

宜昌:峡州旱。(《东湖县志》《宜昌府志》)

长阳:峡州二县旱。(《长阳县志》《湖北通志》)

四月,中兴等路饥。(《荆州府志拾遗》)

　注:元中兴路治江陵。明太祖甲辰年九月,改为荆州府。

夏四月,德安府屯田饥,赈粮千石。五月,德安屯田水。(《德安府志》)

十月,武昌等路旱,饥。(《湖北通志》)

鄂城:饥。(《武昌县志》)

黄州路旱,免其租。(《黄州府志》)

麻城:黄州路旱,免租赋蠲恤。(《麻城县志》) 黄州路旱。(《麻城县志》)

1330 年 元天历三年

枣阳:大饥。(《枣阳县志》《襄阳府志》)

长阳:峡州饥,赈粮四月。(《长阳县志》)

七月,荆门属县皆水。漂没田庐。(《湖北通志》)

安陆:三月饥,赈粮,其中兴峡州、归州、安陆、沔阳饥户共三十万有奇,各赈粮四月。(《安陆县志》《安陆府志》)

黄冈:饥。(《黄冈县志》)

麻城:正月黄州饥。(《麻城县志》)

蕲春:蕲、黄等路饥。(《蕲州志》《湖北通志》)

1331 年 元至顺二年

汉口:十月饥。(《夏口县志》)

五月,德安屯田水。七月,汉阳属县水。(《湖北通志》《安陆县志》)七月德安大水。(《安陆府志》)

应城:大水,饥。(《应城县志》)

咸宁:大饥。(《咸宁县志》)

武昌:大饥。(《江夏县志》同治八年,《江夏县志》民国七年铅印)

1332 年 元至顺三年

当阳:秋七月荆门诸属县水,田庐多漂没。(《当阳县志》)

荆门州旱。(《湖北通志》)

江陵:九月大水。(《湖北通志》)

五月,德安府之云梦、应城二县大雨水。(《湖北通志》)

应城:秋八月大雨水。(《应城县志》《安陆府志》)

黄梅:四月大雨雪雹,坏民居数百余间,暴风,扬沙石,东观源湖之间,有船自水中掀起半空堕落者。(《黄梅县志》)

1334 年　元元统二年

三月,湖广旱。自是月不雨至于八月。(《湖北通志》)

1335 年　元元统三年

麻城:五月黄州大水。(《麻城县志》)

1336 年　元至元二年

蕲、黄二州旱。(《蕲州志》《湖北通志》)

黄冈:是年旱。秋七月蝗。(《黄冈县志》《湖北通志》)

1337 年　元至元三年

七月,黄州大水。(《湖北通志》)

蕲春:饥。(《湖北通志》)

1342 年　元至正二年

松滋:六月,骤雨水暴涨,漂民居千余家,溺死七百余人。(《松滋县志》)

阳新:秋大旱。(《湖北通志》)

1343 年　元至正三年

安陆:三月饥,赈之。(《湖北通志》)

阳新:秋大旱。(《湖北通志》)

1345 年　元至正五年

安陆:乙酉,春三月,人民饥,赈之。(《安陆县志》《安陆府志》)

1347 年　元至正七年

黄冈:大水。(《黄冈县志》)

麻城:五月黄州大水。(《麻城县志》)

1348 年　元至正八年

松滋:六月,己丑,骤雨,水暴涨。平地水深丈有五尺余,漂没六十余里,死者一千五百余人。(《松滋县志》《湖北通志》《荆州府志拾遗》)

潜江:大水。(《荆州府志拾遗》)

沔阳:夏,四月,沔阳府大水。(《沔阳州志》)

公安:大水。(《公安县志》《荆州府志拾遗》)

监利:大水。(《监利县志》同治十一年,《监利县志》光绪三十四年)

1349 年　元至正九年

汉口:五月,蜀江溢,浸城,民大饥。(《夏口县志》)

秋七月,汉水溢,漂没民居禾稼。(《襄阳府志》)

郧县:秋七月汉水溢,漂没民居禾稼。(《郧县志》)

竹溪:七月,没民居禾稼。(《竹溪县志》)

襄阳:七月,汉水溢,漂没民居禾稼。(《襄阳县志》)

光化:秋七月,汉水溢。(《光化县志》)

宜城:七月,汉水溢,漂没民居禾稼。(《宜城县志》)

七月,中兴路公安、石首、潜江、监利等县及沔阳府大水。(《湖北通志》)　中兴路石首、公安、潜江等县大水。(《荆州府志拾遗》)　七月,中兴路公安大水。(《公安县志》)

沔阳:夏四月大水。(《沔阳州志》)

监利:水。(《监利县志》同治十一年)

汉阳:夏五月,蜀江大溢,浸汉阳城,民大饥。(《汉阳县志》)

蕲春:大水伤稼。(《蕲州志》)　夏、秋大水伤稼。(《黄州府志》《湖北

通志》)

1352 年　元至正十二年

松滋:六月骤雨,水暴涨,漂民居千余家,溺死者七百余人。(《荆州府志拾遗》《湖北通志》)

蕲、黄大旱,饥。(《黄州府志》《湖北通志》)

黄冈:大旱,人相食。(《黄冈县志》)

麻城:黄州大旱荒,人相食。(《麻城县志》)

浠水:大旱,人相食。(《蕲水县志》《浠水县简志》)

蕲春:秋九月,蕲、黄大旱,人相食。(《蕲州志》)

1353 年　元至正十三年

蕲州、黄州大旱。(《湖北通志》)

黄冈:大旱。疫。(《黄冈县志》《黄州府志》)

麻城:黄州大旱,是年黄州复大疫。(《麻城县志》)

浠水:大旱,疫。(《蕲水县志》)　大旱。(《浠水县简志》)

蕲春:蕲、黄大旱。疫。(《蕲水县志》《黄州府志》《湖北通志》)

1354 年　元至正十四年

麻城:大旱。(《麻城县志》)

1355 年　元至正十五年

六月,荆州大水。(《荆州府志拾遗》《湖北通志》)　荆州大水。(《江陵县志》)

1367 年　元至正二十七年

襄阳:旱。(《宜城县志》《襄阳县志》《湖北通志》)

1369 年　明洪武二年

湖广饥。(《湖北通志》)

1370 年　明洪武三年

夏六月,黄冈陨霜,杀禾。(《湖北通志》)

1371 年　明洪武四年

黄冈:冬十月大雾,北风寒劲,雨黑雪,草木、竹、柏皆枯。(《黄冈县志》《湖北通志》)

麻城:十月大雾,雨雪黑色,草木、竹、柏皆枯。(《麻城县志》)

1375 年　明洪武八年

免蕲、黄被灾田租。(《黄州府志》)

1376 年　明洪武九年

七月,湖广大水,公安城楼塌。(《湖北通志》)

武昌:夏,五月,水溢山崩。(《江夏县志》同治八年,《江夏县志》民国七年铅印,《湖北通志》)　冬,江汉冰合。(《江夏县志》同治八年,《湖北通志》)

1377 年　明洪武十年

荆、蕲水。(《湖北通志》)

公安:大水冲塌城楼,民田陷浸无算。(《公安县志》《荆州府志拾遗》)

黄梅:五月大水。(《黄梅县志》)

1380 年　明洪武十三年

当阳:大水,时县治万城,水啮城,西北尽陷。(《当阳县志》)　当阳水

入城。(《湖北通志》)

荆州大水。(《江陵县志》《荆州府志拾遗》《湖北通志》)

监利:荆州大水。(《监利县志》同治十一年,《监利县志》光绪三十四年)

石首:饥。(《荆州府志拾遗》)

1385 年　明洪武十八年

应山:水。(《湖北通志》)
安陆:水。(《湖北通志》)

1389 年　明洪武二十二年

景陵、咸宁、应山、安陆水。(《湖北通志》)
钟祥:秋八月,汉水溢五日。(《黄州府志》)
应山:大水。(《应山县志》)
安陆:大水。(《湖北通志》《安陆府志》《德安府志》)
咸宁:大水。(《咸宁县志》)

1390 年　明洪武二十三年

湖广所属黄州、汉阳、武昌、沔阳四府饥。(《明实录》)　襄阳、沔阳水。湖广三府二州饥。(《湖北通志》)　秋八月淫雨,汉水暴溢,由郢以西,庐舍人畜漂没无算,城几陷,五日乃止。(《江陵县志》《湖北通志》)

襄阳:夏,闰四月水。(《襄阳府志》)　水。(《宜城县志》)
光化:夏,闰四月水。(《光化县志》)

1394 年　明洪武二十七年

襄阳:水。(《襄阳县志》)

1395 年　明洪武二十八年

松滋:大水。(《松滋县志》《湖北通志》)

1404 年　明永乐二年

七月湖广水。湖广大饥。(《湖北通志》)

1405 年　明永乐三年

江陵:诸县江溢,坏民居田稼。(《荆州府志拾遗》)

监利:诸县江溢。(《监利县志》同治十一年,《监利县志》光绪三十四年,《荆州府志拾遗》)

石首:诸县江溢,坏民居田稼。(《荆州府志拾遗》)

1406 年　明永乐四年

石首:境内,临江万石堤三百七十余丈,当大江之冲,间为洪水所决。(《明实录》)

1409 年　明永乐七年

五月,安陆州江溢。决渲马滩圩岸千六百余丈。(《钟祥县志》《湖北通志》)

1412 年　明永乐十年

黄梅:今夏霖雨,江水泛溢,圩岸坍塌,伤民田千八百二十余顷。(《明实录》)

1413 年　明永乐十一年

秋,七月乙巳,汉阳、荆州、沔阳去年河水泛滥,淹没民田。(《明实录》)

沔阳:冬十月癸亥,沔阳州言,比岁水灾没田。(《明实录》)

1414 年　明永乐十二年

春,正月,武昌等府,通城等县民疫。(《明实录》)

1415 年　明永乐十三年

湖广旱。(《湖北通志》)

1421 年　明永乐十九年

蒲圻:是方大疫。(《湖北通志》《蒲圻县志》)

1422 年　明永乐二十年

夏、秋,湖广沔阳江涨。(《湖北通志》)

沔阳:今秋淫雨,江水涨,淹没田地,溺死人民。(《明实录》)

1425 年　明洪熙元年

湖广饥。(《湖北通志》)

1426 年　明宣德元年

襄阳府之襄阳、谷城二县及均州郧县六七月以来霖雨不止,江水泛涨,沿江民居田稼多被漂没。(《明实录》)

湖广夏秋旱。(《湖北通志》)　湖广旱。(《明实录》)

夏秋江水大涨,襄阳、谷城、均州、郧县沿江民居漂没者半。(《襄阳府志》《湖北通志》)

郧县:秋,七月汉水涨,沿江民居漂没者半。(《郧县志》)

郧西:七月汉水涨,沿江居民漂没者甚众。(《郧西县志》)

均县:夏秋汉江水大涨,沿江居民漂没者半。(《光化县志》《均州志》)

竹溪:七月水涨。(《竹溪县志》)

光化:夏秋汉江水大涨,沿江居民漂没者半。(《光化县志》)

宜昌:荆属夏秋皆旱。(《东湖县志》)

长阳:荆属夏秋皆旱。(《长阳县志》)

麻城:大旱。自正月不雨至六月。(《麻城县志》《黄州府志》《湖北通

志》）

黄梅：大水。（《黄梅县志》《黄州府志》《湖北通志》）

1427 年　明宣德二年

麻城：大雨水。（《麻城县志》）

黄梅：六月初二日阴霜杀禾。（《黄梅县志》）

1428 年　明宣德三年

潜江：本县蚌湖、阳湖皆临襄河，水涨冲决堤岸，荆州三卫、荆门、江陵等州县，官民屯田多被其害。（《明实录》）

沔阳：七月、八月久雨，江水泛滥，低田悉淹没无收。（《明实录》）

鄂城：大旱。（《武昌县志》）

黄冈：夏六月阴霜杀稼。（《黄冈县志》）

麻城：六月阴霜杀稼。（《麻城县志》）

1429 年　明宣德四年

鄂城：五月大旱。（《武昌县志》）

1430 年　明宣德五年

宜昌、长阳：夏秋皆旱。自六月不雨至于八月。（《长阳县志》《东湖县志》）

1431 年　明宣德六年

宜昌、长阳：夏秋并旱。（《长阳县志》《东湖县志》）

1433 年　明宣德八年

湖北及以北各州府，春夏无雨，二麦不实，秋田未种。（《明实录》）　襄阳、沔阳今岁二至六月亢旱不雨，稻麦皆无。（《明实录》）　德安府大旱。

（《安陆县志》《应山县志》《安陆府志》） 自去年秋至今夏不雨，二麦不收，人多饥窘。（《明实录》）

孝感：大旱。（《孝感县志》）

应山：夏大旱。（《湖北通志》《应山县志》）

安陆：大旱。（《湖北通志》《安陆县志》）

汉阳：自去年秋至今年夏不雨，二麦不收，人多饥窘。（《明实录》）

咸宁：大旱。（《咸宁县志》）

1434 年　明宣德九年

湖广旱，饥。（《湖北通志》）

德安府安陆等五县各奏五六月间大旱，河渠干竭，田谷焦槁。武昌府所属一州九县；荆州府荆门州、江陵、公安、石首、监利、潜江、松滋、枝江、当阳、长阳县；德安府应城、孝感二县；汉阳府所属二县，安陆州、京山县春夏久旱，陂塘干涸，农田禾稻皆已焦枯，秋收无望。（《明实录》）

武昌：大水。（《江夏县志》同治八年，《江夏县志》民国七年铅印，《湖北通志》）

鄂城：大水至仪门。（《武昌县志》）

黄州……等府今年春夏不雨，田禾尽枯，民饥窘尤甚。（《明实录》）

1435 年　明宣德十年

宜昌、长阳：夏秋旱。（《东湖县志》《长阳县志》）

1436 年　明正统元年

江陵、公安二县及荆门大雨，江水泛涨，冲决圩岸。荆州府各州县各奏，六月至七月大雨连绵，江水泛涨，淹没民田。（《明实录》）

鄂城：湖广饥。（《武昌县志》）

1437 年　明正统二年

湖广沿江六县水。决江堤。（《湖北通志》） 江陵、松滋、公安、石首、

潜江、监利六县各奏：近江堤岸俱为水决。淹没禾苗甚多。（《明实录》）

　　德安六月七月连雨，大饥。（《安陆县志》《应山县志》《安陆府志》）

　　孝感：淫雨，大饥。（《孝感县志》）

　　应山：自六月雨至于七月，大饥。（《应山县志》《湖北通志》）

　　安陆：六月七月连雨，大饥。（《安陆府志》《湖北通志》《安陆县志》）

　　汉阳：五月以来淫雨连绵，洪水泛滥，二麦淹没。（《明实录》）

　　咸宁：六月七月连雨。大饥。（《咸宁县志》）

　　武昌：沿江大水决堤。（《江夏县志》同治八年，《江夏县志》民国七年铅印）　大水。（《湖北通志》）　……黄州等府连年亢旱……今年已丰稔。（《明实录》）

1438 年　明正统三年

　　湖广武昌、荆州、襄阳诸府五月以来，天时亢旱，田禾焦枯秋粮无从征纳。八月湖广德安、黄州、荆州、武昌、汉阳六府各奏：干旱不雨，禾稼枯槁，秋成无望。（《明实录》）

　　湖广旱。（《湖北通志》）

　　荆州府奏，旱干不雨，禾稼枯槁，秋成无望。（《明实录》）

　　德安、汉阳府旱，禾枯，秋成无望。（《明实录》）

　　孝感：自五月不雨至于十月。（《孝感县志》）

1439 年　明正统四年

　　鄂城：旱。（《湖北通志》）

　　广济：大旱。（《黄州府志》）

1440 年　明正统五年

　　武昌、黄州、荆州、汉阳、德安自五月至今旱。伤稼。（《明实录》）

　　湖广自六月不雨，至于八月。（《湖北通志》）

　　安陆：大雨，水浸。（《湖北通志》）

大冶:大水。(《大冶县志》《湖北通志》)

1441 年　明正统六年

武昌、德安、汉阳、黄州、荆州等府及沔阳连年旱涝,人民缺食。(《明实录》)　湖广春夏并旱。　(《湖北通志》)

孝感:大旱。(《孝感县志》)

1442 年　明正统七年

湖广大旱。(《湖北通志》)

1443 年　明正统八年

襄阳:夏涝饥。(《襄阳县志》)

宜昌、长阳:峡江大水。(《长阳县志》《东湖县志》《宜昌府志》《湖北通志》)

1444 年　明正统九年

应山:夏旱。大饥。(《应山县志》《湖北通志》)

1445 年　明正统十年

夏,湖广旱。(《湖北通志》)

郧西:饥。(《湖北通志》)

六月,汉阳等府久雨,江水泛涨。(《湖北通志》)

1446 年　明正统十一年

湖广等府,夏秋旱。(《湖北通志》)

湖广襄阳、荆州、汉阳六七月不雨。(《明实录》)

郧西:饥。(《郧西县志》)

湖广德安六月七月不雨,禾稼旱伤。(《明实录》)

孝感：大旱。（《孝感县志》）

武昌府各奏五月六月大雨。（《明实录》）

武昌：大水。（《湖北通志》）

黄梅：大旱。（《黄梅县志》《黄州府志》）

1447 年　明正统十二年

襄阳：夏，旱，苗枯。（《明实录》）　夏，涝饥。（《宜城县志》《襄阳府志》）

荆州府奏夏旱苗枯。（《明实录》）

夏荆州涝饥。（《江陵县志》《荆州府志拾遗》）

1448 年　明正统十三年

湖广秋旱。（《湖北通志》）

孝感：四月免旱灾无征秋屯粮。（《孝感县志》）

黄梅：大旱。（《黄梅县志》）

1449 年　明正统十四年

湖广襄阳诸府夏秋亢旱，禾稼焦枯。（《明实录》）

汉口：汉水冰。（《夏口县志》）　冬汉水冰。（《湖北通志》）

襄阳、宜城、光化、郧县汉水冰。（《襄阳县志》《宜城县志》《光化县志》《郧县志》《襄阳府志》）

钟祥：冬汉江冰，人履其上。（《钟祥县志》）

荆门：冬汉江冰，人履其上。（《荆门直隶州志》）

沔阳：五月以来，雨水连绵，田禾俱被淹。（《明实录》）

汉阳：汉水冰。（《汉阳县志》）

麻城：大旱。（《湖北通志》《麻城县志》《黄州府志》《麻城县志》）

罗田：大旱。（《湖北通志》）

英山：饥。（《英山县志》）

浠水：累年旱涝，人民难食乞。(《明实录》)

1450 年　明景泰元年

德安府春饥。(《安陆府志》)

孝感：大旱，饥民多流。(《孝感县志》)

应山：春大饥，民流河南。(《应山县志》)

安陆：春大饥，民流汉沔。(《安陆县志》《安陆府志》)

应城：大饥，民流汉沔。(《应城县志》)

咸宁：春大饥。(《咸宁县志》)

罗田：旱。(《湖北通志》)

1451 年　明景泰二年

嘉鱼：岁歉民饥。(《嘉鱼县志》)

1453 年　明景泰四年

湖广多旱伤。(《明实录》)

湖广荆州、武昌、黄州各奏，今年五月、六月不雨，田苗俱被旱伤。(《明实录》)

汉阳府沔阳州各奏五月以来，雨水连绵，田禾俱被淹。(《明实录》)

湖广数月不雨。(《湖北通志》)

汉口：冬疫。(《夏口县志》《湖北通志》)

应山：夏大水。(《应山县志》《湖北通志》)

安陆：大水。(《安陆县志》)

应城：大水。(《应城县志》)

汉阳：冬疫。(《汉阳县志》)

咸宁：大水。(《咸宁县志》)

1454 年　明景泰五年

免沔阳州景陵县灾伤田地粮一千三百一十石。(《明实录》)

1455 年　明景泰六年

湖广武昌、汉阳、德安、黄州、荆州等府,沔阳州沔阳、安陆、蕲州三卫德安千户所各奏,今年春夏以来雨泽愆期,田苗枯槁。闰六月以后,江水泛溢,又被淹没。(《明实录》)

湖广旱,大饥。(《湖北通志》)

闰六月,武昌诸府江溢。伤稼。(《湖北通志》)

英山:饥。(《英山县志》)

蕲春:江水泛溢,蕲州湖田尽没。(《蕲州志》)

1456 年　明景泰七年

湖广恒雨淹田。(《湖北通志》)

湖广汉阳府所属州县,夏秋亢旱,田禾俱薄收。(《明实录》)

蕲春:江水泛涨,湖田尽没。(《蕲州志》)

1457 年　明天顺元年

郧县:夏六月,旱。(《郧县志》)

郧西:旱。(《郧西县志》)

均县:六月亢旱,田禾槁死。(《明实录》)　夏旱。(《均州志》《襄阳府志》《湖北通志》)

竹溪:旱。(《竹溪县志》)

枝江:六月亢旱。田禾槁死。(《明实录》)

1458 年　明天顺二年

汉口:自五月至九月不雨。人相食。(《夏口县志》)

京山:旱。(《京山县志》)

潜江:水决高家垴,漂县治。流为东河。(《湖北通志》)

汉川:自五月至九月不雨,大饥。(《湖北通志》)

汉阳:自五月至九月不雨,人相食。(《汉阳县志》《湖北通志》)

崇阳:大旱。(《崇阳县志》) 自五月不雨至九月,人相食。(《崇阳县志》《湖北通志》)

鄂城:大旱。(《武昌县志》) 自五月至九月不雨,人相食。(《武昌县志》《湖北通志》)

1459 年 明天顺三年

武昌、汉阳、黄州(会同湖南长沙等府县在内)共七十一州县,五月中亢旱无雨,秧苗枯槁。(《明实录》)

襄阳府谷城县沔阳州景陵县,六月中襄水涌之,禾苗淹没,秋粮无征。(《明实录》)

荆州、德安府今年四月至七月不雨,田苗旱伤。(《明实录》)

襄阳:襄水涌泛,伤禾。(《襄阳县志》)

1460 年 明天顺四年

湖北江涨,淹没麦禾。湖广诸卫饥。(《湖北通志》)

武昌、黄州、襄、德、荆州四至六月阴雨连绵,江水泛滥,冲决堤防,淹没麦禾。(《明实录》)

京山:六月,旱。(《湖北通志》)

沔阳:五六月大水伤稼。(《明实录》)

秋,黄陂、孝感、应山、安陆大水。(《湖北通志》)

孝感:大水。(《孝感县志》)

应山:秋大水害稼。(《应山县志》)

安陆:秋大水。(《安陆县志》《安陆府志》) 五、六月大水伤稼。(《明实录》)

咸宁:秋大水害稼。(《咸宁县志》《湖北通志》)

1461 年 明天顺五年

随县:大水。(《随州志》《安陆府志》)

孝感：大水。(《孝感县志》)

安陆：夏大雨，水溢。(《安陆县志》《安陆府志》)

黄陂：大水。(《黄陂县志》)

咸宁：夏大雨，水溢。(《咸宁县志》)

1463 年　明天顺七年

武昌、汉阳、荆州各府州县奏：今岁五月以来久雨，禾苗淹没，房屋牛畜多被漂没。(《明实录》)

五月大雨，腐二麦，武昌、汉阳、荆州庐舍漂没，民皆依山而露宿。(《湖北通志》)

汉口：五月大雨，庐舍漂没，居民皆依山露宿。(《夏口县志》《湖北通志》)

宜昌、秭归、长阳：峡州大雨，民依山露宿。(《长阳县志》《东湖县志》《宜昌府志》《归州志》)

1465 年　明成化元年

阴云弥月，淫雨径旬，坏庐舍禾稼……湖广亦多灾变。八月水患。(《明实录》)

湖广饥，荆襄流民十余万。(《襄阳县志》)

湖广诸卫饥。(《湖北通志》)

随县：大饥。(《随州志》)　雨雹大旱。民饥。(《安陆府志》)

孝感：五月庚申雨雹。大旱。(《孝感县志》)

应山：大饥。(《应山县志》)

安陆：大饥。(《安陆县志》)

咸宁：大饥。(《咸宁县志》)

1466 年　明成化二年

秋八月，湖广饥。襄阳流民十余万。(《襄阳府志》《湖北通志》)

八月湖广饥。荆襄流民十余万。（《宜城县志》）

1467 年　明成化三年

湖北各卫旱。（《湖北通志》）

汉口：江水决江口堤岸，迄汉阳长八百五十丈有奇。（《夏口县志》《湖北通志》）

湖北荆州等十一府，四至六月不雨，禾尽枯。（《明实录》）

应山：夏五月不雨至于秋七月。（《夏口县志》）

汉阳：江水决江口堤岸，迄汉阳，长八百五十丈有奇。（《汉阳县志》）

武昌：夏六月，江水溢。（《湖北通志》） 六月水冲堤岸。（《明实录》）

1468 年　明成化四年

荆州等一十四府七十五州县，并武昌等二十三卫所，无征田粮子粒一百七万三千二十余石，以去年夏旱故也。（《明实录》）

湖广旱。（《湖北通志》）

襄阳、郧阳饥。（《湖北通志》）

郧县：夏四月无麦。（《郧县志》）

郧西：无麦。（《郧西县志》）

襄阳：旱。（《宜城县志》） 饥。（《湖北通志》）

随县：五月庚申雨雹。夏大旱。（《随州志》）

钟祥：旱。大饥。（《钟祥县志》）

孝感：大水。舟入市。饥。（《孝感县志》）

应山：五月庚申雨雹。大旱。岁大饥。（《应山县志》） 饥。（《湖北通志》）

安陆：大水。冬十二月德安大饥。（《安陆县志》《安陆府志》） 饥。（《湖北通志》）

应城：大水。（《应城县志》《湖北通志》）

黄陂：大饥。（《黄陂县志》） 饥。（《湖北通志》）

麻城:大旱。(《麻城县志》)

1469年　明成化五年

湖广大水。公安之施家渊决。(《湖北通志》)
荆州施家渊决堤。(《公安县志》《荆州府志拾遗》)
孝感:大旱。(《孝感县志》)

1474年　明成化十年

光化:冬大雪,人民牛马冻死无算。(《襄阳府志》《光华县志》)

资料来源

编　号	书　名	纂　修　人	版　本
1	江夏县志	王庭桢、彭崧毓	同治八年
2	江夏县志		民国七年铅印
3	武昌县志	钟桐山、柯逢时	光绪十一年
4	汉口小志	徐焕斗、王夔清	民国四年
5	嘉鱼县志	钟传益、俞焜	同治五年
6	蒲圻县志	顾际熙、文元音	同治五年
7	蒲圻县乡土志		民国十二年
8	咸宁县志	陈树楠、诸可权等	光绪八年
9	崇阳县志	高佐廷、傅燮鼎	同治五年
10	通城县志	杜煦明、胡洪鼎	同治六年
11	兴国州志	吴大训、陈光亨	光绪十五年
12	兴国州志		民国三十二年
13	兴国州志补编	刘凤伦	光绪三十年
14	大冶县志	胡复初、黄昺杰	同治六年
15	大冶县志续编	林佐、陈鳌	光绪十年
16	大冶县志后编	陈鳌	光绪二十三年
17	通山县志	高振荣、乐振玉	光绪二十三年
18	夏口县志	侯祖畬、吕寅东	民国九年
19	汉阳县志	黄式度、王柏心	同治七年
20	孝感县志	朱希白、沈用增	光绪八年
21	孝感县简志		湖北人民出版社1959年
22	黄陂县志	刘昌绪、徐瀛	同治十年

编 号	书 名	篡 修 人	版 本
23	沔阳州志	葛振元、杨钜	光绪二十年
24	黄冈县志	戴昌言、刘恭冕	光绪八年
25	蕲水县志	多琪、郭兴庭等	光绪六年
26	罗田县志	管贻葵、陈锦	光绪二年
27	英山县志	徐锦、胡鉴莹	民国九年
28	麻城县志	郑庆华等	光绪八年
29	麻城县志前编	郑重、余晋芳	民国二十四年
30	黄安县志	陈瑞澜、陶大夏等	光绪八年
31	黄安乡土志		宣统元年
32	蕲州志	封尉礽、陈廷扬	光绪八年
33	广济县志	刘宗元、朱荣实等	同治十一年
34	黄梅县志	覃瀚元、袁瓒等	光绪二年
35	钟祥县志	熊道琛、李权	民国二十六年
36	京山县志	李庆霖、沈星标、曾宪德等	光绪八年
37	潜江县志续	史致谟、刘恭冕等	光绪五年
38	潜江县志	刘焕、朱载震	光绪五年
39	景陵县志	钱永、戴祁	康熙三十一年
40	天门县志	王希琮	道光一年
41	荆门直隶州志	恩荣、张圻	同治七年
42	当阳县志	阮恩光、王柏心	同治五年刻，民国二十四年铅印本
43	当阳县补续志	李元才、李葆贞	光绪十五年刻，民国二十四年铅印本
44	远安县志	郑燡林、周葆恩	同治五年
45	安陆县志	梅体萱、王履谦、李廷锡	道光二十三年
46	安陆县志补正	陈廷钧	同治十一年

续表

编　号	书　　名	纂　修　人	版　　本
47	云梦县志略	吕锡麟、程怀璟	道光二十年
48	续云梦县志略	吴念椿、程寿昌等	光绪九年
49	应城县志	罗湘、王承禧	光绪八年
50	随州志	潘亮功、史策先	同治八年
51	应山县志	周道元、刘宗元、吴天锡	同治十年
52	江陵县志	蒯正昌、吴耀斗	光绪三年
53	公安县志	周承弼、王慰	同治十三年
54	监利县志	陈国栋、徐兆英、林瑞枝等	同治十一年
55	监利县志		光绪三十四年
56	松滋县志	吕缙云、罗有文等	同治八年
57	枝江县志	查子庚、熊文澜	同治五年
58	宜都县志	崔培元、龚绍仁	同治五年
59	宜城县志	程启安、张炳钟	同治五年
60	宜城县续志	李连骑、姚德华	光绪八年
61	南漳县志	包安保、向承煜	民国十一年
62	枣阳县志	王荣先等	民国十二年
63	光化县志	钟桐山、段映斗	光绪十年
64	郧县志	周瑞、余滩廷	同治五年
65	房县志	杨延烈、刘元栋	同治四年
66	竹山县志	周士桢、黄子遂	同治四年
67	竹溪县志	陶寿嵩、杨兆熊	同治六年
68	郧西县志	郭治平、陈文善	民国二十五年
69	保康县志	宋熙曾、林煊、杨世霖	同治五年
70	续修宜昌县志	赵铁公、屈德泽	民国二十年
71	归州志	黄世崇	光绪二十七年
72	长阳县志	陈维模等	同治五年

编 号	书 名	纂 修 人	版 本
73	兴山县志	黄世崇、祝长俊	光绪经心书院
74	巴东县志	廖思树、肖佩声	同治五年
75	长乐县志	李焕春	同治九年、咸丰二年本， 光绪元年增补
76	恩施县志	多寿、罗凌汉	同治三年
77	宣恩县志	张金澜、蔡景星	同治二年
78	来凤县志	李勖、项映	同治五年
79	咸丰县志	陈侃、徐大煜	民国三年
80	利川县志	黄世崇	光绪二十年
81	建始县志	熊启永	同治五年
82	襄阳县志	杨宗时、崔淦， 吴耀斗、李士彬	同治十三年
83	鹤峰州志		光绪十一年
84	汉川县简志		湖北人民出版社 1959 年
85	浠水县简志		湖北人民出版社 1959 年
86	湖北通志	杨承禧	宣统三年、民国二十三年
87	武昌府志	裴天锡	康熙二十六年
88	汉阳府志	陶士偰、刘湘煃	乾隆十二年
89	黄州府志	英启、邓琛	光绪十年
90	黄州府志拾遗	沈致坚	宣统二年
91	安陆府志	张尊德、王吉人等	康熙八年
92	荆州府志拾遗	沈致坚	宣统二年
93	襄阳府志	恩联、王万芳等	光绪十一年
94	郧阳府志	刘作霖	康熙二十四年
95	宜昌府志	聂光銮、王柏心等	同治五年
96	增修施南府志	松林、何远鉴	同治十年
97	均州志	王庭桢	光绪十一年

编　号	书　　名	纂　修　人	版　　本
98	东湖县志	林有席、严思濬、林有彬	乾隆二十八年
99	石首县志		同治五年
100	湖北省自然灾害历史资料	湖北省文史研究馆	
101	湖北省民政局各种灾害统计表	湖北省文史研究馆	
102	明实录		
103	清实录		
104	清史稿